高／等／学／校／教／材

材料科学实验

张小文　朱归胜　王江　编著

Materials
Science
Experiment

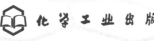

化学工业出版社

·北京·

内 容 简 介

《材料科学实验》共分四部分：力学性能实验、电学性能实验、光学性能实验和材料分析方法实验。全书共有 29 个实验，内容涉及金属材料、陶瓷材料、有机材料的力学、电学、光学以及材料分析方法等。每个实验既详细介绍了背景知识、实验原理、工作机理，又系统介绍了实验仪器设备、基本操作方法及关键步骤，并引入典型案例进行深入分析。在每个实验后面都附有参考文献，旨在将材料科学实验的实验教学与实验研究相互渗透，将理论与实践有机结合。

本书可以作为高等院校材料、化工、电子类等相关专业高年级本科生和研究生的实验教学用书，也可供从事材料、器件、测试的科技人员和相关专业的工程技术人员参考。

图书在版编目（CIP）数据

材料科学实验/张小文，朱归胜，王江编著．—北京：化学工业出版社，2021.7（2023.1重印）

高等学校教材

ISBN 978-7-122-39218-3

Ⅰ．①材…　Ⅱ．①张…②朱…③王…　Ⅲ．①材料科学-实验-高等学校-教材　Ⅳ．①TB3-33

中国版本图书馆 CIP 数据核字（2021）第 097044 号

责任编辑：陶艳玲　　　　　　　　文字编辑：毕梅芳　师明远
责任校对：宋　玮　　　　　　　　装帧设计：史利平

出版发行：化学工业出版社（北京市东城区青年湖南街 13 号　邮政编码 100011）
印　　装：北京印刷集团有限责任公司
787mm×1092mm　1/16　印张 17¾　字数 467 千字　2023 年 1 月北京第 1 版第 3 次印刷

购书咨询：010-64518888　　　　　　售后服务：010-64518899
网　　址：http://www.cip.com.cn
凡购买本书，如有缺损质量问题，本社销售中心负责调换。

定　　价：59.00 元

前 言

    实验教学与实验研究是实现综合素质教育和创新人才培养的重要环节。《教育部关于在部分高校开展基础学科招生改革试点工作的意见》（教学 〔2020〕 1号）中，明确指出关键领域，即"聚焦高端芯片与软件、智能科技、新材料、先进制造和国家安全等关键领域以及国家人才紧缺的人文社会科学领域"，电子信息、新能源等领域的材料科学与技术具有举足轻重的地位。本着以拓宽基础、突出应用为目标导向，面向当今国家和社会对高素质创新型人才培养的需求，编写了材料类实验教学与实验研究的综合实验教材——《材料科学实验》。该教材体现了材料基础知识的系统性，涵盖了材料领域的力学、电学、光学以及材料分析方法等领域，搭建了实验教学、实验研究与实际应用之间的桥梁。教材也体现了材料基础知识的连贯性，避免了因学科专业分工细化而导致的知识片面性，从知识层面的"点"，逐步向"线"和"面"层次递进。同时，教材还体现了基础理论与实际应用的功能特性，实验内容详细介绍了背景知识、实验原理、工作机理等方面，引入典型案例并结合具体实验仪器设备，以便掌握实际操作的基本方法与关键步骤，将基础理论与实际应用有机结合，从而使实验教学与实验研究相互渗透。

    本书由桂林电子科技大学张小文、朱归胜、王江编著，负责内容策划和统稿。参与本书编写的人员均为一线从事教学和科研的专业教师。

    向定汉编写实验1、2、3；

    黎清宁编写实验4；

    邹勇进编写实验5、10；

    王成磊编写实验6；

    周昌荣编写实验7、8；

    许积文编写实验9；

    邱树君编写实验11；

    朱归胜编写实验12、16；

    张小文编写实验13、14；

    陈国华编写实验15；

    熊健编写实验17、25；

    刘呈燕编写实验18、26；

    姚青荣编写实验19；

    李林编写实验20；

    张可翔编写实验21；

    卢照编写实验22、23；

    张秀云编写实验24；

    林向成编写实验27；

    张鑫编写实验28；

    马垒编写实验29。

王江对全书内容进行了审核和修改。本书在编写过程中，参考了桂林电子科技大学材料科学与工程学院所使用的有关教学指导书以及相关研究论文与部分兄弟院校的教材。本书的编写和出版还得到了桂林电子科技大学研究生院、材料科学与工程学院、电子信息材料与器件教育部工程研究中心、广西电子信息材料构效关系重点实验室的大力支持，谨此一并表示感谢！

由于编者水平有限，书中难免存在不妥之处，恳请广大读者批评指正。

编著者

2021 年 2 月于桂林电子科技大学花江校区

目录

第一章	力学性能实验	1

实验 1　金属材料拉伸性能测试及分析 …………………… 1
实验 2　金属材料维氏硬度测定与分析 …………………… 9
实验 3　材料摩擦磨损测试与分析 ………………… 13
实验 4　材料动态热机械性能测试与评价 ………………… 19
实验 5　化学镀镍及镀层性能测试与分析 ………………… 27
实验 6　薄膜材料结合力划痕实验与评价 ………………… 31

第二章	电学性能实验	40

实验 7　电容器陶瓷制备及性能测试与分析 ………… 40
实验 8　压电陶瓷极化实验及性能测试与分析 ………… 46
实验 9　铁电材料性能测试与分析 ………………… 55
实验 10　金属材料电化学极化曲线的测定及分析 …… 66
实验 11　锂离子纽扣电池的组装及性能测试 ………… 73
实验 12　导电氧化物薄膜溅射法制备及性能分析 …… 84

第三章	光学性能实验	93

实验 13　材料电致发光性能测试及转换效率分析 …… 93
实验 14　材料长余辉发光特性测试与评价 …………… 101
实验 15　荧光玻璃和玻璃陶瓷制备及发光性能
　　　　　测试 ………………………………… 113
实验 16　荧光薄膜制备及性能分析 …………… 122
实验 17　太阳能光伏电池制备及性能测试 ………… 130
实验 18　太阳能光热材料转换性能测试与分析 ……… 138

第四章	材料分析方法实验	148

实验 19　X 射线衍射物相分析 ……………………… 148

实验 20　场发射扫描电子显微镜的形貌观察与成分

　　　　　分析 ··· 164

实验 21　材料结构的透射电子显微测试与分析 ········· 174

实验 22　电子探针的形貌观察与成分定量分析 ········· 186

实验 23　热分析仪的相转变测试与分析 ··············· 203

实验 24　X 射线光电子能谱分析 ······················· 215

实验 25　原子力显微镜的表面形貌观察与分析 ········· 224

实验 26　拉曼光谱分析 ································· 234

实验 27　核磁共振波谱分析 ······················· 248

实验 28　材料物性测量系统的电磁热分析 ··········· 260

实验 29　振动样品磁强计的磁测量与分析 ············· 270

第一章

力学性能实验

实验 1

金属材料拉伸性能测试及分析

一、实验目的

a. 掌握万能实验机的工作原理和操作方法；

b. 绘制材料的应力-应变曲线图；

c. 测定金属材料拉伸时的条件屈服强度 $\sigma_{0.2}$、抗拉强度 σ_b、伸长率（延伸率）δ 和断面收缩率 ψ，并对实验结果进行分析。

二、 设备与仪器

1. 基本配置

本实验的主要设备与仪器包括三思纵横微机控制电子万能实验机（UTM-5105）、游标卡尺，设备概览如图 1-1 所示。

2. 主要技术指标

a. 双空间设计；

b. 最大实验力：100kN，准确度等级：0.5 级；

c. 实验力测量范围：$0.4\% \sim 100\%$ Fs（最大负荷）；

d. 实验力示值误差：示值的 $\pm 0.5\%$ 以内；

e. 配备显示记录系统、控制系统与数据处理的计算机及其软件。

三、背景知识与基本原理

拉伸实验是指在承受轴向拉伸载荷下测定材料特性的实验方法。利用拉伸实验得到

图 1-1 设备概览图

的数据可以确定材料的弹性极限、伸长率、弹性模量、比例极限、面积缩减量、拉伸强度、屈服点、屈服强度和其他拉伸性能指标。在高温下进行的拉伸实验还可以得到材料蠕变数据。

以铝为基添加一定量其他合金化元素的铝合金，是最常用的轻金属材料之一。图1-2是铝合金（LY12）的典型应力-应变曲线图。铝合金受其自身特性的限制，当试样开始受力时，因夹持力较小，其夹持部分在夹头内有滑动，故图1-2中开始阶段的曲线斜率较小，它并不反映真实的载荷-变形关系；载荷加大后，滑动消失，材料的拉伸进入弹性阶段。

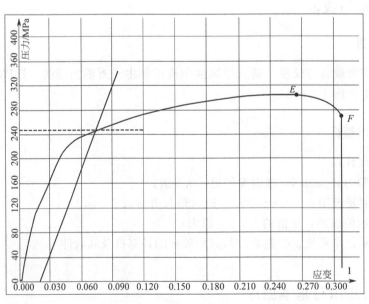

图 1-2 铝合金（LY12）的典型应力-应变曲线

因铝合金没有明显的屈服阶段，条件屈服强度 $\sigma_{0.2}$ 根据公式(1-1)进行计算。

$$\sigma_{0.2} = \frac{P_{SL}}{A_0} \qquad (1-1)$$

式中，P_{SL} 为屈服点拉力；A_0 为试样的原始横截面积。随着载荷的继续加大，拉伸曲线上升的幅度逐渐减小，当达到最大值（E 点，图 1-2）σ_b 后，试样的某一局部开始出现颈缩，而且发展很快，载荷也随之下降，迅速到达 F 点（图 1-2）后，试样断裂。材料的强度极限 σ_b 用公式（1-2）计算：

$$\sigma_b = \frac{P_b}{A_0} \qquad (1-2)$$

式中，P_b 是最大拉伸力。当载荷超过弹性极限时，就会产生塑性变形。金属的塑性变形主要是由于材料晶面产生了滑移，是剪应力引起的。描述材料塑性的指标主要有材料断裂后的伸长率（延伸率）δ 和断面收缩率 ψ，分别用公式(1-3) 和公式(1-4)进行计算。

伸长率
$$\delta = \frac{l_k - l_0}{l_0} \times 100\% \qquad (1-3)$$

断面收缩率
$$\psi = \frac{A_0 - A_k}{A_0} \times 100\% \qquad (1-4)$$

式中，l_0、l_k 和 A_0、A_k 分别是断裂前后试样标距的长度和截面积。

四、实验试样

按照国家标准 GB 6397—86《金属拉伸试验试样》，金属拉伸试样的形状随着产品的品种、规格以及实验目的的不同而分为圆形截面试样、矩形截面试样、异形截面试样和不经机加工的全截面试样四种。其中最常用的是圆形截面试样和矩形截面试样。除了金属材料（如 Q235 钢、铝合金）以外，有机材料、脆性材料也可以进行应力-应变测试，测试结果用于确定材料的强度与塑性值。

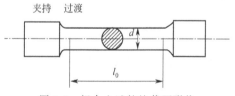

图 1-3　铝合金试件的截面形状

以铝合金为例，将 LY12 硬铝合金的试样按图 1-3 所示形状、尺寸和加工的技术要求加工。

试样分为夹持部分、过渡部分和待测部分。标距（l_0）是待测部分的主体，其截面积为 A_0（可根据直径 d 求得）。按标距（l_0）与其截面积（A_0）之间的关系，拉伸试样可分为比例试样和非比例试样。按国家标准 GB 6397 的规定，比例试样的有关尺寸如表 1-1所示。

表 1-1　试样尺寸

试样		标距 l_0/mm	截面积 A_0/mm²	圆形试样直径 d/mm	延伸率
比例	长	10d	任意	10	δ
	短	5d			δ

五、实验步骤

1. 确定标距

根据表 1-1 的规定，选择适当的标距（这里以 $5d$ 作为标距 l_0），并测量 l_0 的实际值。为了便于测量 l_k，将标距均分为若干格，如 5 格（图 1-4）。

图 1-4　LY12 试样及其均分 5 格示意图

2. 测量试样尺寸

用游标卡尺在试样标距的两端和中央的三个截面上测量直径，每个截面在互相垂直的两个方向各测一次，取其平均值，并用三个平均值中最小者作为计算截面积的直径 d，计算出截面积 A_0 值。

3. 仪器设备的准备

根据材料的强度极限 σ_b 和截面积 A_0 估算最大载荷值 P_{max}，根据 P_{max} 选择实验机测试量程，建立实验编号，设置参数，调零。本实验最大拉伸力为 30～40kN，在实验机上可设置拉力上限为 80kN，保护实验机。

4. 打开控制软件

打开控制电脑和相应的软件。

5. 打开实验机

顺时针方向旋转电源开光由"关"状态转到"开"状态，如图 1-5 与图 1-6 所示。

图 1-5　实验机电源开关（原始关闭状态）

图 1-6　实验机电源开关（开机状态）

6. 安装试样

用图 1-7 所示的手动调节器，将实验机试样夹具调节到合适位置（图 1-8），先安装试样上端（图 1-9），调节到图 1-10 位置，试样下端先不要夹紧。

图 1-7　手动调节器　　　图 1-8　试样夹具　　　图 1-9　安装试样上端　　　图 1-10　调节试样上端位置

7. 打开测试软件

点击 Materials Test 软件，打开拉伸实验软件。

8. 准备测试

点击图 1-11 中的左下角"实验"，打开拉伸实验工作界面，如图 1-12 所示。

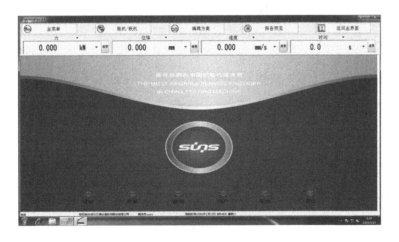

图 1-11　拉伸实验软件界面

9. 联机，清零

将工作界面上的力、位移、速度、时间等参数清零，如图 1-13。

10. 固定试样

夹紧试样下端，见图 1-10，夹紧试样下端后的软件界面显示如图 1-14，实验力 2.024kN。

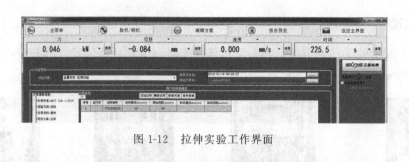

图 1-12　拉伸实验工作界面

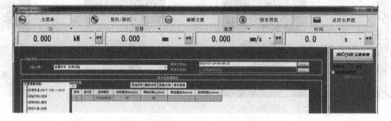

图 1-13　拉伸实验工作界面清零

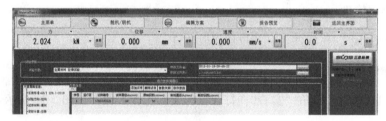

图 1-14　夹紧试样下端后的软件界面

11. 回零

点击工作界面上的"回零"按钮，如图 1-15 所示。

图 1-15　回零后的界面

12. 加载并测试

点击实验开始按钮加载，试样断裂后实验结束（图 1-16），先卸试样上端，后卸试样下端。

13. 获取实验结果

点击"报告预览"（图 1-17），打印实验报告（图 1-18）。

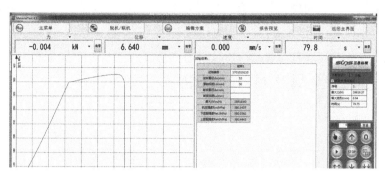

图 1-16 实验结束后界面

图 1-17 报告预览界面

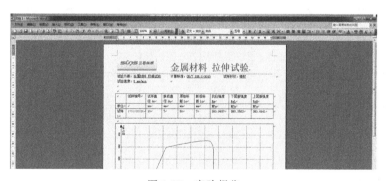

图 1-18 实验报告

14. 测量试样断后尺寸，并计算延伸率与断面收缩率

用游标卡尺测量试样断后的长度（l_k）和颈缩处的直径（d_k），如图 1-19 所示。根据公式（1-3）和（1-4）计算断后延伸率和断面收缩率。

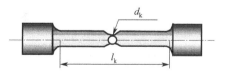

图 1-19 试样断后的长度与直径

六、实验数据记录与分析

测定铝合金拉伸时的强度和塑性性能指标，实验结果如图 1-20 所示。根据测量的数据，计算断后延伸率和断面收缩率，如表 1-2 所示。

以上铝合金拉伸性能的测试方法与过程是一种普适性材料力学性能测试方法，同样可以用来测量其他金属材料、陶瓷材料、有机材料，对于发展新型材料，特别是复合材料的开发具有重要的参考价值。

 **金属材料 拉伸试验**

实验方案：<u>金属材料拉伸实验</u>　　　计算标准：<u>GB/T 228.1-2010</u>　　　试样形状：<u>棒材</u>
实验速度：<u>5mm/min</u>

	试样编号	试样直径 do	断后直径 d	原始标距 Lo	断后标距 L	抗拉强度 Rm	下屈服强度 ReL	上屈服强度 ReH
单位		mm	mm	mm	mm	MPa	MPa	MPa
试样1	1701020220	10	9.5	50	55	380.9457	380.3562	380.4441

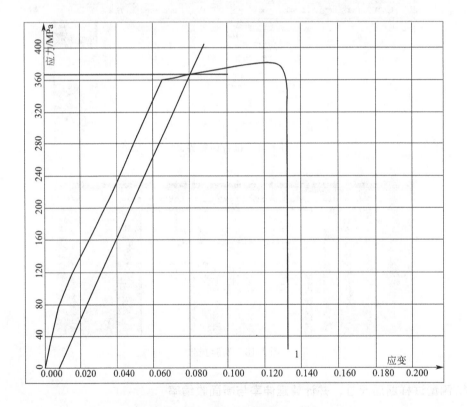

图 1-20　实验机电脑输出的 LY12 实验报告

表 1-2　实验数据记录与计算

试样尺寸	实验数据
实验前： 　标　距　$l_0=50mm$ 　直　径　$d_0=10mm$ 实验后： 　标　距　$l_k=55mm$ 　最小直径　$d_k=9.5mm$	条件屈服强度　$\sigma_{0.2}=365.0MPa$ 抗拉强度 $\sigma_b=380.9MPa$ 伸长率 　　$\delta=(l_k-l_0)/l_0\times100\%=10\%$ 断面收缩率 　　$\psi=(A_0-A_k)/A_0\times100\%=9.75\%$

参 考 文 献

[1] GB/T 228—2016. 金属材料室温拉伸实验方法 [S]，2016.
[2] 向定汉. 材料科学与工程课程实验及探索研究性实验 [M]. 北京：清华大学出版社，2013.

实验 2

金属材料维氏硬度测定与分析

一、实验目的

a. 掌握维氏硬度的基本原理及测试方法；
b. 学会根据材料的性质正确选择硬度计类型及压入条件；
c. 掌握维氏硬度衡量材料性能的基本方法。

二、设备与仪器

1. 基本配置

本实验的主要设备与仪器为 200 HV-5 型小负载维氏硬度实验计，设备概览如图 2-1 所示。

2. 主要技术指标

a. 测量范围：5～3000 HV；
b. 试验力：1.961N、2.942N、4.903N、9.807N、19.61N、24.52N、29.42N、49.03N（0.2kgf、0.3kgf、0.5kgf、1.0kgf、2.0kgf、2.5kgf、3.0kgf、5.0kgf）；
c. 测量显微镜放大倍率：500×、125×；
d. 最小检测单位：±0.01μm；
e. 保荷时间：0～99s；
f. 坐标试台尺寸：100mm×100mm；
g. 试样允许最大高度：130mm；
h. 压头中心至机壁距离：110mm；
i. 电源：220V/50Hz（110V/60Hz）；
j. 光源：12V/20W；
k. 整机功耗：≤50W。

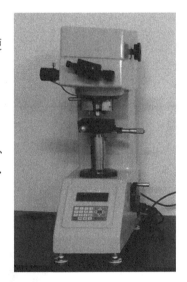

图 2-1　200 HV-5 型小负载维氏硬度实验计

三、背景知识与基本原理

硬度表示材料抵抗硬物体压入其表面的能力，是金属材料的重要性能指标之一。常用的硬度指标有布氏硬度、洛氏硬度和维氏硬度。维氏硬度实验的压痕是正方形，轮廓清晰，对角线测量准确，常用硬度实验方法中维氏硬度实验的精度最高，重复性也很好。

维氏硬度实验最大的优点在于其硬度值与试验力的大小无关，只要是硬度均匀的材料，可以任意选择试验力，其硬度值不变。因此，它在一个很宽广的硬度范围内具有一个统一的标尺。维氏硬度可测量工业用到的几乎所有金属材料，从几个维氏硬度单位很软的材料到3000个维氏硬度单位很硬的材料。

维氏硬度的测试原理是根据压痕单位面积上的负荷来计算硬度值。用符号 HV 表示。实验时，用一个相对两面夹角为136°的金刚石棱锥压头，在一定负荷作用下压入被测试样表面，保持一定时间后卸除负荷，试样表面压出一个四方锥形的压痕，测量压痕的对角线长度（mm），并根据下列公式计算 HV 值。

$$H = \frac{P}{A} = 1.8544 P/d^2 \quad (\text{kg/mm}^2)$$

式中，P 表示负荷［常用的负荷（kg）为 5、10、20、30、50、100］；A 表示压痕面积，mm^2；d 表示压痕对角线长度，mm。负荷 P 的选择应根据试样的厚度和硬度范围而定，参考表 2-1。

表 2-1　选择实验负荷 P 的参照表

试样厚度	负荷/kg			
	25～50HV	50～100HV	100～300HV	300～900HV
0.3～0.5	—	—	—	5～10
0.5～1.0	—	—	5～10	10～20
1.0～2.0	5～10	5～10	10～20	≥20
2.0～4.0	10～20	20～30	20～50	50 或 100
>4.0	≥20	≥30	50 或 100	50 或 100

四、实验试样

实验所用试样为维氏硬度标准实验块，材质为 T10 淬火钢，尺寸为 80mm×60mm×10mm，如图 2-2 所示。

图 2-2　维氏硬度标准实验块

五、实验步骤

① 将标准试件放置至维氏硬度计的工作台上（图 2-3），手柄推至试验力卸除位置，使

硬度计处于预工作状态。

　　② 转动砝码变换手柄使其对准已选好的试验力值，如图 2-4 所示。

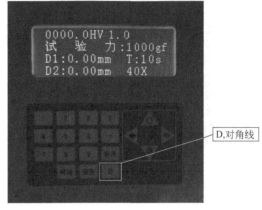

图 2-3　硬度计的预工作状态　　　　　　　　　　图 2-4　初始状态

　　③ 向左旋转转动头座使压头转到试台中心位置。

　　④ 将试件放在已选好的试台上，旋转手轮升起试台，至显微镜清晰地观察到试件表面加工形貌为止，如图 2-5 所示。

图 2-5　显微镜下清晰地观察到的试件表面加工形貌照片　　　　图 2-6　手柄旋转到加载位置

　　⑤ 顺时针转动手柄，使试验力作用到试件上（图 2-6），按加荷按钮，自动完成加载，试验力保试一段时间（10s）后卸除试验力。

　　⑥ 逆时针旋转手柄回到图 2-3 所示的显微镜头位置。

　　⑦ 测量压痕：调节测量旋钮，使显微镜清晰看到棱锥压头，如图 2-7 所示位置，并读数为 1.2（图 2-8）。按 "D"（见图 2-4），输入对角线值 2.54。

　　⑧ 顺时针旋转测量旋钮 90° 到图 2-9 所示位置，读数 2.53。显示维氏硬度 461.7 HV，如图 2-10 所示。

六、结果与分析

　　将试验力、D1、D2 和硬度等数值记录在表 2-2 中。更换不同的测试位置，按同样的操作步骤进行测试，并记录相应的实验结果。根据需求可以取多次测量的平均值。

图 2-7　压痕测量时观察到的棱锥压头

图 2-8　测量旋钮

图 2-9　旋转测量旋钮 90°

图 2-10　维氏硬度实验结果

对于非标准试样，按国家标准加工，见 GB/T 4340.1—2009 金属材料　维氏硬度试验第 1 部分：试验方法。

表 2-2　维氏硬度实验结果

实验次数	试验力/gf	D1	D2	硬度（HV）
1	1000	2.54	2.53	461.7
2				
3				

参 考 文 献

向定汉. 材料科学与工程课程实验及探索研究性实验 [M]. 北京：清华大学出版社，2013.

实验 3

材料摩擦磨损测试与分析

一、实验目的

a. 掌握摩擦磨损测试技术；

b. 了解摩擦磨损实验机的工作原理和使用方法；

c. 了解在不同工况下摩擦系数随时间的变化规律；

d. 掌握磨损率的测试方法。

二、设备与仪器

1. 基本配置

本实验的主要设备与仪器包括 MM-W1A 型立式万能摩擦实验机、电子分析天平，设备概览如图 3-1 所示。

2. 主要技术指标

a. 最大试验力：1kN；

b. 试验力工作范围：最大试验力的 0.4%～100%；

c. 试验力示值相对误差不大于：±1%，200N 以下示值误差不大于：±2N；

d. 试验力长时自动保持示值相对误差不大于：±1%；

e. 测定最大摩擦力矩：2.5N·m；

f. 摩擦力矩示值相对误差不大于：±2%；

g. 摩擦力传感器：50N；

h. 温度测量控制准确度：±2℃；

i. 主轴无级变速系统：1～2000r/min；

j. 100r/min 以上主轴转速误差不大于：±5r/min；

k. 100r/min 以下主轴转速误差不大于：±1r/min；

l. 主轴电机额定功率：1kW。

三、背景知识与基本原理

摩擦实验在 MM-W1A 型立式万能摩擦实验机上进行，待测试件（如 POM，polyoxymethylene，聚甲醛树脂）及运动方式示意图如图 3-2 所示。

比磨损率的计算按公式（3-1）进行。

图 3-1　立式万能摩擦实验机

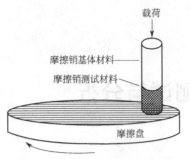

销盘式试验机工作原理

(a) POM试件与摩擦副的运动方式示意图

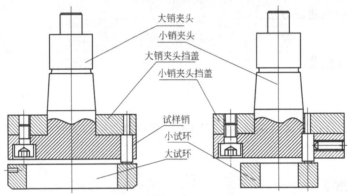

(b) POM试件与GCr15摩擦副安装示意图

图 3-2　滑动摩擦示意图

$$w = \frac{\Delta m}{\rho s F_{N}} \tag{3-1}$$

式中，w 为比磨损率，$mm^3/(N \cdot m)$；Δm 为摩擦质量，mg；ρ 为试件密度，mg/mm^3；s 为磨损距离，m；F_N 为正压力，N。

四、实验试样

按照所选择的摩擦磨损实验方法，制作出合格的待测试件，图 3-3 为典型的 POM 试样。图 3-4 为实验所用的陪试件（GCr15）。

图 3-3　POM 试样（3 只）

图 3-4　陪试件（GCr15）

五、实验步骤

（1）实验前的准备

a. 按照所选择的摩擦磨损实验方法，制作出合格的待测试样。

b. 实验机在运转前必须用手轻轻转动内齿轮，以检查实验机各部分是否处于正常状态，特别要防止在销子、螺钉未取出情况下进行实验，以免造成实验机的损坏。

c. 在开动实验机时，先扭转开关接通电源，然后一只手按住开关按钮，另一只手拉住摆架下端或推着摆架上端，以防摆架产生大的冲击而损坏实验机。

（2）摩擦磨损实验

a. 用丙醇擦拭 3 只 POM 试件，晾干；

b. 用电子分析天平称量 3 只 POM 试件的质量，记为 m_1；

c. 装上滑动摩擦用试样，如图 3-3 与图 3-5 所示。

图 3-5　安装试样

图 3-6　安装陪试件

d. 安装 GCr15 淬火钢陪试件，如图 3-4 与图 3-6 所示。

（3）打开控制计算机及测试软件

点击 MMV 软件，打开测试界面，如图 3-7 所示。

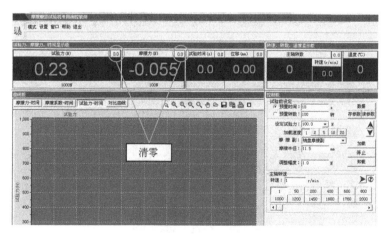

图 3-7　测试软件界面

（4）参数清零

点击图 3-7 所示的清零按钮，将设备参数清零，如图 3-8 所示。

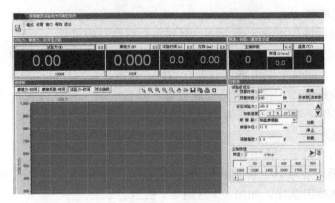

图 3-8 清零

（5）试验力预加载

手动预加载 7N 左右，如图 3-9 所示。

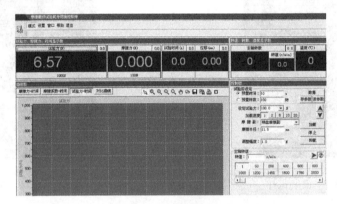

图 3-9 预加载到 6.57N

（6）设置实验参数

预设时间 60s，预设试验力 100N，主轴转速 200r/min，如图 3-10 所示。

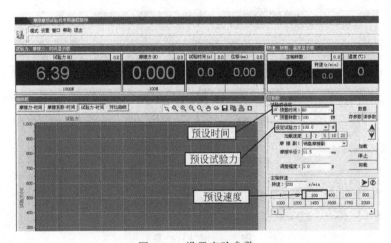

图 3-10 设置实验参数

（7）加载测试

点击软件界面上的"试验力（N）"图标，输入数字，加载到100N左右，开始摩擦磨损实验，如图3-11所示。

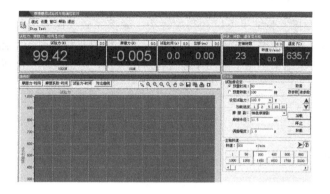

图3-11　自动加载到99.42N

（8）实验结束

摩擦磨损实验结束后（图3-12），取出3只POM试件。

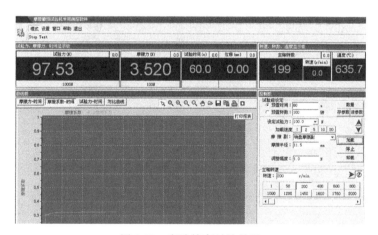

图3-12　实验结束时的界面

（9）获取摩擦实验结果

点击软件界面上的"打印报表"，获得摩擦实验结果，如图3-13所示。

图3-13　摩擦实验结果

（10）获取磨损实验结果

用丙醇洗净POM试件，晾干。用电子分析天平称量3只POM试件质量，记为m_2。

六、实验数据记录与分析

1. 摩擦实验结果与分析

从图 3-14 所示的摩擦实验结果可以获得摩擦力、摩擦系数、试验力等参数随时间的变化关系。在恒定试验力作用下，摩擦力和摩擦系数不是一条光滑的曲线，由于摩擦实验机主轴旋转不可避免的振动。摩擦实验结果多用于滑动摩擦材料对比实验，筛选实际工况所要求的材料。

实验报告				
原始质量		磨后质量		
质量磨损		体积磨损		
试验力/N	100	主轴转速/(r/min)		200
实验时间/s	60	实验转数		199
实验温度/℃		扭矩/N·m		7.48

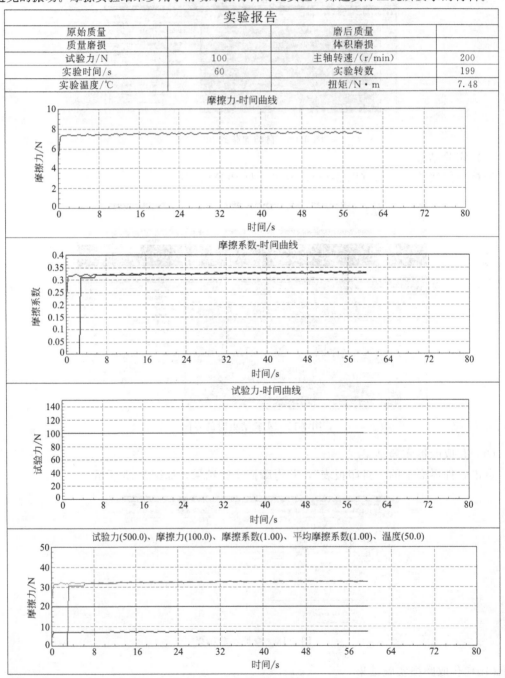

图 3-14　摩擦实验结果

2. 磨损实验结果与分析

根据实验所测数据，POM 试件摩擦前质量 $m_1=10\text{mg}$，摩擦结束后 POM 试件质量 $m_2=9.6\text{mg}$，POM 的密度为 1.4mg/mm^3，s 根据实验旋转圈数计算，F_N 为 100N。根据公式（3-1）计算得到磨损率 $w=2.35\times10^{-6}\text{mm}^3/(\text{N}\cdot\text{m})$，如表 3-1 所示。

表 3-1　POM 磨损实验的数据记录与计算

试　样	实　验　数　据
实验前： POM 试件质量　$m_1=10\text{mg}$ 实验后： POM 试件质量　$m_2=9.6\text{mg}$	磨损质量：$\Delta m=m_1-m_2$ $\qquad\qquad\quad=0.4\text{mg}$ 比磨损率：$w=\dfrac{\Delta m}{\rho s F_N}$ $w=2.35\times10^{-6}\text{mm}^3/(\text{N}\cdot\text{m})$

参 考 文 献

[1] GB/T 3960—2016. 塑料 滑动摩擦磨损试验方法 [S]，2016.
[2] 向定汉. 材料科学与工程课程实验及探索研究性实验 [M]. 北京：清华大学出版社，2013.

实验 4

材料动态热机械性能测试与评价

一、实验目的

a. 掌握动态机械热分析仪（dynamic mechanical analyzer，DMA）的结构及测试原理；
b. 正确选择实验条件，掌握 DMA 测试材料动态模量和力学损耗的方法；
c. 分析材料动态模量、力学损耗及其与温度的关系；
d. 理解影响 DMA 测试结果的主要因素。

二、设备与仪器

1. 基本配置

本实验的主要设备与仪器为美国热分析仪器公司（TA Instruments）动态力学分析仪测试系统（DMA800），包括：DMA 主机（1 台）、空气压缩机（1 台）、控制计算机（1 台）。相关设备概览如图 4-1 所示。

DMA 能够测量的材料性能主要包括：储能模量（刚性）、损耗模量（阻尼）、黏弹性、蠕变与应力松弛、玻璃化转变温度、软化温度、二级相变、固化过程，可实现试样的剪切、三点弯曲、双悬臂、单悬臂、拉伸、压缩等实验，广泛应用于热塑性与热固性塑料、橡胶、涂料、金属与合金、无机材料、复合材料等领域。

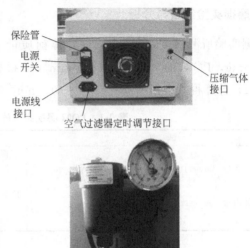

图 4-1 设备概览图

2. 主要技术指标

a. 驱动力：$0.0001 \sim 18$N；

b. 力分辨率：0.00001N；

c. 应变分辨率：1nm；

d. 模量范围：$10^{-3} \sim 3 \times 10^{12}$ Pa；

e. 模量精确度：$\pm 0.1\%$；

f. Tanδ 灵敏度：0.0001；

g. Tanδ 分辨率：0.00001；

h. 频率范围：$0.01 \sim 200$Hz；

i. 动态样品形变（振幅）：$\pm(0.5 \sim 10000)\mu$m；

j. 温度范围：$-150 \sim 600$℃；

k. 升温速率：$0.1 \sim 20$℃/min；

l. 降温速率：$0.1 \sim 10$℃/min；

m. 恒温稳定性：± 0.1℃。

三、背景知识与基本原理

动态机械热分析技术使样品处于程序控制的温度下，并施加随时间变化的振荡力，研究样品的机械行为，测定其储能模量、损耗模量和损耗因子随温度、时间与力的频率的函数关系。对于黏弹性样品而言，在随时间变化的振荡力作用下，应变滞后于应力一个相位角。材料的黏弹性可分为两个分量：储能模量和损耗模量，其比率即为损耗因子，从环境温度升至熔融温度进行温度扫描，损耗因子呈现出一系列的峰，每个峰对应一个特定的松弛过程，可以提供样品储能模量、损耗模量、阻尼、膨胀系数、转变温度、应力/应变、蠕变及应力松弛、熔融性能等信息。

DMA 工作原理如图 4-2(a) 所示。根据不同的夹具因子，形变可以变换为应变，拉伸力可以变换为应力。图 4-2(b) 为一简单拉伸模型，应力为：$\sigma = F/A$；应变为：$\varepsilon = \Delta L/$

L_0；模量＝应力/应变。

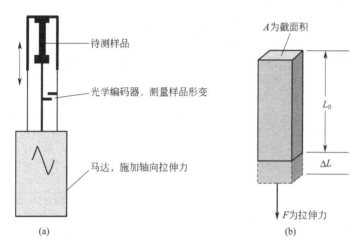

图 4-2　DMA 原理简图（a）与简单拉伸模型（b）

　　假设给样品施加一个正弦波应力（应变），样品受激产生相同波形的应变（应力），不同的样品会有不同的滞后。模量可以分为储能模量和损耗模量，绝对的固体弹性体具有理想弹性行为，如图 4-3（a）所示，可以把形变全部储存为能量，无损耗，相位角为 0 度，损耗模量为 0。绝对的液体如牛顿流体具有理想黏性行为，把形变转换为流动，无法储能，相位角为 90 度，弹性模量为 0。绝大部分物质为黏弹体，介于理想弹性与理想黏性行为之间。

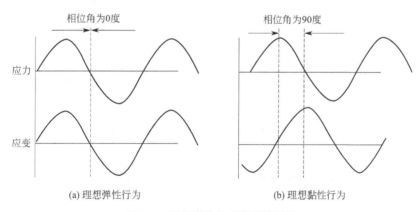

图 4-3　理想弹性与理想黏性行为

四、实验试样

针对所测试材料的类型及特性，选取相应的夹具（表 4-1），并根据夹具制备相应试样。

五、实验步骤

1. 实验准备工作

① 确定 GCA、AirCool、ACA 等及气体管线皆已联机正常；

表 4-1　常用夹具适用范围

夹具	样品尺寸	适用材料	备注
单、双悬臂	单悬臂约 30mm（长） 双悬臂 55～60mm（长） 5～15mm（宽） 2～5mm（厚）	适用于较弱至中等刚性材料。例如：热硬化树脂、橡胶体、非晶体或轻微填充的热塑性材料、金属，还可通过粉末夹具测试粉末材料	在该种夹具模式中，样品的一端（单悬臂）或两端（双悬臂）固定。该夹具是较为通用的模式，主要用于热塑性和高阻尼材料（如：弹性体）的测量。双悬臂梁是研究热固性材料固化的理想工具
三点弯曲	20 或 50mm（长） 最大 15mm（宽）7mm（厚）	适用于刚性、低阻尼材料。例如：金属、陶瓷、高填充的热硬化聚合物、高填充结晶体、热塑性聚合物	在该夹具模式中，样品两端置于支架上，力施加在样品的中部。样品没有夹具的夹持效应。50mm 和 20mm 规格的三点弯曲夹具采用独特的带滚动轴承的低摩擦支座，纯变形模式提高了测量的准确性
压缩	15～40mm（直径） 最大 10mm（厚）	低中模量材料的最佳评估模式（如凝胶、弹性体等）	黏滞性流体的评估，必须具备相当的弹性，另外可进行膨胀、收缩、针刺穿透等性能测试
拉伸	5～30mm（长） 最大 8mm（宽） 2mm（厚）	各种类型的薄膜、纤维。样品尺寸范围广，适合于多种材料	可以在 TMA 模式下进行固定力温度扫描，或特定温度下做应力扫描试样，具有自动张量及恒定张力控制功能

（注意：400℃以上的实验，空气轴承的气体必须换为氮气。）

② 打开 DMA 主机"POWER"开始暖机，须 30min 以上；

③ 排放压缩空气过滤杯内的积水，打开空气压缩机 ACA 电源，之后确定 ACA 气压是否足够，即 420～455kPa（约 60～65psi）；

④ 打开控制计算机，双击电脑显示屏上"TA instrument explorer"（操作软件）图标，取得与 DMA 的联机，触摸屏联机界面如图 4-4 所示；

⑤ 计算机软件控制界面如图 4-5 所示，软件界面分为主菜单、仪器状态栏、样品信息及实验方法编辑区、实验方法区、实时图谱区和实时信号区。

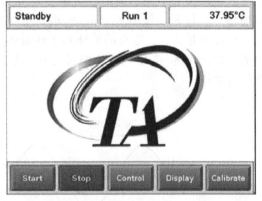

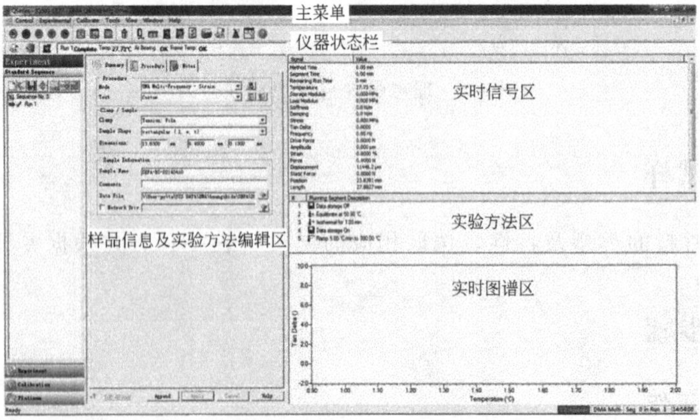

图 4-4　触摸屏界面

图 4-5　软件控制界面

2. 仪器及夹具校正

DMA 主机的仪器校准通常每月进行一次，不需要每次实验前都做，但测试前需要进行位置校准和夹具校准，校准界面如图 4-6 所示。

图 4-6 校准界面

（1）位置校准

开机后首先做位置校正，其目的是使光学编码器（Optical Encoder）能正确读出驱动轴（Drive Shaft）的绝对位置；对于刺穿（Penetration）、压缩（Compression）与小号三点弯曲三种夹具，在进行位置校准前，需将夹具从仪器上拆卸下来。除以上三种夹具外，在进行位置校准时，无需拆卸夹具。注意：夹具螺钉请不要在高温下拧，由于热膨胀，螺钉易拧坏。

a. 点击"Calibrate"，选择"Position"，弹出如图 4-7 所示的对话框。

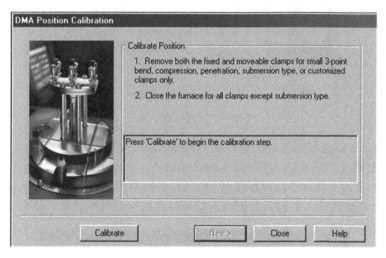

图 4-7 位置校准界面

b. 通过仪器触摸屏或软件关闭炉子，点击"Calibrate"开始进行位置校准，校准完成后，炉子会自动开启。

c. 点击"Next"得到校准报告，点击"Finish"结束位置校准。

（2）夹具校准

DMA 夹具校准有三项："质量（Mass）"、"零位（Zero）"和"柔量（Compliance）"。不同的夹具所需进行的校准项目不同，如单/双悬臂夹具只需进行质量和柔量校准，详见表 4-2。

更换夹具后，按照夹具对应的校准项目，按照"质量（Mass）"、"零位（Zero）"和"柔量（Compliance）"的先后次序进行相应校准。

表 4-2   DMA 夹具校准项目一览表

夹具类型 Clamp	质量 Mass	零位 Zero	柔量 Compliance
单/双悬臂 Single/Dual Cantilever	Y		Y
三点弯曲 3-Point Bending	Y		Y
拉伸薄膜 Tension Film	Y	Y	Y
压缩/刺穿 Compression/Penetration	Y	Y	Y
剪切三明治 Shear Sandwich	Y		
特种纤维 Specialty Fiber	Y	Y	

下面以常用的双悬臂夹具为例，介绍校准夹具的具体操作。

a. 按 "Furnace" 键打开炉子，检视是否需要安装或更换夹具，安装夹具通常按照由外向内的原则。

b. 选择操作软件的快捷键 "Calibrate"，选择 "Clamps"，选择 "Dual Cantilever"。选择 "All Calibrations"，如图 4-8 所示。

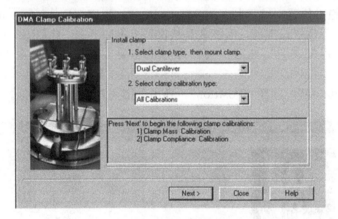

图 4-8   夹具校准界面

c. 点击 "Next"，进行夹具的质量校准（Mass Calibration）。

d. 待电脑上提示 "Step Completed Successfully"，点击 "Next"。

e. 从标准配置的工具盒里取出厚度约为 3.2mm 的不锈钢片，用游标卡尺测量不锈钢片的宽度和厚度，将参数输入电脑，长度则根据所使用的夹具跨距而定，如图 4-9 所示。

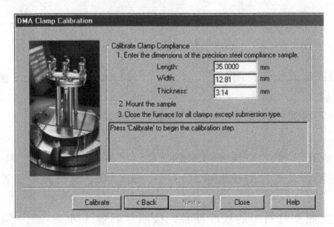

图 4-9   尺寸参数输入界面

f. 将不锈钢片装到 DMA 主机的样品台夹具的中间位置上并固定。

g. 点击 "Calibrate"，进行夹具的柔量校正（Compliance Calibration）。

h. 当对话框提示 "Step Completed Successfully"，点击 "Next"。点击 "Finish"。

i. 完成双悬臂夹具的校准。

3. DMA 实验

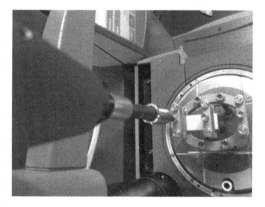

确保仪器已经正常开机，确认仪器状态栏中 Air Bearing 和 Frame Temp 都为 "OK" 状态，一般开机后需等待半小时方可达此状态。确保仪器已完成校准，并已安装上所需夹具，完成了夹具所需校准。

① 测量及安装样品：测量完样品的宽度和厚度后，使空气轴承处于浮动（Float）状态；将样品插入夹具靠近热电偶一方的固定/活动部分，但不要碰到热电偶，如有需要，可以调整热电偶的位置。摆正后用手拧紧固定样品的

图 4-10 安装样品

螺丝，然后锁定（Lock）空气轴承；调整扭矩扳手到所需的值，然后用扭矩扳手上紧固定螺丝，如图 4-10 所示。

② 实验参数设定：选取工具列中【Experiment Pane View】键，于 Summary 中输入样品信息，各实验参数的选项如图 4-11 所示。在 Procedure 中设定振幅、应变等参数（如图 4-12 所示），编辑方法与频率表（单频或多频扫描）或是振幅表（多变形量扫描），同时在 Advanced 与 Post Test 中确定仪器参数，编辑完后按 OK 及 Apply。

- 输入完成后的 Summary 界面信息（完成每个页面的输入后，请点击页面下方的 Apply，应用更改）
- Mode：选择所需实验模式，DMA Multi-Frequency-Strain
- Test：选择该模式下所要进行的测试，Temp Ramp/Frequency Sweep
- Clamp：夹具类型，单悬臂夹具
- Sample Shape：样品形状，长方体
- Dimensions：样品长宽厚
- Sample Name：样品数据名称
- Data File：选择测试数据保存位置

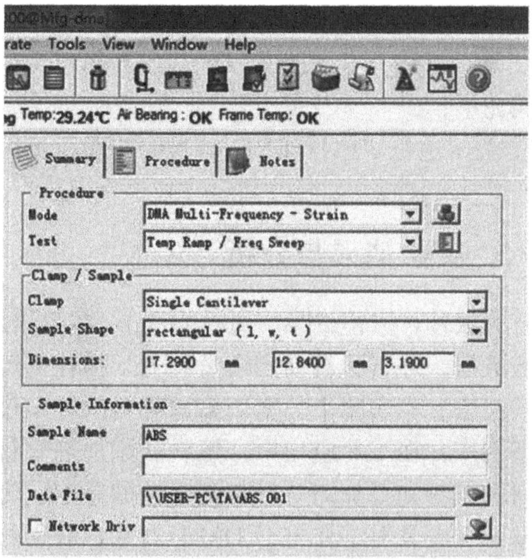

图 4-11 Summary 参数设定

③ 按【MEARSURE】键，观察软件右上方实时信号栏，观察各实测信号是否稳定和是否处于当前温度下应该处于的量值范围，必要时须调整条件参数；当 Amplitude 显示达到所设定的 $25\mu m$ 时，观测 Stiffness 或者 Force 的值，应满足要求：Stiffness：10E2～10E7，Force：<18N，即最大载荷为 18N。若 Amplitude 一直未能达到设定值，但 Force 或 Stiffness 已超出上述范围，则需要调整样品尺寸，然后再测试，如将样品变薄。

■ 输入完成的 Method 方法界面
■ Amplitude：振幅
■ Strain：应变
■ Start temperature：起点温度
■ Soak time：在起点温度的恒温时间
■ Final temperature：终点温度
■ Ramp rate：升温速率，由于 DMA 测试样品较大，升温速率一般不大于 5℃/min
■ Hold time at final temperature：在终点温度的恒温时间

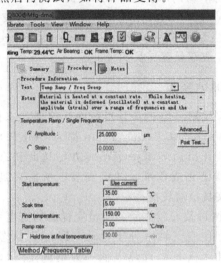

图 4-12　Method 实验参数设定

④ 稳定后按【Furnace】键关闭炉子。

⑤ 按【Start】开始实验。

⑥ 如果因为某种原因联机失败，实验数据仍持续存到主机的内存，只要未关机或另外做新的实验，数据就不会丢失，只要再选择 TOOL/Date Transfer 之后，便可以强制将内存内的数据转存到硬盘中。

⑦ 将试片取出，若有污染则须立刻清除干净。

⑧ 选择执行【Univeral Analysis】进行结果分析及打印。

⑨ 实验结束、关机。

a. 触摸屏中点选 SHUT DOWN INSTRUMENT 或在软件 CONTROL 中选择，等待参数存储完毕；

b. 关闭主机"POWER"和其他外围配备。

六、实验结果与分析

打开软件，点击 File，选择 Open，在弹出的下右对话框中选择要打开的数据文件，获得实验数据，分析材料动态模量和力学损耗与温度关系曲线，对实验结果进行分析总结，撰写实验报告。本实验中的案例来源于美国 TA 仪器公司官网。

案例一：在工业应用中，填料和添加剂对材料性能具有非常重要的影响，DMA 测试常用于研究填料和添加剂对材料黏弹性的影响。为了解常用填料炭黑对丁苯橡胶性能的影响，通过双悬臂夹具对试样进行 DMA 测试，获得材料在不同温度下的储能模量 E'（刚度）和阻尼 Tanδ（能量耗散）特性，如图 4-13 所示。从图中可以看出，炭黑的加入增加了丁苯橡胶的储能模量值，使玻璃化转变温度 T_g 显著增加。

案例二：用 DMA 评估聚合物材料黏弹性能随时间、频率和温度的变化规律。增塑剂通常是用来软化刚性聚合物的低分子量有机添加剂。图 4-14 显示了三种不同增塑剂含量的 PVC 样品的 DMA 测试结果，随着增塑剂含量增加，tanδ 峰左移，tanδ 峰宽增加，降低了玻璃化转变温度 T_g，同时降低了储能模量（刚度）。

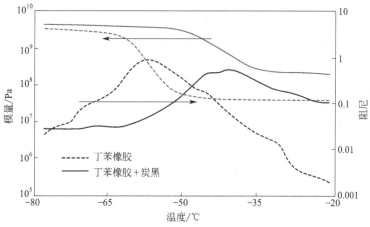

图 4-13 炭黑对丁苯橡胶材料黏弹性的影响

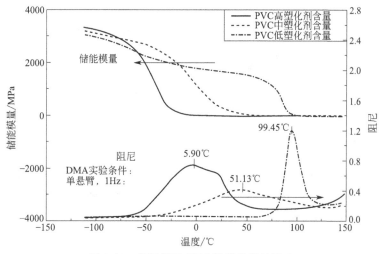

图 4-14 增塑剂对 PVC 样品性能的影响

参 考 文 献

[1] 刘振海，徐国华，张洪林，等．热分析与量热仪及其应用 [M]．2 版．北京：化学工业出版社，2011.
[2] 许建中，许晨．动态机械热分析技术及其在高分子材料中的表征应用 [J]．化学工程与装备，2008，6：22-26.

实验5

化学镀镍及镀层性能测试与分析

一、实验目的

a. 掌握化学镀镍的基本原理；

b. 了解化学镀镍的工艺条件；

c. 掌握钢铁表面预处理的方法，以及钢铁表面化学镀镍的操作步骤；

d. 学会对镀层性能进行测试和分析。

二、设备与仪器

1. 基本配置

本实验所用的仪器设备主要有：恒温水浴锅、分析天平（千分之一）、烧杯、玻璃棒、镊子、温度计、吹风机等，设备概览如图 5-1 所示。

图 5-1　设备概览图

2. 实验材料及试剂

40mm×30mm×1mm 的 A3 钢试片若干、$NiSO_4$、$NaHPO_2$、CH_3COONa、浓硝酸、柠檬酸、氢氧化钠、磷酸钠、碳酸钠、1mol/L HCl、铁氰化钾、氯化钠、2mol/L NaOH、2mol/L H_2SO_4、pH 试纸，试剂均为分析纯。

三、背景知识与基本原理

化学镀镍工艺起源于 20 世纪 40 年代，但直到 20 世纪 80 年代，化学镀镍技术才得到真正的开发和应用，并促使化学镀镍技术进入成熟时期。我国的化学镀镍技术起步相对较晚，但近年发展较快，某些性能的技术指标完全可以与欧美发达国家的化学镀镍工艺相媲美。化学镀镍具有工艺简单、适应范围广、不需要电源、不需要制作阳极、镀层与基体的结合强度好且均匀、成品率高、成本低、溶液可循环使用、副反应少等优点。由于化学镀镍层含磷（硼）量及镀后热处理工艺的不同，镀镍层的物理化学特性，如硬度、抗蚀性能、耐磨性能、电磁性能等具有丰富的变化，是其他化学镀中少有的。化学镀镍目前已在航天航空、汽车、石油化工、天然气、机械、电子和计算机等行业得到了广泛应用。它不仅可以在钢材表面实现均匀的覆盖，而且可以通过对非金属材料表面进行处理，实现非金属基体的表面装饰。通过调整镀液配方，可以实现光亮化学镀镍、常温化学镀镍、快速化学镀镍等工艺方法。化学镀镍能够显著提高设备的耐磨、耐蚀性能，延长其寿命，在碳钢、铸铁、有色金属等方面也具有重要的意义。

化学镀镍是利用合适的还原剂，使金属离子沉积在部件表面的一种表面处理方法。化学镀镍溶液一般需要添加缓冲剂，主要原因是化学镀镍过程中有氢离子产生，溶液 pH 随施镀的进行而逐渐降低。因此，化学镀镍体系必须具备良好的 pH 缓冲能力，从而稳定镀速及保证镀层质量。化学镀镍通常采用次磷酸钠为还原剂，其普遍被接受的反应机理是"原子氢理论"和"氢化物理论"。其中"原子氢理论"可以分为以下四个步骤。

① 化学镀镍的镀液在常温下不起反应，在加热时通过金属基体的催化作用，使 $H_2PO_2^-$ 在水溶液中脱氢而形成亚磷酸根，同时放出初生态原子氢。

$$H_2PO_2^- + H_2O \longrightarrow HPO_3^{2-} + 2H + H^+ \tag{5-1}$$

② 初生态原子氢被吸附在催化金属表面上而使其活化，使镀液中的镍阳离子还原，在催化金属表面上沉积金属镍。

$$Ni^{2+} + 2H \longrightarrow Ni + 2H^+ \tag{5-2}$$

③ 在催化金属表面上的初生态原子氢使 $H_2PO_2^-$ 还原成磷。同时，由于催化作用使 $H_2PO_2^-$ 分解，形成亚磷酸根和分子态氢。

$$H_2PO_2^- + H \longrightarrow H_2O + OH^- + P \tag{5-3}$$

$$2H \longrightarrow H_2 \uparrow \tag{5-4}$$

④ 镍原子和磷原子共沉积，并形成镍磷合金层。

$$3P + Ni \longrightarrow NiP_3 \tag{5-5}$$

四、实验步骤

1. 工艺流程

本实验化学镀镍的工艺流程如图 5-2 所示。

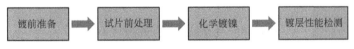

图 5-2 化学镀镍的工艺流程图

2. 镀前准备

镀前准备包括除油液及除锈液的配制、化学镀镍液的配制、孔隙率检测液的配制，以及采用砂纸对试样表面进行打磨，去掉表面附着的铁锈及杂质。

① 本实验试片除油液的配制为：

称取 20g 氢氧化钠、30g 磷酸钠、30g 碳酸钠溶于 1L 的水中。

② 本实验试片除锈液为：1mol/L HCl。

③ 本实验化学镀镍液的配方为：

称取 25g 硫酸镍、10g 柠檬酸、15g 醋酸钠、30g 次亚磷酸钠溶于 1 L 的水中，并用 2mol/L 氢氧化钠溶液或 2mol/L 硫酸溶液调节 pH 值到 5。其中硫酸镍的作用为提供镍源，柠檬酸为络合剂，醋酸钠为缓冲剂，次亚磷酸钠为还原剂。镀液的配方是影响化学镀镍镀液稳定性的重要因素。比如杂质金属离子的带入太多，会导致镀液迅速发生分解，产生大量的气体。此外，镀液的温度过高，稳定剂损耗大。局部温度过高等因素也会导致镀液分解。一般来讲，镀液的 pH 越高，镀液越不稳定。但是提高 pH，可以有效降低施镀的温度，从而降低能耗。因此，在实际的工业生产中，需要调控各方面的参数，在使镀液保持稳定的同时，也要考虑能耗方面的因素。

④ 镀镍层孔隙率检测液的配制为：

称取 20g 铁氰化钾、20g 氯化钠溶于 1 L 的水中。

3. 试片前处理

将试片浸入除油液中，20min 后取出，用蒸馏水冲洗，以水洗后试片不挂水珠为合格判断标准。然后将试片浸入 1mol/L HCl 溶液中，时间为 1~10min，以表面氧化膜、锈迹脱落，现出金属基体颜色为标准，酸洗后用蒸馏水充分冲洗。

4. 化学镀镍

取 200mL 所配制的镀液倒入烧杯中，加热到 80~95℃，放入处理过的试片，即产生剧烈反应，试片表面出现大量气泡。约 10min 试片上即可出现光亮的镀层，反应时间可延长至 1h。取出试片，用蒸馏水漂洗后，用吹风机吹干备用。实验在通风的条件下进行。在取试片的时候，一定要用镊子，避免用手直接接触试片。化学镀镍的溶液镀后颜色变浅、溶液的体积减小，主要原因是化学镀镍过程中镍的析出导致二价镍离子量变少，绿色变浅，同时水分的蒸发导致溶液的总体积变小。

五、实验结果与分析

1. 试片孔隙率的测定

裁剪一块滤纸，其面积大小正好与试片大小一样，将其浸入孔隙率检测液中，取出贴在试片的表面，10min 后取下滤纸，数出蓝色斑点的数目（图 5-3），用公式（5-6）计算孔隙率。

$$孔隙率＝孔隙斑点数/被测表面积。 \tag{5-6}$$

2. 试片表面镀层的附着力测定

根据国家标准 GB/T 5270，将试片先向一边弯曲，然后再向另一边弯曲，反复进行，直至试片断裂，观察镀层是否有脱落，如没有，说明表面镀层的附着力良好。

3. 耐蚀性

采用硝酸点蚀法，在室温下，将镀后试样一半浸于 65％分析纯的浓硝酸中，另一半暴露在空气中，测试试样表面出现第一个变色点的时间，从而判断试样的耐蚀性，进而评价化学镀镍的性能。

图 5-3 试样孔隙率的测定示意图

参 考 文 献

[1] 周书天，杨润昌，袁旭宏，等 . 钢铁光亮化学镀镍 [J]. 湘潭大学自然科学学报，1998，20：117-119.
[2] 邹勇进，费锡明，肖作安，等 . 化学镀 Ni-Co-W-P 及其析氢性能的研究 [J]. 材料保护，2004，37：17-18.
[3] 刘冰洋，周根树，任颖，等 . 镀层厚度对铝基化学镀镍磷导电性和耐蚀性的影响 [J]. 表面技术，2010，49：276-283.

实验 6

薄膜材料结合力划痕实验与评价

一、实验目的

a. 掌握薄膜材料（包括涂层）结合力划痕实验的基本原理；

b. 掌握使用自动划痕仪进行薄膜材料结合力划痕实验的方法与操作；

c. 学会分析划痕曲线，计算薄膜材料结合力；

d. 对薄膜材料与基体结合力进行有效评价。

二、设备与仪器

1. 基本配置

本实验的主要设备与仪器包括薄膜材料结合力划痕实验测试主控制机、划痕实验机、体视显微镜等。设备概览如图 6-1 所示。

图 6-1　设备概览图

（1）薄膜材料结合力划痕实验测试主控制机的基本配置

包括 WS-2005 薄膜（涂层）结合力划痕实验系统主机、数据采集卡、测控专用软件等。

（2）划痕实验机的基本配置

包括样品台、高精度连续加载系统、声发射检测系统、摩擦力检测系统、样品拖动平台、金刚石压头、底座和支架等。

（3）体视显微镜的基本配置

包括目镜、物镜、载物台、光源等，放大倍数：100× 和 400×。

2. 主要技术指标

a. 加荷范围：0.01～200N，自动连续加荷，精度 0.1N；

b. 划痕速度：2～10mm/min；

c. 加荷速率：10～100N/min；

d. 测量范围：0.5～100μm；

e. 划痕范围：1～20mm，自动；

f. 摩擦力显示：0.5～1000g；

g. 加载压头：金刚石，锥角120°，尖端半径 $R=0.2$mm；

h. 测试操作：键盘操作，微机控制。

三、实验试样

实验试样为 4Cr13 不锈钢表面沉积（镀）有 5μm 厚度的 TiAlN 硬质薄膜材料，如图 6-2 所示。

图 6-2　实验试样

四、背景知识与基本原理

随着科学技术的发展，各种耐磨损和耐腐蚀薄膜材料以及各种功能性薄膜材料，在各行各业都得到了广泛应用，产生了较大的经济和社会效益。而薄膜材料要发挥其功能的前提是要与基体具备良好的附着强度，即结合力足够好，才能发挥薄膜材料的其他功能。结合强度不好的薄膜材料，在使用过程中表层的薄膜很容易脱落，寿命很低。薄膜材料结合力的检测就成了薄膜材料研究和开发过程中的首要问题。

薄膜材料结合力的检测方法很多，如摩擦抛光实验、钢球滚光实验、粘接-剥离实验、锉刀实验、划线划格实验和划痕实验等，其中划痕实验法是目前检验硬质薄膜材料精确度较高也是最常用的方法。

划痕实验法主要运用声发射检测技术、摩擦力检测技术及微机自控技术，通过自动加载机构将负荷连续加至划针（金刚石压头）上，同时移动试样，使划针划过薄膜材料表面。通过各传感器获取划痕时的声发射信号、载荷的变化量、摩擦力的变化量，并输入计算机经 A/D 转换将测量结果绘制成图形，从而得到薄膜材料与基体的结合强度（薄膜破坏瞬间的临界载荷）。

薄膜材料结合力划痕实验法主要采用光滑圆锥顶尖的划针，在逐渐增加载荷下刻划薄膜表面，直至薄膜被破坏，薄膜破坏时所加的载荷称为临界载荷，并以此作为薄膜与基体结合强度的度量。薄膜材料结合力划痕实验法有两种检测模式。一种是利用声发射方法，主要适用于 0.5～100μm 的硬质薄膜材料的检测。当划针将薄膜划破或剥落时会发出微弱的声信号，此时载荷即为薄膜的临界载荷，由此可得到薄膜与基底的临界载荷。另一种是摩擦力方法，适用于薄膜与基底的摩擦系数差别较大的材料的测试，划针将薄膜划破或脱落时，摩擦力将发生较大变化，摩擦力曲线亦发生变化，以此判定薄膜的临界载荷。此方法主要适用于较软薄膜。

薄膜材料结合力划痕实验测试方法主要分为四种。

（1）动载测试方法

按设定的加载速率和划痕速度，计算机控制系统同时启动连续加载和被测样品平移，随着施加于金刚石锥尖至样品表面负荷不断增大和样品的连续移动，自动检测划痕过程中变化的载荷值，和样品表面薄膜（涂层）破损剥落时产生的声发射信号，并显示声发射信号与载荷变化的对应曲线。到达设定的载荷后，测试结束。加载载荷自动卸载到零点，样品返回原位。

（2）恒载测试方法

自动加载金刚石锥尖至样品表面到设定载荷值后，再启动试样平行往复移动。实验过程中，计算机显示和自动记录声发射信号与划痕长度的对应变化曲线和当前的划痕次数。当从计算机上观察到特征实验现象（如声发射信号的某些变化）时，可在划痕过程完成后终止实验，并用显微镜观察划痕表面特征。

（3）摩擦力测试方法

当薄膜较软或与基底摩擦系数差别较大时，在载荷的作用下，金刚石压头划开薄膜与基底接触时，摩擦力将发生较大变化。应用该方法测量软质或较薄薄膜，其加载和位移方法与动载测量方式一样。

（4）静压测试方法

根据设定的加载速率，自动加载金刚石锥尖至样品表面达到设定载荷值，不移动样品并保持载荷一定的时间。如果在加载的过程中薄膜发生破损或脱落，仪器自动检测出剥落时的载荷值。

五、实验步骤

本实验以动载测试方法为例，阐述薄膜结合力划痕实验的操作步骤。

1. 准备工作

① 检查仪器是否接地良好；
② 检查各接线插头是否正确，接触是否良好；
③ 机架平台放置平稳、牢靠；
④ 调整好主机加载横梁固定螺钉的松紧；
⑤ 用丙酮或酒精将所测试样清洗干净。

2. 安装试样

将试样夹具放入测试平台，拧紧固定旋钮。把试样平稳地放在试样夹具内，并夹紧试样，如图 6-3 所示。用酒精棉再次将试样表面擦拭干净，以降低粉尘、油污对待测试样结合性能的影响。

图 6-3　样品安装在样品台

3. 开机

（1）打开控制计算机

检查整机接线准确无误后，打开计算机电源。进入 Windows XP 资源管理器窗口，在驱动器 D 盘下 "WS-划痕仪" 目录中找到 WS-2005 划痕仪 . exe 执行文件。双击鼠标，进入仪器运行程序。屏幕显示仪器封面窗口，用鼠标左键单击窗口右下角图标，屏幕出现主控窗体。

（2）预热仪器

打开仪器控制箱电源，此时控制箱电源灯亮。预热 5min。

（3）调整载荷零点

主控箱预热后，逆时针旋动主机加载螺杆，使加载梁前端离开载荷传感器球形支点，金刚石压头离开样品表面。调整仪器控制箱载荷调零旋钮，使屏幕主控窗口载荷文本框中数值显示为 "0"（图 6-4），然后再顺时针旋转加载螺杆，使载荷文本框中数值显示为 "0.01"，此时划痕压头刚好触及试样表面，准备测试。

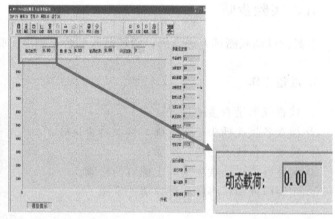

图 6-4　调整载荷零点

4. 设置参数

软件的主控窗体如图 6-5 所示。

（1）设定按钮

输入试验日期、样品编号、加载速率等实验参数。鼠标左键单击【设定】按钮，弹出参数设定窗口，如图 6-6 所示。

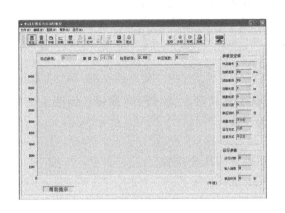

图 6-5　软件主控窗体

图 6-6　参数设定窗口

实验参数输入操作及要求：每次打开参数设定窗口，将显示上一次输入的参数。如要重新输入或修改参数，用鼠标箭头指向要修改的文本框，单击左键，光标在文本框中闪动，用键盘输入修改值。只输入参数数值，不输入参数的单位。实验参数输入完成后，点击【确定】按钮，返回主控窗体。

实验控制参数：

a. 加载速率：仪器自动加载负荷的速率，单位为 N/min。设定的参数最好为整数值，如 10、20、30、90、100 和 120 等。常用值为 50、100。

b. 划痕长度：测试中试样沿 X 轴方向的移动长度（即划痕长度），单位为 mm。一般应为整数值如 2、3 和 10 等。

c. 加载载荷：实验总的加载量，单位为 N。一般应为整数值 10、20、30、100、120、140 和 200。

d. 恒载长度：在恒载方式下划痕的长度，单位为 mm。一般应为整数值 1~10。

e. 测量方式：声发射测量方式、摩擦力测量方式、声发射与摩擦力同时测量方式。

f. 运行方式：动载荷运行方式、恒载荷运行方式、静载荷运行方式。

g. 往复方式：只在恒载方式下选择单往复或双往复。其余各参数用户根据实际情况输入，不再赘述。

（2）调图按钮

以图形方式显示已存储的实验数据文件。鼠标单击该按钮，弹出文件对话框，输入要调用的文件名，单击【打开】按钮。调用的文件以图形方式显示在屏幕上。

（3）存储按钮

以数据文件保存实验结果。测试结束后，单击该按钮弹出文件对话框，输入要存储的文件名，单击【存储】按钮（用户可建立自己的文件夹保存数据）。

（4）动载按钮

运行动载测量方式，调整好样品位置和载荷零点，正确输入各参数后单击此按钮，开始测试。

（5）恒载按钮

a. 鼠标单击该按钮启动程序运行。计算机自动加载到载荷设定值，然后自动移动样品划痕。

划痕过程中显示每道划痕的声发射曲线和划痕道数。如划痕过程中检测到声发射信号，自动暂存当前道数和声发射曲线。测试结束后，显示首次检测到声发射信号的曲线图形。

b. 恒载测试结束后，如需检查其他划痕道数声发射信号曲线，在【输入道数】文本框中输入相应的道数值。鼠标单击【显示】键，即显示某道声发射信号的曲线，可显示多道。

c. 在启动恒压往复划痕后，鼠标单击【停止】键，可停止当前测试。

（6）退出按钮

退出实验程序，返回 Windows 窗口。

（7）打印按钮

单击此按钮，可打开 Microsoft Excel 电子表格工具软件，进行绘图并转换为图表文件存储格式，打印当前屏幕显示的实验图形和输入的参数。

（8）↑、↓键

用鼠标单击按钮，可上、下移动加载横梁，调整载荷压头位置。

（9）←、→键

用鼠标单击按钮，可在 X 轴方向左、右移动试样平台，调整试样位置。

（10）帮助文本框

显示测试运行过程中设备的工作状态。

5. 声发射测试模式操作方法

① 将试样夹具 1 放入测试平台，拧紧固定旋钮。把试样平稳地放在试样夹具内，将试样夹紧；

② 调整试样平台升降旋钮，使试样刚好触及金刚石压头，注意调整载荷零点；

③ 在【参数设定】的运行方式单选框中选择【动载荷】运行方式。在测量方式单选框中选择【声发射】测量方式，其余文本框中输入相应参数；

④ 单击【动载】按钮，开始测试；

⑤ 临界载荷的精确定位：一次测试完成后，用户选定图形首次起峰处，用鼠标箭头指在声发射图形曲线的首次起峰处，按下鼠标中键，临界载荷数值自动显示在临界载荷文本框中，如图 6-7 所示。

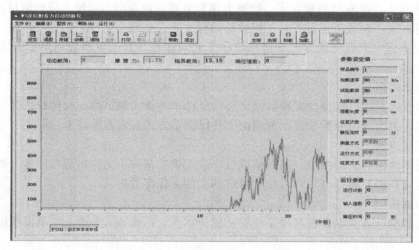

图 6-7 声发射测试模式获得的结合力曲线

6. 数据存储与导出

① 测试完成后保存所得数据，选择"文件（F）"点击【保存】；

② 输入文件名，点击【保存】，如图 6-8 所示。系统保存的数据为"＊.txt"格式，如图 6-9 所示。

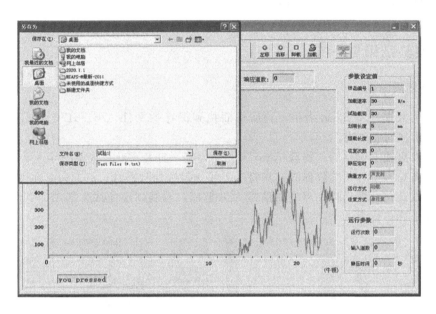

图 6-8　保存数据界面

图 6-9　保存的数据

7. 实验结束及后续处理

① 松开样品台的固定旋钮，取出试样，将试样放入专用回收箱中。用酒精棉擦拭样品池凹槽及表面，重新放回样品台；

② 用鼠标单击主控窗口和封面窗口右上角按钮，退出控制程序；

③ 关闭控制箱开关，再关闭计算机。

六、实验结果与分析

1. 绘制划痕曲线

把保存的数据导入 Excel 表格中。从桌面找到保存的文件 "＊.txt"，然后导入画图软件或 Excel 绘制划痕曲线。

举例：以桌面上保存的"实验1.txt"文件为例，打开 Excel 软件→导入数据或打开文件→选择所需导入或打开的数据源（实验1.txt）→勾选分割符号，点击完成即可，如图6-10所示。然后以载荷为横坐标，声发射信号为纵坐标，绘制划痕曲线，如图6-11所示。注意原始数据纵坐标单位为N。

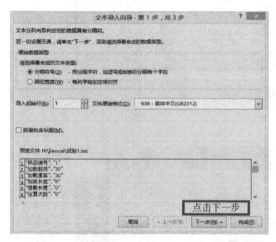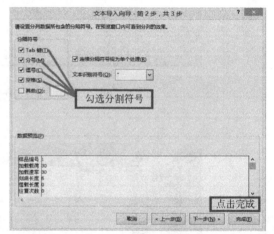

图 6-10　导入数据

2. 划痕轮廓观察及拍照

用体视显微镜将划痕实验后的划痕部位放大100倍观察划痕形貌，并核对声发射信号的准确性，划痕形貌如图6-12所示。当结合强度曲线第一次出现连续的峰强，此处即为薄膜材料与基体的临界结合强度。结合图6-7～图6-11中的数据，该薄膜材料的结合力为13.15N。

以上是采用划痕实验法中的动载测试方法，测试薄膜材料与基体的结合强度的实验步骤、结果与分析方法，通过划痕实验获得薄膜材料破坏瞬间的临界载荷为13.15N。表明该薄膜材料最大承受的冲击力不能超过13.15N。划痕实验法对薄膜材料的设计和应用具有重要的指导意义。膜基结合力是薄膜材料的一项主要性能指标，膜基结合力如果较低，说明薄膜材料在基底表面的沉积不牢固，容易掉落，会影响薄膜材料的整体性能。

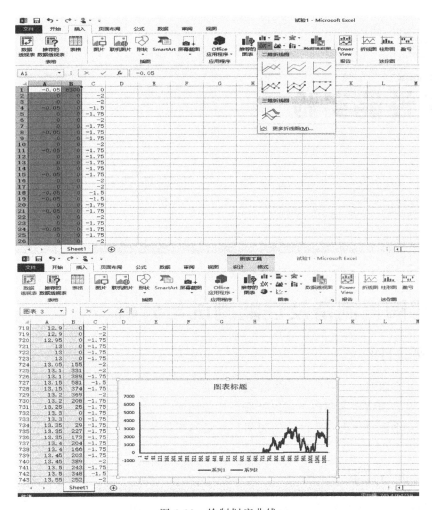

图 6-11 绘制划痕曲线

图 6-12 划痕形貌

参 考 文 献

[1] 崔彩娥，缪强，潘俊德. 薄膜与基体间的附着力测试 [J]. 电子工艺技术 [J]. 2005，26：294-297.

[2] 冯爱新，张永康，谢华锟，等. 划痕实验法表征薄膜涂层界面结合强度 [J]. 江苏大学学报（自然科学版），2003，24：15-19.

第二章

电学性能实验

实验 7

电容器陶瓷制备及性能测试与分析

一、实验目的

a. 掌握电容器陶瓷介电常数的来源或极化机制；

b. 掌握电容器陶瓷的制备工艺以及介电性能的测试；

c. 根据极化机制分析介电性能随频率与温度的变化关系。

二、设备与仪器

本实验的主要设备与仪器包括：介电温谱测试系统（图 7-1）；LCR 测试仪（图 7-2）；天平（百分之一或千分之一）；球磨机；高温电炉；烘箱；研钵；料勺（每种原料一把）；高铝坩埚或刚玉坩埚（150～250mL）；成型模具；小型压机。

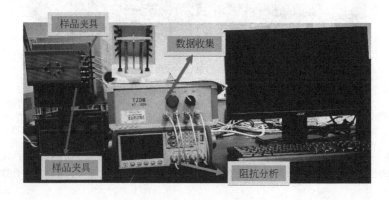

图 7-1 设备概览图

图 7-2　TH2818 LCR 测试仪

1. 基本配置

本实验所需的介电温谱测试系统主要包括阻抗分析仪、数据收集仪、样品夹具台等。注意：阻抗分析仪为精密测试仪器，确保开机预热时间不少于 15min；持续工作时间应不多于 16h。请勿频繁开关仪器，以免引起内部数据混乱。

2. 主要技术指标

（1）阻抗分析仪

a. LCR 测量参数：$|Z|$、$|Y|$、C、L、X、B、R、G、D、Q、θ、ESR、R_{p}；

b. 测试频率：20Hz～1MHz，1mHz 分辨率；

c. 测试电平范围，正常：5mV～2V，恒电平：10mV～1V，1mV 步进；

d. 输出阻抗：30Ω、100Ω 可选；

e. 基本准确度：99.95%；

f. 测量速度或测试时间：$F \geqslant 1\mathrm{kHz}$（快速：32ms，中速：90ms，慢速：650ms）；

g. 等效电路：串联方式、并联方式；

h. 量程方式：自动、保持；

i. 触发方式：内部、手动、外部、总线；

j. 平均次数：1～255；

k. 清零功能：开路/短路扫频清零，负载校准。

（2）温度控制与样品夹具台

a. 温度范围：室温～600℃；

b. 升温速率：1～5℃/min；

c. 样品台可同时放置 4 个样品。

三、背景知识与基本原理

1. 电容器陶瓷介电常数的来源及频率关系

电介质是在电场作用下，能建立极化的一切物质。通常是指电阻率大于 $10^{10}\Omega \cdot \mathrm{cm}$ 的一类在电场中以感应而并非传导的方式呈现其电学性能的物质。

电介质的特征是以正负电荷中心不重合的电极化方式传递、存储或记录电的作用和影响。介质材料在电场中都具有极化现象，介电常数 ε 的值，等于该材料为介质所做的电容器的电容，与真空为介质所做的同样形状的电容器的电容之比值，$C=C_0\dfrac{\varepsilon}{\varepsilon_0}=C_0\varepsilon_r$（$\varepsilon_r$ 称作相对介电常数）。材料的介电常数取决于材料的结构与极化机理。

电介质的主要性能包括介电常数、介电损耗因子、介电强度。材料极化机制主要有四种：

a. 电子位移极化，作用频率约 10^{15}，介电常数贡献在 10 以下；

b. 离子位移极化，作用频率约 10^{12}，介电常数贡献在 10 数量级；

c. 偶极子取向极化，作用频率约 $10^6\sim10^9$，介电常数贡献在 $10^2\sim10^3$ 数量级；

d. 空间电荷极化与界面极化，作用频率 $0\sim10^2$，介电常数贡献在 $10^3\sim10^4$ 数量级。

这些机制对介电常数的影响规律如图 7-3 所示。此外，还有热松弛极化，主要与缺陷有关。

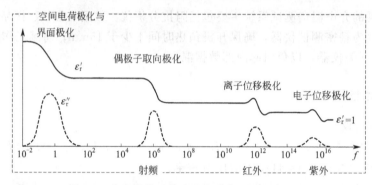

图 7-3　介电常数随频率的变化与四种极化机制

2. 介质的极化强度与宏观可测量之间的关系

极化就是介质内质点（原子、分子、离子）正负电荷中心的分离。单位板面上束缚电荷的数值（极化电荷密度），可以用单位体积材料中总的偶极矩即极化强度 P 来表示。设 N 是体积 V 内偶极矩的数目，电偶极矩相等于两个异号电荷 Q 乘以间距 d，则

$$P=N/V=Qd/V=Q/A \tag{7-1}$$

两块金属板间为真空时，板上的电荷与所施加的电压成正比：

$$Q_0=C_0V \tag{7-2}$$

两板间放入绝缘材料，施加电压不变，电荷增加了 Q_1，有

$$Q_0+Q_1=CV \tag{7-3}$$

相对介电常数 ε_r 为介质材料引起电容增加的比例。

$$\varepsilon_r=C/C_0=(Q_0+Q_1)/Q_0 \tag{7-4}$$

因此只要测出电容，就可以计算出介电常数。

对于平行板电容，介电常数可用公式(7-5) 进行计算。

$$\varepsilon_r=\dfrac{Ct}{\varepsilon_0 S} \tag{7-5}$$

式中，C 为电容；真空介电常数 $\varepsilon_0=8.854\times10^{-12}\,\text{F/m}$；$t$ 为电介质厚度；S 为电介质的有效面积。

对于圆片试样，介电常数计算可用公式(7-6) 进行。

$$\varepsilon_r = \frac{4Ct}{\pi\varepsilon_0 d^2} \tag{7-6}$$

式中，t 为试样的厚度；d 为试样直径。因此，只要测出样品的厚度、直径以及电容，即可算出介电常数。

电介质的介电损耗一般用损耗角正切 $\tan\delta$ 表示，并定义为式（7-7）。

$$\tan\delta = \frac{\text{介质损耗的功率（即有功功率）}}{\text{无功功率}} \tag{7-7}$$

$$\tan\delta = \frac{1}{\omega CR} \tag{7-8}$$

根据式(7-8) 可以计算出 $\tan\delta$。式中，ω 为交变电场的角频率；C 为介质电容；R 为损耗电阻。$\tan\delta$ 是频率的函数，是电介质的自身属性，与试样的大小和形状无关。可以和介电常数同时测量，用介质损耗仪、电桥、Q 表等测量。

介电常数依据所测量的基本原理可分为三大类：

① 电桥法：测量范围为 $0.01\text{Hz}\sim150\text{MHz}$。

测量原理：根据电桥平衡时两对边阻抗乘积相等，确定被测电容器或介质材料试样的 C 和 $\tan\delta$。电桥法测量固体圆片试样介电常数的实验原理如图 7-4 所示。

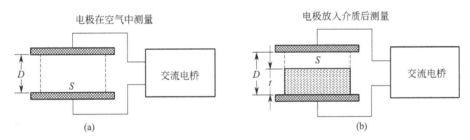

图 7-4 电桥法测量电容 C 的实验原理

② 谐振回路法：测量范围为 $40\text{kHz}\sim200\text{MHz}$。

测量原理：依据谐振回路的谐振特性进行测量。根据谐振时角频率 ω 与回路的电感、电容之间的特定关系式，求得 C 和 $\tan\delta$。

③ 阻抗矢量法：测量范围为 $0.01\text{Hz}\sim200\text{MHz}$。

测量原理：通过矢量电压-电流的比值的测量来确定复阻抗，进而获得网络、元件或材料的有关参数。

四、实验试样

实验试样为薄圆片试样，按照国标的要求试样的高径比必须＜$1/10$，典型的实验试样如图 7-5 所示。

五、实验内容与操作步骤

1. 电容器陶瓷的配方与原料

陶瓷电容器是以陶瓷材料为介质的电容器的总称，是电功能领域应用最广泛、市场容量最大的功能陶瓷，其品种繁多，外形尺寸相差甚大。当前电容器陶瓷特点是追求超高介电常数、超低介电损耗、高的介电强度和温度稳定性，比体积电阻高于 10^{10} $\Omega \cdot m$。但是这些性能特点不能完全满足，所以对不同应用要求侧重的性能参数不同，这样可以分为不同类型。按介电常数分为低介、中介、高介、强介、铁电；按频率分为低频、中频、高频、微波；按 IEC（International Electrotechnical Commission）标准分为 I 型：低介、高介（热补偿、热稳定）；II 型：强介瓷（强非线性、弱非线性）；III 型（半导体）：晶界型、表面型、独石、MLCC（低温、中温、高温）。

图 7-5　实验试样示意图

以铁电电容器陶瓷为例，典型的电容器陶瓷的设计配方为 $(1-x)Bi_{0.5}Na_{0.5}TiO_3-xBaTiO_3$，根据不同的组成，其 x 取值 0、0.03、0.05、0.06。原料如表 7-1 所示。

表 7-1　实验原料指标

原料名称	纯度级别	分子量
Bi_2O_3	≥99.0%	465.96
TiO_2	≥99.0%	79.90
Na_2CO_3	≥99.8%	105.99
$BaCO_3$	≥99.0%	197.34

2. 电容器陶瓷的制备流程

陶瓷样品的制备是整个实验中最为关键的环节。制备出的样品质量优劣直接影响样品的性能。因此，制备的每一个步骤都必须认真仔细。本实验采用传统固相烧结陶瓷工艺制备电容器陶瓷，其工艺流程如图 7-6 所示。

首先，所有原料在配料之前必须进行高温烘烤，去除粉末内部的有机化合物及微量杂质。然后，将高温烘烤的粉料通过 100 目筛网过筛。使用精度为 0.0001g 的 SQP 型 Sartorius 电子天平，按照化学计量比称量对应的氧化物和碳酸盐原料。混合的原料采用无水乙醇作为球磨介质，球磨为氧化锆柱状体，采用 PVA 聚酯瓶作为球磨罐，滚动球磨 12h。烘干球磨完毕的粉料，置于高纯氧化铝坩埚中，微微压实，移进箱式炉中进行焙烧（780℃，4h）。焙烧完毕的粉料，添加 PVA 黏结剂进行造粒、烘干。然后，将其通过 100 目筛网过筛。使用 NYL-500 型压力实验机压制成直径为 13mm，厚度为 1.1mm 的圆片，成型使用的压强为 100MPa。将成型的圆片放置在箱式炉中进行烧结，升温速率一般为 2℃/min，典型的烧结工艺如图 7-7 所示。烧结是整个工艺流程的核心，对于陶瓷元件的制备，有"配方是基础、烧结是关键"之说。

将烧结好的样品再打磨至厚度为 1mm 的薄圆片，使用酒精将样品进行清洁。然后，在样品的两面涂上银浆，放入电阻炉中烧银（600℃，30min），即上电极。将烧好银电极的陶瓷样品经磨边、清洁后，放置室温下的硅油中进行极化。

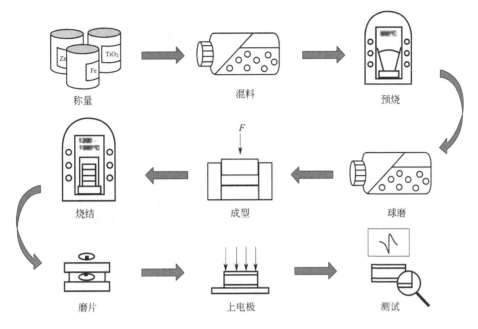

图 7-6 制备电容器陶瓷工艺流程图

3. 电容器陶瓷的性能测试

采用精密阻抗分析仪（Agilent 4294A，Ag-ilent Inc.，Bayan，Malaysia）和智能温控仪组成的测试系统，测量本实验中样品的室温介电电容 C，并原位测量介电电容 C 与温度 T 的关系。测量温度范围为室温～450℃，升温速率为 2℃/min，数据采集步进为 3℃，保温时间为 3min。测试频率为 1kHz、10kHz 和 100kHz。根据公式(7-6)，将介电电容 C 换算为介电常数 ε_r；然后测量介电常数与介电损耗随频率的变化关系，设置测量频率范围：20Hz～1MHz。

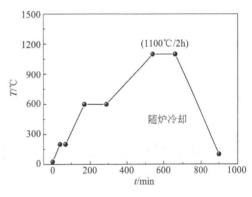

图 7-7 烧结温度曲线

六、结果与分析

将测量的实验结果导入 Origin 软件，以温度为横坐标，介电常数与介电损耗为纵坐标，画出介电常数随温度的变化关系，如图 7-8 所示。样品介电常数与介电损耗随温度的增加显著增加，在某一温度出现极大值，通常介电常数的极大值温度称为居里温度 T_C。同时，介电常数随频率增加而降低，并且居里温度随频率增加向高温移动，是典型弛豫铁电体的特征。

以频率为横坐标，介电常数为纵坐标，画出介电性能随频率的变化关系，如图 7-9 所示。介电常数随频率增加，在低频快速下降，随频率进一步增加，介电常数下降趋势降低。分析介电性能随温度与频率的变化规律，并根据介电性能的来源与极化机制，可以分析介电性能变化的原因。

以上电容器陶瓷的测量方法与过程是一种普适性的电容器材料测试方法，同样可以用于测量其他介电材料，对于开发其他介电材料，特别是巨介电材料，具有重要的参考价值。

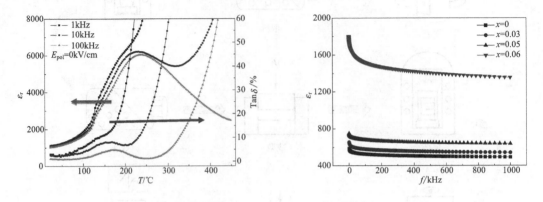

图 7-8 电容器陶瓷不同频率介电　　　　图 7-9 电容器陶瓷介电性能
性能随温度的变化关系　　　　　　　　随频率的变化关系

参 考 文 献

[1] 陈国华. 功能材料制备与性能实验教程 [M]. 北京：化学工业出版社，2013.
[2] 王政平，任维赫. 材料复介电常数测量方法研究进展 [J]. 光学与光电技术，2011，9：93-96.

实验 8

压电陶瓷极化实验及性能测试与分析

一、 实验目的

a. 了解正、逆压电效应及相关的应用；

b. 掌握铁电陶瓷电畴结构与压电陶瓷的极化机理；

c. 掌握三个极化参数（电场、温度、时间）对陶瓷电畴及微观结构的影响；

d. 掌握高压电源的使用及操作规程、极化条件的选择、极化过程的操作；

e. 掌握压电性能参数及其测试方法。

二、设备与仪器

1. 极化装置

极化装置主要包括高压直流电源、极化夹具、极化槽、加热电炉、温控仪。设备概览如图 8-1 所示。

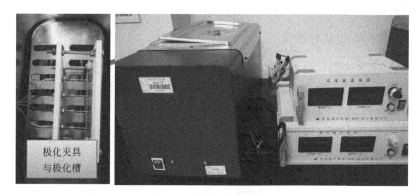

图 8-1 极化装置概览图

主要技术指标如下。

a. 绝缘介质：聚甲基硅油；

b. 电压范围：0～10kV；

c. 输出电流：1mA；

d. 最大输出功率：50W；

e. 温度：室温～200℃。

2. ZJ-3A 型准静态 d_{33} 测量仪

d_{33} 测量仪由测量头及电子仪器两部分组成。两者用两根多芯电缆连接。测量头内包括一电磁力驱动器，其产生的低频交变力加到内部比较试样及被测试样上。两试样在力学上串联，以使二者所受交变力相等。仪器本体提供测量头上的力驱动器的电驱动信号，同时对测量头的输出信号进行放大处理，最后把得到的 d_{33} 值及极性显示在仪器数字显示板上，如图 8-2 所示。

图 8-2 ZJ-3A 型准静态测量仪

主要技术指标如下。

a. 测量范围：×1 挡，10～2000pC/N；×0.1 挡，1～200pC/N。

b. 精度：×1 挡，±2%，±1 个数字（对 d_{33} 在 100～2000pC/N 范围内时）。±围内时 1 个数字（对 d_{33} 在 10～200pC/N 范围内时）。×围内 1 挡，±2%，±1 个数字（对 d_{33} 在 10～200pC/N 范围内时）。±围内时 1 个数字（对 d_{33} 在 1～20pC/N 范围内时）。

c. 分辨率：×1 挡，1pC/N；×0.1 挡，0.1pC/N。

d. 力频率：约 110Hz。

e. 力幅度：0.25N。

3. Agilent 4294A 阻抗分析仪

Agilent 4294A 精密阻抗分析仪，适用于元件和电路有效阻抗测量和分析的集成解决方案。Agilent 4294A 覆盖了很宽的测试频率范围（40Hz～110MHz），具有±0.08%的基本阻抗精度。其优异的高 Q 值/低 D 值精度使其能分析低损耗元件。其宽信号电平范围可用于在实际工作条件下评估器件。测试信号电平范围为 5mVrms～1Vrms 或 200μArms～20mArms，直流偏置范围为±(0～40)V 或±(0～100)mA，如图 8-3 所示。

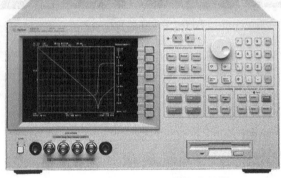

图 8-3　Agilent 4294A 阻抗分析仪

主要技术指标如下。

a. 基本阻抗精度（四端对）：+/−0.08%；

b. 测试频率范围：40Hz～110MHz；

c. 频率分辨率：1mHz；

d. 频率精度：+/−20ppm（用选件 1D5 时为+/−0.13ppm）；

e. 振荡器电平范围：5mVrms～1Vrms 或 200μArms～20mArms；

f. 振荡器电平分辨率：1mVrms/20μA；

g. 电压：待测端开路时为+/−[10+0.05f(MHz)%+1]mV；

h. 电流：待测端短路时为+/−[10+0.3f(MHz)%+50]μA。

三、背景知识与基本原理

1. 压电陶瓷及压电效应

压电陶瓷是实现机械能与电能相互转化和耦合的一类高技术功能材料，广泛应用于电子和微电子元器件。压电陶瓷是一类极为重要的功能材料，其应用已遍及人类日常生活及生产的各个角落。传统的压电陶瓷主要是以 PZT 为基的二元系、三元系陶瓷，具有一系列优异的性能。但是，这类 PZT 基压电陶瓷均含有大量的铅，在制备和使用过程中都会散发有毒物质，对人体和环境造成危害。

压电效应：压电效应产生的原理是晶体中电荷的位移，当不存在应变时电荷在晶格位置上分布是对称的，所以其内部电场为零。但当给晶体施加应力后则电荷发生位移，如果电荷分布不再保持对称就会出现净极化，并将伴随产生一个电场，这个电场就表现为压电效应（即正压电效应），如图 8-4 所示。逆压电效应是指对晶体施加交变电场引起晶体机械变形的现象，如图 8-5 所示。

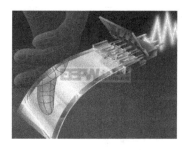

图 8-4 正压电效应　　　　　　　　　　　图 8-5 逆压电效应

2. 铁电陶瓷及铁电性能

铁电陶瓷具有优良的压电性能，现在应用的压电材料大部分是铁电材料。铁电材料的特征是电滞回线与铁电畴，如图 8-6 所示。晶粒的取向不一致，为多晶体。从宏观上看，其为杂乱无章的排列。对于具有压电性能的陶瓷，在居里温度以下 $(T < T_C)$，晶胞正负电荷中心不重合，产生自发极化 P_s，极化方向从负电荷中心指向正电荷中心。为了使压电陶瓷处于能量（静电能与弹性能）最低状态，晶粒中就会出现若干小区域，每个小区域内晶胞自发极化有相同的方向，但邻近区域之间的自发极化方向不同。自发极化方向一致的区域称为电畴，整块陶瓷包括许多电畴。压电陶瓷必须经过极化之后才能具有正压电效应的压电性能。在一定的温度下，给陶瓷片的两端加上一定的直流电场，保压一定的时间，让陶瓷片的电畴按照电场的方向取向排列，称之为极化，或单畴化处理，如图 8-7 所示。极化前，各晶粒内存在许多自发极化方向不同的电畴，从宏观上看，陶瓷的极化强度为零。极化处理时，由于外电场的作用，电畴尽量沿外场方向排列。极化处理后，撤除外电场，由于内部回复力作用，各晶粒自发极化只能在一定程度上按原外电场方向取向，从宏观上看，陶瓷的极化强度不再为零，这种极化强度，称为剩余极化强度。

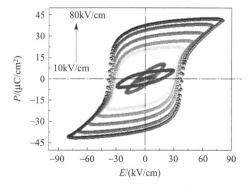

图 8-6 铁电材料的电滞回线与电畴结构

3. 极化方式的选择

（1）油浴极化法

油浴极化法是以甲基硅油等为绝缘媒质，在一定极化电场、温度和时间条件下对制品进行极化的方法。由于甲基硅油使用温度范围较宽、绝缘强度高和防潮性好等优点，该方法适合于极化电场高的压电陶瓷材料。

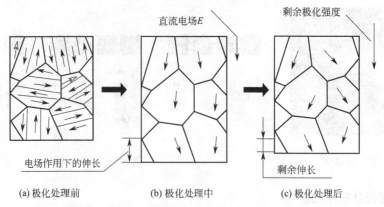

图 8-7 铁电陶瓷极化过程电畴排列取向示意图

（2）空气极化法

空气极化法是以空气为绝缘媒质，以一定的极化条件对制品进行极化的方法。该方法由于不用绝缘油，操作简单，且极化后的制品不用清洗，成本低。因空气击穿场强不高（3kV/mm），该方法特别适合较低矫顽场强的软性类 PZT 材料。如 E_C 为 0.6kV/mm 的材料，其极化电场选 $2E_C$ 为 1.2kV/mm，选 $3E_C$ 则为 1.8kV/mm，都远低于空气媒质的击穿强度，完全可以达到与油浴极化相同的效果。在提高极化温度和延长极化时间的条件下，该方法还可适合于极化因尺寸较厚而击穿场强降低的制品和高压极化有困难的薄片制品。

（3）空气高温极化方法

空气高温极化方法是以空气为绝缘媒质，极化温度从居里温度以上（高于居里温度 T_C 值约 10~20℃）加以相应的极化电场（电场较弱，约 30V/mm），并逐步降温至 100℃ 以下，同时逐步增加电场到约 300V/mm，这种对制品进行极化的方法，又称高温极化法或热极化法。该方法的原理在于制品铁电相形成之前就加上电场，使顺电－铁电相变在外加电场作用下进行，电畴一出现就沿外场方向取向。由于高温时畴运动较容易，且结晶各向异性小，电畴做非 180°转向所受阻力小，造成的应力变小，所以只需很低的电场就可以得到在低温时很高极化电场的极化效果。该方法具有极化电场小、不需要高压直流电场设备、不用绝缘油和制品发生碎裂少的特点，适合于极化尺寸大（如压电升压变压器的发电部分）、普通极化中需很高电压的制品。具体操作时可根据所制备样品的体系以及实验室条件，来确定采用何种极化方式。

4. 极化条件的确定

以油浴极化为例，介绍极化条件的选择。

（1）极化温度的确定

极化温度对极化效果的影响非常重要，不同的体系，极化温度相差很大。因此，对于不熟悉的体系，或事先不知道极化条件的体系，必须先确定大致的极化温度。首先选择一个比较安全的极化电压（以不要击穿为准），时间为 15min，选择在不同的温度下极化（以每隔 5~10℃ 一个温度点测试），从低温到高温极化，注意标记好样品的正负极，并测试性能，选择压电常数最大的温度作为极化温度。

（2）极化电压的确定

只有在极化电场作用下，电畴才能沿电场方向取向排列，所以它是极化条件中的主要因素。极化电场越高，促使电畴排列的作用越大，极化越充分。但不同配方，其高低一般不同。

极化电场大小主要取决于压电陶瓷的矫顽场 E_C。极化电场一定要大于 E_C，才能使电畴转向，沿外场方向排列。一般为 E_C 的 2～3 倍。而 E_C 的大小与陶瓷组成、结构以及不同的体系有关，E_C 还随温度的升高而降低。因此若极化温度升高，则极化电场可以相应降低。

极化电场还受到陶瓷的击穿强度 E_b 的限制，一旦极化电场达到 E_b 大小，陶瓷击穿后就成为废品。E_b 因制品存在气孔、裂纹及成分不均匀而急剧下降。因此，前期制备工序必须保证制品的致密度和均匀性。E_b 大小也与陶瓷样品极化厚度有关，其关系大致符合公式（8-1）：

$$E_b = 27.2t^{0.39} \tag{8-1}$$

式中，E_b 为击穿电场，kV/cm；t 为厚度，cm。因此，较厚的制品，极化电场应相应降低，且通过调高极化温度、延长极化时间以达到好的极化效果。

确定极化温度后，极化时间定为 15min，根据样品的厚度不同，加上不同的电压，如 2kV/mm、3kV/mm、4kV/mm 等，选择压电常数最大的电压为极化电压。

（3）极化时间的确定

在确定的温度、极化电压下，改变保压时间，选择 5min、10min、15min、20min 等，取压电常数 d_{33} 开始趋于饱和的时间为极化时间，因为 d_{33} 值在极化时间达到一定时会趋于饱和，再延长极化时间，性能基本不变。

5. 压电材料的性能参数

衡量压电材料的性能参数主要有压电常数 d_{33}、机电耦合系数 k_p、品质因素 Q_m、介电损耗、介电常数、温度稳定系数等，本实验介绍压电常数 d_{33} 和机电耦合系数 k_p 的测定。

（1）压电常数 d_{33}

压电常数 d_{33} 是反映力学量（应力或应变）与电学量（电位移或电场）间相互耦合的线性响应系数。当沿压电陶瓷的极化方向（Z 轴）施加压应力 T_3 时，在电极面上产生电荷，存在式（8-2）的关系：

$$d_{33} = \frac{D_3}{T_3} \tag{8-2}$$

式中，d_{33} 为压电常数，下标中第一个数字指电场方向或电极面的垂直方向，第二个数字指应力或应变方向；T_3 为应力；D_3 为电位移。

压电陶瓷元件在极化后的初始阶段，由于部分电畴在内应力的作用下，恢复原来的压电性能要发生一些较明显的变化，随着极化后时间的增加，性能越来越稳定，变化量越来越小。所以，试样应存放一定时间后再进行电性能参数的测试。

在实际的测试中，根据所采用仪器的不同，可以将以上参数具体化：

$$d_{33} = \frac{Q}{A} \div \frac{F}{A} = \frac{Q}{F} = \frac{CU}{F} \tag{8-3}$$

式中，A 为试样的受力面积；C 为与试样并联的比试样大很多（如大 100 倍）的大电容，以满足测量 d_{33} 常数时的恒定电场边界条件。

在仪器测量头内，一个约 2.25N，频率为 110Hz 的低频交变力，通过上下探头加到比较试样与被测试样上，由正压电效应产生的两个电信号经过放大、检波、相除等必要的处理后，最后把代表试样 d_{33} 常数的大小及极性送三位数字面板表上直接显示。

（2）机电耦合系数 k_p

机电耦合系数是压电体通过压电效应转化的能量与输入压电体的总能量的比值，表示压电体将机械能与电能互相转换的效率，是综合反映压电陶瓷材料的机械能与电能之间的耦合效应的量。平面机电耦合系数 k_p 通过测量谐振频率的方法得出，测量仪器为 Agilent 4294A 精密阻抗分析仪。根据公式（8-4）计算机电耦合系数 k_p：

$$k_p = \sqrt{2.51 \times \frac{f_a - f_r}{f_r}} \qquad (8\text{-}4)$$

式中，f_a、f_r 分别为平面振动模式下 $|z|\text{-}\theta$ 曲线（大约在 $180\sim300\text{kHz}$ 频率范围）中的反谐振频率和谐振频率，通过曲线测出反谐振频率 f_a、谐振频率 f_r，即可代入公式（8-4）计算 k_p。

四、实验试样

待极化的试样一批，为薄圆片，按照国标的要求试样的高径比必须＜1/10，典型的实验试样如图 8-8 所示。

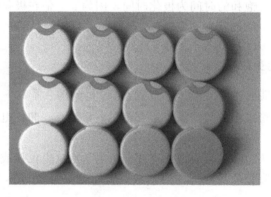

图 8-8　实验试样

五、实验步骤

1. 极化前试样预处理

待极化制品的表面必须是洁净的，若有油污杂物，必须用酒精仔细清洗并晾干。烧银后和清洁处理后的制品，禁止用手直接接触，并在制品的一端作正极标记。

2. 设定极化温度

将极化设备接通电源，并将硅油预热至设定的极化温度。

3. 装盘

保证制品的银层与油浴中的正负极接触良好。

4. 极化

打开高压电源，按下工作按钮，在 5～10min 内缓慢升压至规定的极化电压，在设定的极化电压以及极化温度下，保温保压 15min。然后关闭电源，撤除高压电场，取出试样。

特别注意：在极化过程中，不可接触高压电路，防止触电，若样品被击穿（击穿的判别是电流突然增加，或者试样打火，发出吱吱的声音），必须立即关闭高压电源。

5. 清洗

用汽油将绝缘保护油彻底清洗干净，并自然晾干。

6. 测定 d_{33}

用 ZJ-3A 型准静态测量仪测试不同条件下极化试样的 d_{33}。

① 接通电源。

② 选挡：试样电容值小于 $0.01\mu F$ 对应 ×1 挡，小于 $0.001\mu F$ 对应 ×0.1 挡。

③ 把附件盒内的塑料片插入测量头的上下两探头之间，调节测量头顶端的手轮，使塑料片刚好压住为止。

④ 把仪器后面板上的"d_{33}-力"选择开关置于"d_{33}"一侧（如置"力"一侧，则面板表上显示的是低频交变力值，应为"2.50"左右，这是低频交变力 0.25N 的对应值）。

⑤ 在仪器通电预热 10min 后，调节仪器前面板上的调零旋钮，使面板表指示"0"与"−0"之间。

⑥ 去掉塑料圆片，插入待测试样至上下两探头之间（图 8-2），调节手轮，使探头与试样刚好夹持住，静压力尽量小，使面板表指示值不跳动即可。静压力不宜过大，过大会引起压电非线性，甚至损坏测量头；但也不能过小，过小会引起样品松动，指示值不稳定。指示值稳定后，即可读取 d_{33} 的数值和极性。

⑦ 为了减小测量误差，零点如有变化或换挡时，需要重新调零。

⑧ 探头选择：随仪器一起提供有两种试样探头。测量时，至少试样的一面应为点接触时，使用圆形探头较好，上下两探头应尽量对准；当被测试样为圆管、厚圆片或大块试样时，用平探头较好。

⑨ 大电容试样的修正：当被测试样的电容大于 $0.01\mu F$（×1 挡），或大于 $0.001\mu F$（×0.1 挡）时，测量误差会超过 1%，故对应测量值按下式进行修正。

$$d_{33}\text{ 修正值}=d_{33}\text{ 指示值}\times(1+C_i) \qquad \text{对×1 挡}$$
$$d_{33}\text{ 修正值}=d_{33}\text{ 指示值}\times(1+10C_i) \qquad \text{对×0.1 挡}$$

这里，C_i 为以 μF 为单位的试样电容。

⑩ g_{33} 常数的计算：ZJ-3A 型 d_{33} 测量仪，本身只能测量 d_{33} 值。但是如测量了试样的介电常数，则还可以计算出该试样的压电常数 g_{33}，如下式所示。

$$g_{33}=d_{33}/\varepsilon_{33}^{\mathrm{T}} \tag{8-5}$$

7. 测量 k_{p}

用 Agilent 4294A 阻抗分析仪测试不同条件下极化样品的 k_{p}。

① 接通电源；

② 选择外接测试接口类型：按 "Cal" 键，选择 "Adapt [None]"，即外接测试线长度为零；

③ 显示窗口选择：按 "Display"，选择 "Split on" 双窗口显示；

④ 函数选择：按 "Mess"，选择 $|z|$-θ 阻抗分析函数；

⑤ 选择测试频率范围：按 "Start"，再按 "180kHz"，按 "Stop"，再按 "300kHz"，再按 "AUTO SCALE" 自动扫描，即可在窗口中看到谐振频率 f_r 与反谐振频率 f_a，如图 8-9 所示。

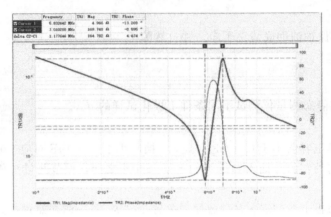

图 8-9　谐振频率 f_r 与反谐振频率 f_a 测量图

六、数据记录与分析

1. 数据记录

在表 8-1 中记录不同极化条件下的极化数据，在表 8-2 中记录试样的压电性能。

表 8-1　极化数据

试样编号	极化温度/℃	厚度/mm	电压/V	极化电场/(kV/mm)	保压时间/min	备注(击穿、打火)
1						
2						

表 8-2　压电常数 d_{33} 和机电耦合系数 k_p

试样编号	d_{33}/(pC/N)	f_a/kHz	f_r/kHz	k_p/%
1				
2				

2. 数据处理与分析

根据测量的数据，画出压电性能随极化条件的变化关系，分析极化条件对压电性能的影响规律及原因，说明最佳极化条件。

以常见的无铅压电陶瓷 BNT-BT 为例，图 8-10 是 BNBT6 陶瓷的压电常数 d_{33} 与极化电场强度的关系，极化温度为 80℃，极化时间为 15min。从图中可以看出，极化电场强度的大小对压电常数的影响很大。随着极化电场的增加压电常数 d_{33} 迅速增加，当极化电场超过 2.0kV/mm 时，压电常数 d_{33} 已基本饱和。机电耦合系数 k_p 变化趋势跟压电常数一致，极化电场 2.0kV/mm 时也基本饱和。

图 8-11 为 $E=4$kV/mm，$t=15$min 时，BNBT6 陶瓷的压电常数 d_{33} 和机电耦合系数 k_p 随极化温度的变化关系。从图中可以看出，随着温度的升高，试样的压电常数 d_{33}、机电耦合系数 k_p 均先增大后降低，压电常数 d_{33} 在温度达到 70℃时最大，机电耦合系数 k_p 在 80℃时最大。从图中可以看到，大致在 70～80℃ 范围内均存在一明显的转折点，在该温度范围内具有较好的综合性能。

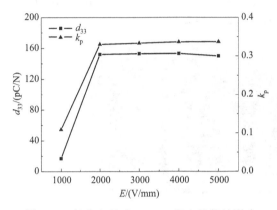 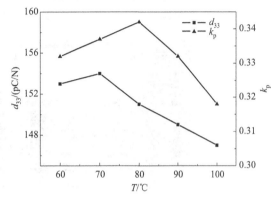

图 8-10 极化电场对 BNBT6 压电性能的影响 　　图 8-11 极化温度对 BNBT6 压电性能的影响

对于压电陶瓷来说，晶体结构的各向异性程度随温度的升高而降低，所以在高温极化时 90°电畴进行转向时应力和应变相对于室温而言较小，即电畴转向的阻力变小，所以提高极化温度对极化效果有很大的影响。此外，高温时材料的体积电阻率降低，空间电荷的屏蔽作用使空间电荷极化在电场的作用下容易消失，使得电畴转向所需的矫顽场降低。因此，通常升高温度有利于极化的进行。但极化温度并不是越高越好，因为温度太高，陶瓷的电导率提高，极化时漏电流较高，容易被击穿。此外，极化温度还受到材料在高温下的相变影响，材料的相变导致了陶瓷的去极化现象的发生，所以极化温度不能太高。

参 考 文 献

[1] 陈国华. 功能材料制备与性能实验教程 [M]. 北京：化学工业出版社，2013.
[2] 李远，秦自楷，周志刚. 压电与铁电材料的测量 [M]. 北京：科学出版社，1984.

实验 9

铁电材料性能测试与分析

一、实验目的

a. 掌握电滞回线的测试原理；

b. 测定材料的电滞回线；

c. 计算饱和极化强度、剩余极化强度和矫顽场强；

　　d. 计算储能密度和效率；

　　e. 对材料的铁电性能进行有效评价。

二、设备与仪器

1. 基本配置

　　本实验的主要设备与仪器包括 TZ-FE-C 铁电测试综合系统、高压放大器 HVA-103NP6、测试夹具、链接及串口线、数据采集软件。设备概览如图 9-1 所示。

图 9-1　设备概览图

2. 技术参数

　　a. 额定电压：220V；

　　b. 设备功率：1000W；

　　c. 额定测试电压：±4000V；

　　d. 测试频率范围：0.5~10Hz；

　　e. 测试样品厚度：0.2~4mm；

　　f. 测试样品直径：2~30mm；

　　g. 采样个数：1000 个。

三、背景知识与基本原理

1. 电介质储能

　　电介质储能是一种物理电容器，其结构原理是一种简单的三明治结构，上下层为导电金属电极，中间层为绝缘电介质材料。电介质材料包括线性电介质、铁电材料、反铁电材料、弛豫铁电体。三种铁电材料电储能的重要参数有储能密度和储能效率。

　　储能密度和储能效率可以用图 9-2 解释，其中 W_1 为储能密度，W_2 为储能损耗，储能效率可以用 W_1、W_2 表达。

　　（1）储能密度

　　利用各种物质或各种手段，在单位空间或质量物质中储存起来的可利用能量叫作储能密度。电介质储能密度的符号是 W_1，其单位为 J/cm^3。

$$W_1 = \int_{P_r}^{P_{max}} E \, dP \tag{9-1}$$

　　（2）储能效率

　　储能效率是指储能元件储存起来的能量与输入能量的比，电介质储能的效率（η）用公式（9-2）计算。

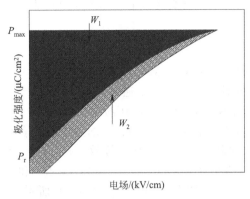

图 9-2 储能参数计算示意图

$$\eta = \frac{W_1}{W_1 + W_2} \tag{9-2}$$

2. 电滞回线

极化（polarization）是指事物在一定条件下发生两极分化，使其性质相对于原来状态有所偏离的现象。当给电介质施加一个电场时，由于电介质内部正负电荷的相对位移，产生电偶极子，这种现象称为电极化。若电介质的晶胞结构使正负电荷中心不重合而出现电偶极矩，产生不等于零的电极化强度，使其具有自发极化，且电偶极矩方向可以因外电场而改变，这种性质叫铁电性。

在较强的交变电场作用下，铁电体的极化强度（P）随外电场（E）呈非线性变化，而且在一定的温度范围内，P 表现为电场 E 的双值函数，呈现出滞后现象，这个 P-E 回线称为电滞回线。图 9-3 是电滞回线的形成过程，假定外场为零时，铁电体对外的宏观极化强度为零，铁电态处于 O 点。当外加电场作用时，如认为只有彼此成 $180°$ 的电畴，沿场方向的电畴增大，而反方向的减小，使介质的极化强度随电场强度的增加而迅速增大（A—B 段），B 点对应于铁电体内部的全部电畴偶极矩沿电场方向排列，达到了饱和。进一步增加电场则会产生电子、离子的位移极化效应，

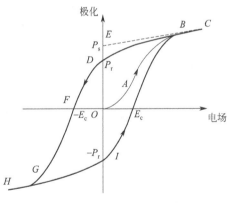

图 9-3 铁电体的电滞回线

呈 B—C 段的直线变化。若减小外电场，极化强度从 C 点下降，因多数自发极化的偶极矩仍在原电场方向，所以极化沿 C—D 曲线缓慢降低。当外电场降到零时，极化强度并不为零，存在残留极化，称为剩余极化强度，用符号 P_r 表示（OD 线段）。把电滞回线的线性段（B—C 段）向极化轴作反向延长线，与极化轴交点的截距定义为饱和极化强度，用符号 P_s 表示（OE 线段）。

要把剩余极化消除必须再加反向电场，使顺电场和逆电场方向的电偶极矩相等、极化相消，将该反向电场定义为矫顽电场，用符号 E_c 表示（OF 线段）。如反向电场继续增加，所有电偶极矩将沿反向定向排列，达到饱和（G 点）。反向场强进一步增加，G—H 段与 B—C 段相似。若电场再返回正向，铁电态便按 $HGIC$ 路线返回，形成一个完整的回线。电场

每变化一周，上述循环发生一次，可实现铁电性能的疲劳测试。

3. 测量原理

测量铁电体自发极化的典型电路是 Sawyer 和 Tower 提出的 Sawyer-Tower 电路，其原理是极化的测量即电荷的测量，电荷的测量通过串联大电容转化成大电容的电压测量。图 9-4(a) 是电滞回线测试的基本电路，U_s 为高压激励信号；C_o 为高精度的标准电容；C_x 为铁电样品；U_x 和 U_y 为输出交流信号。图 9-4(b) 的虚框部分表示样品的等效电路，C_{xi} 为线性感应等效电容，R_x 为样品漏电导及损耗的等效电阻，C_{xs} 为与自发极化反转对应的非线性等效电容。若电极的有效面积足够小则 C_{xi} 可忽略，R_x 和 C_o 足够大，可认为 C_{xi} 与 R_x 开路，只考虑 C_{xs} 的作用，理想测量电路如图 9-4(c) 所示，则 U_y 与极化强度 P 成正比。由电路和所假设的条件可得：

$$C_{xs}U_x(t) \approx C_oU_y(t) \tag{9-3}$$

$$U_y(t) \approx \frac{C_{xs}U_x(t)}{C_o} = \frac{Q(t)}{C_o} = \frac{AP(t)}{C_o} \tag{9-4}$$

$$U_x(t) - U_y(t) = E(t)d \approx U_x(t) \tag{9-5}$$

式中，A 为电极有效面积；d 为试样厚度；P 为极化强度。由式(9-4) 和式(9-5) 可知，$U_y(t) \propto P(t)$、$U_x(t) \propto E(t)$，由此即可获得电滞回线。

激励信号一般采用正弦波、三角波信号，精确地测定 P_r 值应采用间歇三角波信号。观察电滞回线的传统方法是示波器图示法，但随着计算机数据采集的普及化，如今的铁电测试设备已经实现了数字化，而且开发了功能强大的测试和分析软件。

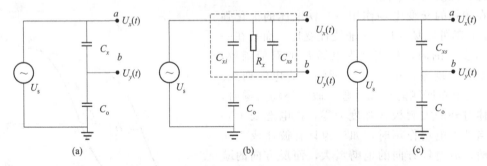

图 9-4　电滞回线的 Sawyer-Tower 测量电路

（1）自发极化强度

铁电体的自发极化强度等于饱和极化强度，也可用符号 P_s 表示，单位为：C/cm^2。可由电滞回线饱和段推至电压等于零时在纵轴的截距 U_s 计算得：

$$P_s = \frac{Q_s}{A} = \frac{C_oU_s}{A} \tag{9-6}$$

（2）剩余极化强度

铁电体经极化处理并撤除外电场后，极化强度并不为零而是保持一定值，称为剩余极化强度，用符号 P_r 表示，单位为：C/cm^2。一般来说，剩余极化强度越大，铁电性能越好。可由电滞回线在纵轴上的截距 U_r 计算而得：

$$P_r = \frac{Q_r}{A} = \frac{C_oU_r}{A} \tag{9-7}$$

（3）矫顽场强

矫顽场强是使铁电体剩余极化强度恢复到零所需的反向电场强度，用符号 E_c 表示，单位为：kV/cm。可由电滞回线在横轴上的截距 U_E 计算而得：

$$E_c = \frac{U_E}{d} \tag{9-8}$$

是否具有铁电性，还需要通过电滞回线测试时所表现出来的 I-V 特性来判断。对于损耗较大的非铁电体材料（如 ZnO 非线性电阻器），由于电导而产生附加位移，也能显示出假电滞回线（称为铁电假象），但观察不到铁电体应有的 I-V 特性。铁电体的 I-V 特性曲线测试采用三角波激励信号，测量电路如图 9-5（a）所示，其中 C_x 为试样；R_0 为精密采样电阻，其值约为 $10\sim100\Omega$，其等效电路如图 9-5（b），由电路可得出：

$$I(t) \approx \frac{U(t)}{R_x} + C_{xi}\frac{dU(t)}{dt} + I_{xs}(t) \tag{9-9}$$

式中，$U(t)$ 为三角波高压信号，$U(t)=U_x(t)$；$I_{xs}(t)$ 表示与自发极化反转对应的非线性电流。当 $R_x \to \infty$，$C_{xi} \to 0$，$I_{xs}(t)=I(t)$，可以准确反映出自发极化反转过程。由于 $U(t)=U_x(t)$，则 $I(t) \propto U_y(t)$，由此可获得铁电体的 I-V 特性曲线。

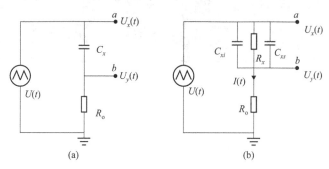

图 9-5 铁电体的 I-V 特性测量电路

四、实验试样

典型的铁电材料包括：KDP、$BaTiO_3$、PZT，以及铁电聚合物等，本实验采用的试样直径为 12mm、银电极面积为 $50.24mm^2$ 的铁电陶瓷片，如图 9-6 所示。

五、实验步骤

1. 放置样品

先用游标卡尺准确测量陶瓷样品的厚度，以及准确计算出银电极的面积；将披银电极的陶瓷片放到测试夹具的弹簧夹口，拉开后固定，尽量夹到银电极中心位置，如图 9-7 所示。然后，打开铁电测试系统，通过铁电性能分析仪测试。

2. 开启仪器

将样品安置在样品夹具上，然后将样品浸没在硅油中。按照图 9-8 中顺序分别先打开①TZ-FE-C 铁电综合测试系统电源开关，然后打开②高压放大器电源开关，待调试好测试程序后再下压旋转打开③测试启动键。

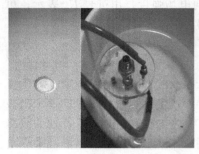

图 9-6　压铁电陶瓷样品　　　　　　　　　　　　　　图 9-7　样品测试夹具

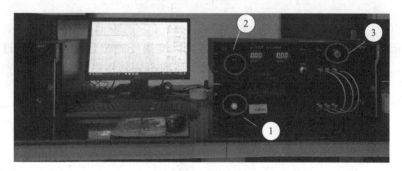

图 9-8　铁电测试系统

3. 调试测试软件

开启计算机，打开桌面的"铁电测试程序"测试软件，如图 9-9 所示。

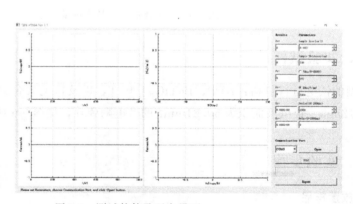

图 9-9　测试软件及开启界面

4. 测试

如图 9-10 所示，在测试软件操作界面上设置银电极面积"Sample Area（cm²）"、样品厚度"Sample Thickness（µm）"、最高电场强度"EMax"或最高电压"VMax"、频率"Period"，然后点击"Communication Port"下方的"Open"，最后旋转下压打开高压放大器的红色旋钮，点击铁电测试程序的"Start"开始测试。测试完成后点击"Export"导出数据到文件夹。

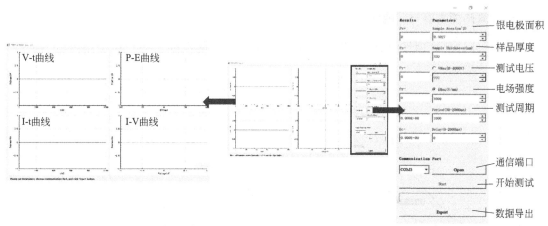

图 9-10　测试软件的界面

5. 实验结束

　a. 先按下红色启动/停止旋钮，关闭高压放大器开关，然后关闭 TZ-FE-C 铁电综合测试系统电源开关；

　b. 从样品夹具上取下样品，擦净硅油并放回原处；

　c. 退出测试系统，关闭计算机，切断总电源。

六、实验结果与分析

1. 获取电压、电流、电场强度和极化强度

　如图 9-11 所示，铁电综合测试系统可获得四种测试结果，V-t 曲线得到电压随时间的变化，P-E 曲线得到极化强度随电场强度的变化，I-t 曲线得到电流随时间的变化，I-V 曲线得到电流随电压的变化。

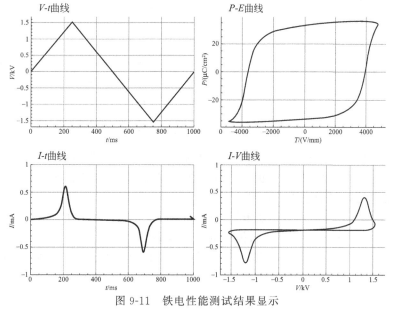

图 9-11　铁电性能测试结果显示

2. 计算储能密度与储能效率

将 Excel 计算处理好的 P-E 数据复制到 Origin 软件的数据表中，再绘制出电滞回线，如图 9-12 所示。

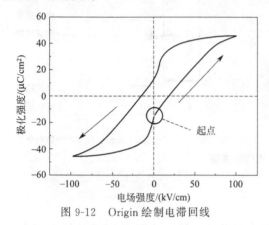

图 9-12 Origin 绘制电滞回线

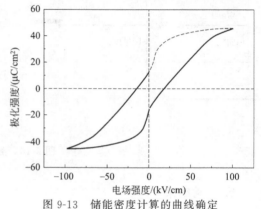

图 9-13 储能密度计算的曲线确定

储能密度的计算利用积分公式，根据储能密度的示意图 9-2 可以看出：

a. W_1、W_2 代表的是一个封闭的区域；

b. 结合数据，理解电滞回线中电场的起点和走向，如电滞回线示意图 9-12。

所以计算 W_1 时，截取的数据部分为：第一象限内电场最大的点对应的坐标到电场为零和剩余极化强度所对应的坐标，如图 9-13 虚线所示。在 Origin 的 Book1 中找到此部分对应的数据，复制到新建 Book2 中。

截取数据如图 9-14 所示，由图 9-12 电滞回线走向可知，第一象限内电场最大的点即在 X 轴的数据中找到 x 最大的数值，然后往下截取到 x 的值最接近 0 的正数。

	A(X)	B(Y)
长名称		
单位		
注释		
1	--	--
2	100.9085	45.8
3	99.87203	45.9
4	98.86697	45.9
5	97.8511	46
6	96.8796	46
7	95.8675	46

98	4.52885	18.8
99	3.54816	16.9
100	2.53579	15.3
101	1.54805	14
102	0.55599	12.9
103		
104		
105		

图 9-14 计算储能密度的数据截取

此时需要将此数据进行处理，使其绘制出的图形为封闭区域：数据截取到最接近 0 的正数，但原始数据中电场没有取零的值，故取最接近零的值 $E=0.55599$。图 9-15 中封闭区域 BCD 即为储能密度，可通过积分获得。

添加直线 BD，即在第一行添加坐标（0.55599，45.8），其中 $E=0.55599$ 是最小电场值，如图 9-16 所示，由第一、二行数据组成了线段 BD。

再将（0.55599，45.8）复制到最下面一行处，最下面两行组成了线段 DC，如图 9-17 所示。

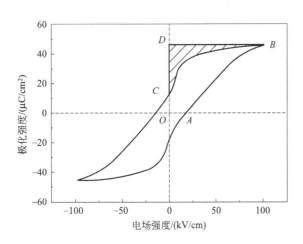

图 9-15 储能密度的积分区域

图 9-16 获得积分区域的数据构成

然后绘制此封闭曲线，如图 9-18 所示。从图 9-18 圈内标注可以看出，电场接近零。

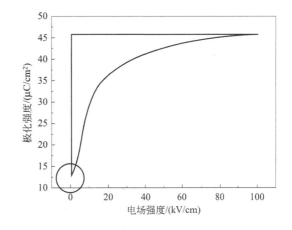

图 9-17 DC 线段的数据构成

图 9-18 单独绘制的储能密度计算的积分区域

然后在图 9-18 中按照图 9-19 所示流程操作。

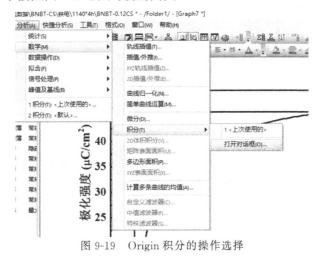

图 9-19 Origin 积分的操作选择

按照图 9-19 操作后会出现如图 9-20 所示界面，然后直接点击图 9-20 中的"确定"，完成软件的自动积分计算。

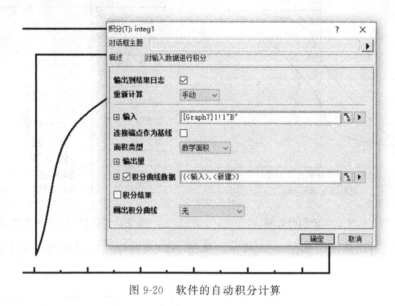

图 9-20　软件的自动积分计算

点击确定后会自动弹出如图 9-21 的小窗口，在小窗口中 area（积分的面积）即为积分面积，再将此数除以 1000，即为 W_1 储能密度。

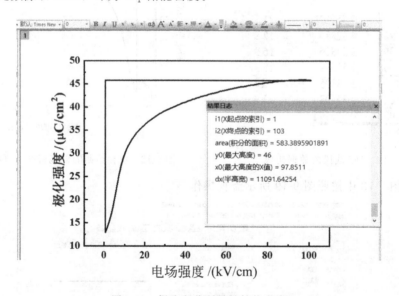

图 9-21　提取积分所得的储能密度

再计算 $W_1 + W_2$，截取如图 9-22 虚线部分的数据，由图 9-12 电滞回线走向可知，在选取数据时应找到图 9-23 中的 A 点，即找到 x 为正数时 y 值的最小正数，再向下截取到 y 的最大值。然后添加线段 AD、BC 使其构成封闭曲线（CD 段软件在计算时会视为自动补全），如图 9-23 所示。

图 9-23 中 AD 段的选取为 Y 轴最小数 0.321，X 轴数据用 0 补全，BC 段的选取为 Y 轴最大数值 46，X 轴数据用 0 补全。然后分别添加到如图 9-24 所示位置。

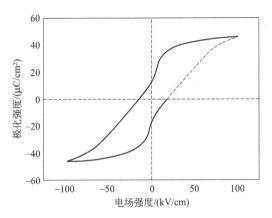

图 9-22 W_1+W_2 能量密度的计算曲线

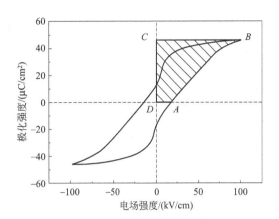

图 9-23 W_1+W_2 能量密度的积分区域

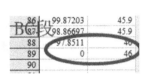

图 9-24 线段"AD""BC"的数据构成

选中处理后的数据，绘制如图 9-25 所示的封闭曲线。

再次按照计算储能密度的操作流程计算面积，如图 9-26 所示。

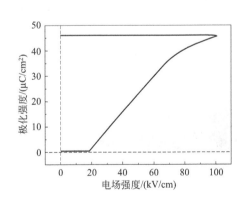

图 9-25 单独绘制积分区域

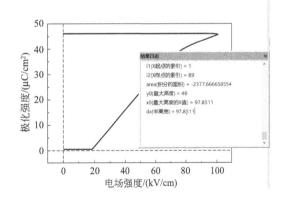

图 9-26 提取积分所得的能量密度

此时弹出的小窗口里，area 即为积分面积，再将此数除以 1000，即为 W_1+W_2。此时 area 为负值，忽略负号即可。利用储能效率计算公式（9-2）即可算出储能效率。

3. 获取电滞回线

将导出的数据导入计算机绘图软件，如 Origin 或 Excel，以电场强度 E（kV/cm）为横坐标，以极化强度 P（$\mu C/cm^2$）为纵坐标，可绘制出电滞回线。

参 考 文 献

[1] 陈国华. 功能材料制备与性能实验教程 [M] . 北京：化学工业出版社，2013.

[2] Pang S，Yang L，Qin J，et al，Low electric field-induced strain and large improvement in energy density of $(Lu_{0.5}Nb_{0.5})^{4+}$ complex-ions doped BNT-BT ceramics [J] . Applied Physics A，2019，125：119.

[3] 窦闰锴，卢晓鹏，杨玲，等. A 位 Sm 掺杂对 $0.93Na_{0.5}Bi_{0.5}TiO_3$-$0.07BaTiO_3$ 陶瓷微结构及电学性能的影响 [J] . 无机材料学报，2018，33：515-521.

[4] 李秀峰. 基于数字示波器的铁电材料参数测试系统 [D] . 武汉：华中科技大学，2006.

实验 10

金属材料电化学极化曲线的测定及分析

一、 实验目的

a. 了解电化学工作站（恒电势仪）的工作原理；

b. 掌握电化学极化曲线的基本原理和测量方法；

c. 掌握三电极测试的原理；

d. 学会测定铁电极在盐溶液中的塔菲尔极化曲线。

二、设备与仪器

本实验的主要设备和仪器包括 CHI660E 电化学工作站一台、电化学池等，设备概览如图 10-1 所示。

图 10-1　设备概览图

三、实验材料及试剂

Ag/AgCl 电极（参比电极），Pt 片电极（对电极），铁片（工作电极），分析纯氯化钠，去离子水，酒精，烧杯，金相砂纸，尺子。

四、背景知识与基本原理

电化学腐蚀是指金属表面与电子导电电解质发生电化学反应，而引起金属基体的破坏。

电化学腐蚀过程至少包含有一个阳极反应和一个阴极反应，并以流过金属内部的电子流和介质中的离子流形成回路。阳极发生氧化反应，并将电子从金属本体转移到电解质中；阴极发生还原反应，通过介质中的氧化剂来接受来自阳极的电子。如碳钢在酸性介质中发生腐蚀，发生的氧化还原反应为：

阳极反应：$\qquad\qquad\qquad Fe-2e^- \longrightarrow Fe^{2+}$ （10-1）

阴极反应：$\qquad\qquad\qquad 2H^+ + 2e^- \longrightarrow H_2$ （10-2）

总反应：$\qquad\qquad\qquad Fe+2H^+ \longrightarrow Fe^{2+} + H_2$ （10-3）

大多数腐蚀过程都涉及电化学反应，因此电化学方法是研究金属腐蚀的重要手段。阳极反应的电流密度以 i_a 表示，阴极反应的电流密度以 i_c 表示，当体系达到稳定时，即金属处于自腐蚀状态时，$i_a = i_c = i_{corr}$（i_{corr} 为腐蚀电流），体系不会有净的电流积累，体系处于一个稳定电势 φ_{corr}，即自腐蚀电势。根据法拉第定律，体系通过的电流和电极上发生反应的物质的量存在严格的一一对应关系，故可用阴阳极反应的电流密度代表阴阳极反应的腐蚀速度。金属自腐蚀状态的腐蚀电流密度即代表了金属的腐蚀速度。金属处于自腐蚀状态时，外测电流为零。之所以可以用自腐蚀电流 i_{corr} 来代表金属的腐蚀速度，是因为金属的腐蚀是金属被氧化，可以理解成铁失去电子，也就是被氧化的过程。根据法拉第定律，即在电解过程中，阴极上还原物质析出的量与所通过的电流强度和通电时间成正比。自腐蚀电流 i_{corr} 越大，自腐蚀电势越负，说明腐蚀越严重，腐蚀速度越快，腐蚀电流密度越大。即金属自腐蚀状态的腐蚀电流密度代表了金属的腐蚀速度，故可用阴阳极反应的电流密度代表阴阳极反应的腐蚀速度。

当电极上有电流通过时，电极电势偏离未通电时的开路电势（平衡电势或非平衡的稳态电势），这种现象叫作电化学极化。极化曲线反映了电极电势与电流密度之间的关系，从极化曲线上可以求得任一电流密度下的过电势（也称为超电势），它可以显示出不同电流密度时电势变化的趋势，直观地反映了电极反应速度与电极电势的关系。电极极化可分为阳极极化和阴极极化。当阳极上有电流通过时，其电势向正方向移动，称为阳极极化。当阴极上有电流通过时，其电势向负方向移动，称为阴极极化。导致阳极极化的原因主要是金属离子从阳极基体转移到溶液中的过程中，形成水化离子，如果金属离子进入溶液的反应速度小于电子由阳极通过导线流向阴极的速度，则会导致阳极有过多的电荷累积，从而改变双电层电荷分布及双电层间的电势差，使阳极电势向正向移动。同时，阳极溶解产生的金属离子，在进入阳极表面附近的电解液的时候，与溶液深处产生浓度差，由于扩散速度不够快，溶液附近的金属离子浓度逐级升高，阻碍了阳极的进一步溶解，从而导致电势变正，产生阳极极化。在阴极极化的过程中也同样会产生活化极化和浓差极化。对于阳极来讲，当金属表面有氧化膜，金属离子通过这层膜进入溶液中的时候，会有很大的阻力，在膜中产生电压降，从而使电势变正，产生电阻极化。极化曲线是描述电极电势与电流密度之间关系的曲线，是应用最早也是目前被广为采用的研究金属腐蚀行为的电化学技术。通过外加电场给试样施加一个极化电流，可以快速求得腐蚀速度，还可以通过极化曲线的测量获得阴极保护和阳极保护的主要参数。

如果金属腐蚀的电极反应受活化极化控制，则在强极化区域塔菲尔（Tafel）公式成立，如式（10-4）所示。

$$\Delta\varphi_{a,k} = \pm b_{a,k} \lg \frac{i_{a,k}}{i_{corr}}$$ （10-4）

式中，$\Delta\varphi_{a,k}$ 为极化超电势；$i_{a,k}$ 为极化电流；i_{corr} 为腐蚀电流；$\pm b_{a,k}$ 为塔菲尔常数。极化超电势 $\Delta\varphi_{a,k}$ 与极化电流 $i_{a,k}$ 的对应值有线性关系，在极化曲线（图10-2）中，将

这两条直线外推，交点所对应的横坐标值即为腐蚀电流 i_{corr} 的对数值，如图 10-2 所示。从公式（10-4）还可以知道，由直线的斜率可求得 Tafel 斜率，如果在某些体系中，阳极极化曲线上不存在 Tafel 区（如出现活化、钝化转变等），则可以根据阴极极化曲线外延法求得。

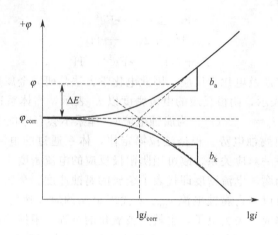

图 10-2　塔菲尔外推法求金属腐蚀电流的基本原理

五、实验步骤

1. 电极处理

用金相砂纸将铁片表面打磨平整光亮。

2. 样品处理

将打磨后的铁片依次放在装有去离子水、酒精、去离子水的烧杯中各超声清洗 5min，然后用镊子取出试样，用电吹风吹干（洗后的试片应避免用手直接接触）。电极处理的好坏对测量结果影响很大。

3. 工作电极制备

用透明胶带将铁片没有工作的部分粘贴起来，确定电极的工作区域，测量电极的面积。

4. 测量 Tafel 曲线

① 研究电极为铁片电极，表面积为 $1cm^2$（注意：测试面积一定要准确）。

图 10-3　三电极接线图

② 将三电极分别插入电极夹的三个小孔中，如图 10-3 所示，使电极浸入 1mol/L NaCl 电解质溶液中。将电极夹在对应的电极上，其中铁片为工作电极，Pt 片为对电极，Ag/AgCl 为参比电极。

③ 测定开路电势。在电化学工作站中选择测试开路电势，输入测试时间 5min，测得的开路电势即为电极的自腐蚀电势 E_{corr}。具体软件操作步骤如图 10-4 所示。

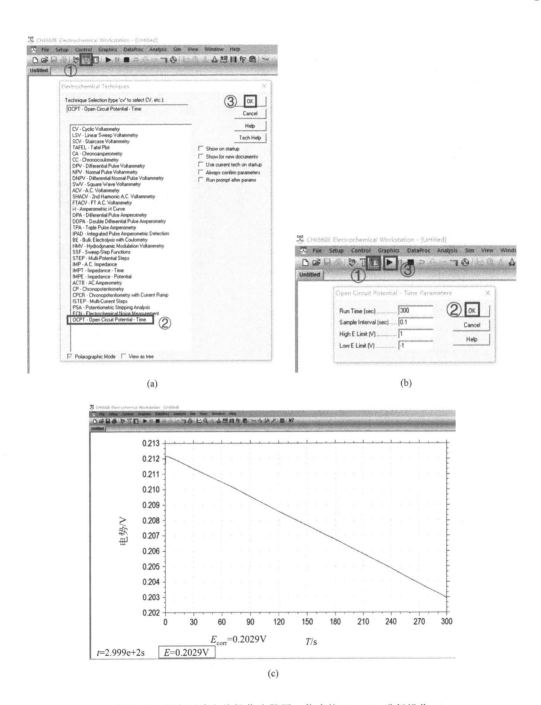

(a)

(b)

(c)

图 10-4　测定开路电势操作步骤图，依次按(a)～(c)进行操作

④ 在 Setup 菜单中点击"Technique"选项。在弹出菜单中选择"TAFEL"测试方法，点击将初始电势设为比 E_{corr} 低－0.9V，终态电势设为比 E_{corr} 高 1.25V，扫描速率设为"0.001V/s"，灵敏度设为自动，其他可用仪器默认值，极化曲线自动画出。具体软件操作步骤如图 10-5 所示。

⑤ 实验完毕，清洗电极、电解池，将仪器恢复原位，桌面擦拭干净。

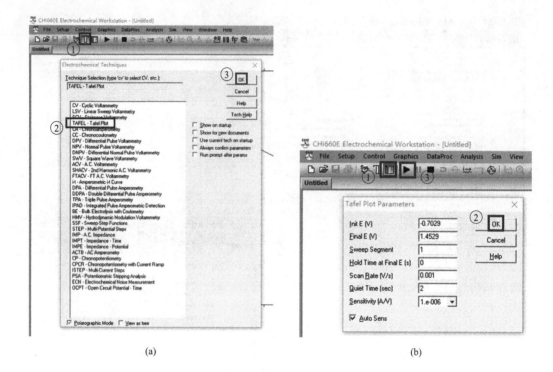

(a)   (b)

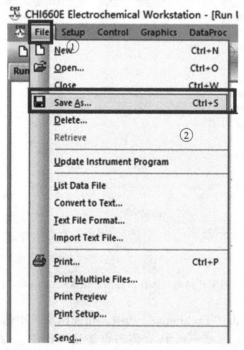

(c)

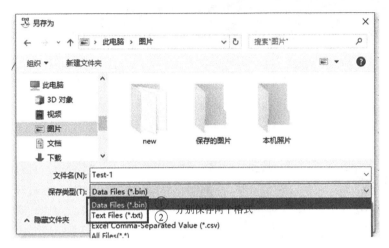

(d)

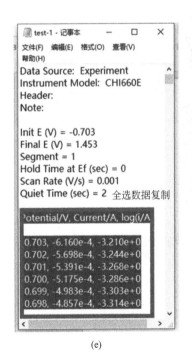

(e)

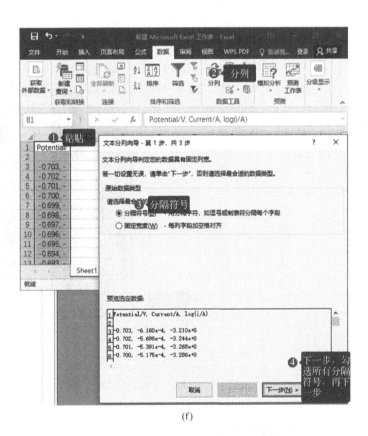

(f)

图 10-5

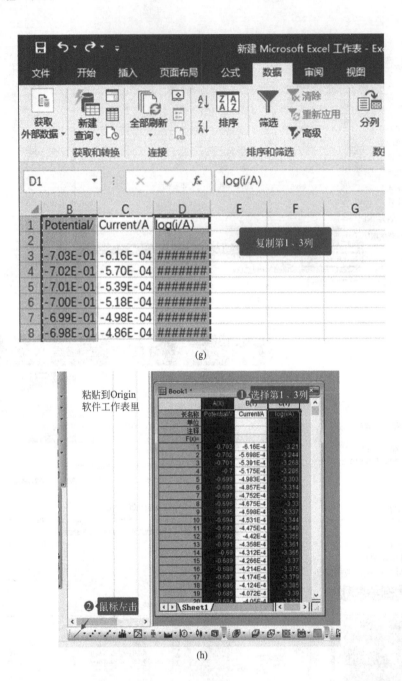

图 10-5   塔菲尔极化曲线操作步骤图，依次按(a)～(h)进行操作

六、实验结果与分析

a. 记录所测得的开路电压值。

b. 保存记录的 Tafel 曲线实验数据。

c. 自腐蚀电流的拟合。打开电化学工作站的控制软件，利用自带的软件求得自腐蚀电流密度。如果电化学工作站没有相关的分析软件，则在 Tafel 曲线的阳极支和阴极支的直线区域各取 3 个点，利用线性拟合法，求得直线方程，两条直线的交点所对应的电流，即为铁片在 1mol/L NaCl 溶液中的自腐蚀电流，如图 10-6 所示。

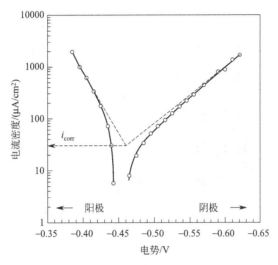

图 10-6　Tafel 外推计算方法

参 考 文 献

［1］刘永辉，张佩芬. 金属腐蚀学原理［M］. 北京：航空工业出版社，1993.
［2］李荻. 电化学原理［M］. 北京：北京航空航天大学出版社，2002.
［3］McCafferty E. Validation of corrosion rates measured by the Tafel extrapolation method［J］. Corrosion Science，2005，47：3202-3215.

实验 11

锂离子纽扣电池的组装及性能测试

一、 实验目的

a. 掌握锂离子纽扣电池的工作原理；
b. 掌握锂离子纽扣电池的组装技术；
c. 掌握锂离子纽扣电池的性能测试手段与评价方法。

二、仪器及样品

1. 锂离子电池的工作原理

锂离子电池属于一种高效的二次电池，它主要依靠锂离子在正极和负极之间来回嵌入和脱出进行充放电，所以又称作"摇椅式电池"。其工作原理如图 11-1 所示。

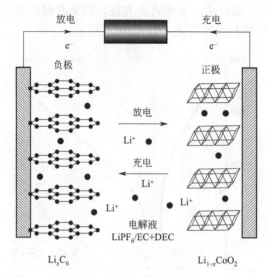

图 11-1　锂离子电池工作原理图

锂离子电池充电时，锂离子从正极材料中脱出，经过电解液穿过隔膜，再经电解液的传输到达负极，嵌入负极材料中，该过程中正极失去电子，电子经外电路由正极流向负极，这就是电能在电池中转化储存的过程。与之相反，在放电过程中，嵌入负极材料中的锂离子又脱出进入电解液中，然后回迁到正极材料中，从而实现化学能向电能的转化。充放电如此反复进行，实现电池的能量储存与释放。

以 $LiCoO_2$ 电池为例，正极是 $LiCoO_2$，负极为石墨，其内部反应机理如下。

总反应：

$$LiCoO_2 + 6C \longrightarrow Li_{1-x}CoO_2 + Li_xC_6 \tag{11-1}$$

正极：

$$Li_{1-x}CoO_2 + xLi^+ + xe^- \longrightarrow LiCoO_2 \tag{11-2}$$

负极：

$$6C + xe^- + xLi^+ \longrightarrow Li_xC_6 \tag{11-3}$$

充电时，正极 $LiCoO_2$ 脱出锂离子嵌入负极材料石墨层中，Co^{3+} 失去一个电子被氧化为 Co^{4+}；而在放电时，锂离子又从负极材料石墨层中脱出，回迁到 $LiCoO_2$ 正极材料中，同时负极石墨层失去一个电子，Co^{4+} 得到电子被还原为 Co^{3+}，从而完成一个充放电循环。

2. 锂离子纽扣电池的主要部件

纽扣电池也叫扣式电池，是指外形尺寸像一颗小纽扣的电池，一般来说直径比较大，厚度比较薄。锂离子纽扣电池的组成部件主要包括：正极、负极、电池壳、隔膜、垫片、支撑片以及电解液，各部件简介如表 11-1 所示。

表 11-1　电池主要部件的名称及简介

部件名称	部件简介
正极	包含正极活性材料和铝箔（电池的正极集流体）
负极	包含负极活性材料和铜箔（电池的负极集流体）
电池壳	一般为钢、铝材质

续表

部件名称	部件简介
垫片	用于防止内部材料变形的圆形铝片
隔膜	一般采用高强度薄膜化的聚烯烃多孔膜
支撑片	保持电池各部件良好接触的弹簧片、泡沫镍等
电解液	常用的电解液是 $LiPF_6$ 有机溶液

（1）正极

为了满足高容量、长寿命的需求，正极材料需具有较高的氧化还原电位和比容量，而且正极材料的电化学性能要稳定，晶体内部结构不易被破坏。正极材料性能的好坏直接影响着锂离子电池的性能，其成本也直接决定电池成本的高低。目前商用的正极材料大致分为以下几种：$LiFePO_4$、$LiCoO_2$、$LiMn_2O_4$ 和三元材料 NCM、NCA 等。正极片的制备是先将正极复合材料用涂布机涂布在铝箔上，再使用对辊机压片，最后用切片机切割成圆片，形状如图 11-2 所示。

（2）负极

负极材料一般要具有相对于正极较低的电势，而且要有较好的充放电可逆性和比容量，从而可以实现在脱嵌过程中保持较好的稳定性和良好的尺寸。目前商用的负极材料以石墨为主，高容量的硅-碳复合材料是目前比较热的新型研究方向。在模拟电池中一般采用金属锂片作为负极，形状如图 11-3 所示。

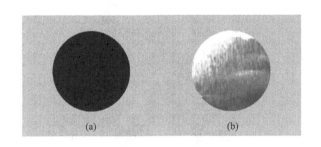

图 11-2　正极片（a）与铝箔（b）的圆形切片图

图 11-3　金属锂负极片

（3）电池壳

实验室锂离子模拟电池的组装，一般采用的都是钢壳或者铝壳这样的工业电池壳。纽扣电池的型号通常是在纽扣电池的背面，由字母和阿拉伯数字组成。常用的工业扣式电池壳型号有 CR2032、CR2025、CR2016 等。

CR 表示电池的种类，CR 后面四个阿拉伯数字表示电池的尺寸。前两个数字表示的是电池的直径，后两个数字表示的是电池的厚度。以图 11-4 中的 CR2025 为例，20 指电池直径为 20mm，25 指电池厚度为 2.5mm，是实验室比较常用的电池壳型号。

（4）隔膜

锂离子电池结构中，隔膜是关键的内层组件之一。它的主要作用是分隔电池正、负极，防止两极接触而短路，其孔隙是为了让锂离子能够自由穿梭，但是隔膜本身是不导电的。隔膜的性能决定了电池的界面结构、内阻等，直接影响电池的容量、循环以及安全性能，性能优异的隔膜对提高电池的综合性能具有重要的作用。由于锂离子电池的电解液为有机溶剂体系，需要使用耐有机溶剂的隔膜材料，一般采用高强度薄膜化的聚烯烃多孔膜，形状如图 11-5 所示。

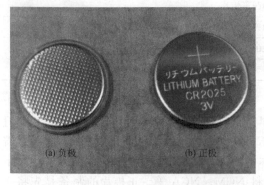
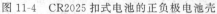

图 11-4 CR2025 扣式电池的正负极电池壳

图 11-5 电池隔膜

（5）垫片

锂离子纽扣电池里加入垫片的作用是防止内部材料变形，通常为圆形铝片，半径比电池壳略小一些。垫片形状如图 11-6 所示。

（6）支撑片

锂离子纽扣电池里加入支撑片的作用是使电池内部能够紧密地接触，从而使其导电性良好。支撑片通常有两种：一种是弹簧片；另一种是泡沫镍。实验室通常用的是弹簧片。弹簧片形状如图 11-7 所示。

图 11-6 锂离子纽扣电池的垫片

图 11-7 锂离子电池的弹簧片

（7）电解液

锂离子电池电解液是电池中离子传输的载体，在锂离子电池正、负极之间起传导离子的作用，是锂离子电池获得高电压、高比容量等性能的保证。电解液一般由高纯度的有机溶剂、电解质锂盐、必要的添加剂等原料，在一定条件下、按一定比例配制而成。

常用锂盐主要有 $LiPF_6$、$LiClO_4$ 等。常用的电解液有机溶剂主要是由碳酸丙烯酯（PC）、碳酸乙烯酯（EC）、碳酸二甲酯（DMC）、碳酸二乙酯（DEC）、碳酸甲乙酯（MEC）等组成的二元或者三元混合溶剂。实验室比较常用的两种电解液是：①1.2mol/L $LiPF_6$＋EC/MEC（3∶7），②1mol/L $LiPF_6$＋EC/DMC/MEC（1∶1∶1）。

在以金属锂片为负极的扣式半电池中，隔膜、锂片、正极电极片的直径要满足如下关系：隔膜的直径＞锂片的直径＞正极电极片的直径。

3. 电极片的制备（以正极为例）

（1）制备电极片所需材料

正极材料、铝箔、N-甲基吡咯烷酮（简称 NMP）、乙炔黑导电剂、聚偏二氟乙烯［分子式为 $(CF_2\text{-}CH_2)_n$，英文简称 PVDF］、去离子水等。

（2）制备电极片所需仪器

玛瑙研钵、玻璃板、涂布机、烘箱、真空干燥箱、冲片机、天平、手套箱、对辊机（或压片机）等。部分仪器如图 11-8 所示。

(a) 手套箱　　　　　　　　　　　　(b) 对辊机

(c) 手动刮涂机　　　　　　　　　　(d) 冲片机

图 11-8　制备电极片所需部分仪器

（3）制作流程

① 称量：按照质量比为 8∶1∶1 的比例将正极活性物质粉末、乙炔黑导电剂和 PVDF 黏结剂放入玛瑙研钵中研磨均匀。

② 磨浆：在研磨均匀的粉末中滴加 NMP，研磨 5min 获得均匀的浆料。混料过程中需要注意的是：要将黏附在器壁上的材料混入浆料中，防止因材料损失而导致实际比例与计算比例之间出现偏差。混浆的时间、浆料的粗细以及均匀度都将会影响到极片的整体质量，进而影响到材料的电化学性能。

③ 涂布：将制备好的浆状物置于铝箔之上，采用涂布机对其进行涂布（如果没有涂布机，可以使用玻璃板和刮刀进行涂布），使其附着于铝箔表面，成为均匀的片状。（注意：涂布前要用酒精和脱脂棉仔细擦拭铝箔，并且要使铝箔尽可能地保持平整。）

④ 干燥：制备好的正极材料中含有大量溶剂 NMP 和水，需对其进行干燥。实验室通常先以 60～80℃普通干燥 4～8h，然后以 120～140℃真空干燥 8～12h。（注意：不可以不经过普通干燥而直接进行真空干燥，这样操作会导致 NMP 充满于真空干燥箱内，反而使干燥效果不好。）

⑤ 压片：将干燥后的正极材料用对辊机对其进行压制。压制过程中压力不可过大，否则会引起极片的卷曲，不利于电池装配。复合材料涂层如不压制会比较疏松，被电解液浸润后容易脱落损坏。压片后的电极表面比较光滑、平整，没有毛刺，不易刺破隔膜而导致短路，且压制后的极片强度增强，欧姆阻抗减小，其稳定性、牢固性以及电化学性能都得到极大改善。

⑥ 冲片：将压制好的样品放入冲孔机下冲制电极片。电化学性能测试前需对冲好的极片进行优劣选择。选择原则为：形貌规则、表面及边缘平整。

⑦ 称量：将挑选好的单个电极小圆片放在分析天平上称量并记下质量，除去铝箔质量，计算活性物质的质量（单个电极小圆片活性物质的质量约为 3mg），然后放入塑料袋中密封好待用。

三、锂离子电池的组装（以正极为例）

锂离子电池中所用的负极片锂片以及电解液中锂盐的化学活性都非常高，很容易与空气中的 O_2 和 H_2O 发生反应。除此以外，锂片还会与空气中的 N_2 发生反应，进而失效。所以锂离子电池的组装需要在手套箱中进行。真空手套箱是将高纯惰性气体充入箱体内，并循环过滤掉其中的活性物质的实验室设备，主要对 O_2、H_2O、有机气体进行清除，是锂离子电池实验室的标志性设备之一。

1. 手套箱内组装电池的必备物品

包括正极片、锂片、电解液、支撑片、隔膜片、扣式电池壳、镊子、一次性滴管、干燥纸巾等。将准备好的所有物品放入进箱舱门后，严格按照手套箱的操作方法，对其进行排气-进气操作，该操作至少进行三次。

2. 锂离子电池的组装步骤

扣式电池组装次序主要有两种，可以从负极壳开始，也可以从正极壳开始，下面的组装次序是从正极壳开始（由下至上），如图 11-9 所示。

│ 正极壳 │ 正极片 │ 电解液 │ 隔膜 │ 电解液 │ 锂片 │ 垫片 │ 弹簧片 │ 负极壳 │

① 将正极壳平放于玻璃板上，并且使其开口面向上。

② 在电池壳底座正中心，滴一滴电解液，将正极片置入正极壳内，放置过程中要用镊子小心夹取正极片，且涂布层向上，使正极片保持平整且处于正极壳的正中间。

③ 再次滴入电解液，电解液要酌量吸取，以完整均匀地润湿电极片表面为宜。

④ 用镊子夹取隔膜覆盖正极片，尽量使隔膜恰好处于电池正极壳正中间。注意不要使隔膜提前接触到电解液，应将隔膜先对准电池壳边缘，再缓缓退出镊子。

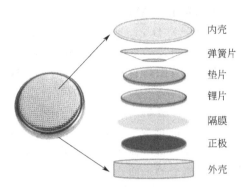

图 11-9　锂离子钮扣电池装配示意图

内壳

弹簧片

垫片

锂片

隔膜

正极

外壳

⑤ 用镊子夹取锂片放置于隔膜正中，锂片要恰好处于电池壳正中央，放置锂片时必须一次成功。因为锂片与电解液和隔膜会产生黏附，如果位置放不准，调整会非常困难，也就意味着此次电池组装失败。

⑥ 用镊子依次夹取垫片、弹簧片置于锂片之上，垫片和弹簧片如果不慎放偏，可以进行微调。

⑦ 用镊子夹取负极壳覆盖，要使得外壳-正极-隔膜-锂片-垫片-弹簧片-内壳严格对齐。

⑧ 最后用镊子夹起完成的电池置于封口袋中，并密封。

3. 锂离子电池的压制

对于组装完成的电池，用镊子夹取（镊子应夹紧，保证不发生漏液、内部滑移等现象），将其置于扣式电池封口机模具的压片槽上，可用 50MPa 的压强进行压制，压制完成后取出成品电池，观察电池外观是否完整，并用纸巾将电池表面擦拭干净，然后置于培养皿中，在室温下储存 12h 备用。在压制之前需用纸巾将电池擦拭干净，压制之后用纸巾擦拭压片槽，避免电解液腐蚀压片槽。

制备合格的电池要求表面没有腐蚀痕迹，并且没有明显的漏液现象。对制备好的电池进行开路电压测试，正极材料半电池开路电压在 3V 以上，负极材料半电池开路电压在 2.5～3.5V 内，表明组装的电池无明显短路现象，否则组装的电池不合格。电池出现短路，可能原因有：a. 电极片上的毛刺将隔膜刺破；b. 电池组装过程中，出现了正负极偏移；c. 电池压制不紧密，电池正负极外壳与正负极片虚接。

四、电化学性能测试

对制备合格的锂离子电池进行电化学性能测试，所需要的仪器主要有 Land 电池测试系统、电化学工作站以及计算机。电化学性能测试主要包括电池的循环性能测试、倍率性能测试、阻抗性能测试和循环伏安曲线测试等。

1. 电池循环性能测试

电池在室温下静置 12h 后，使用 Land 电池测试系统（或深圳 Neware 的 BTS3000 电池测试系统）对其进行恒流充放电测试（GCD），得到电池的循环性能曲线。参数设置：25℃，电压范围 2.0～4.8V，电流密度 1C＝200mA/g。

采用高温炉燃烧法制备正极材料 $Li_{1.2}Mn_{0.6}Ni_{0.2}O_2$ 并掺杂 Ce，未掺杂样品标记为 P-0，掺杂样品根据不同的掺杂量分别标记为 D-x（$x=1$、2、3）。图 11-10 是电流密度为 0.1C 时的首圈充放电曲线图。D-1 样品具有最高的首次充放电比容量，首次充放电的比容量分别为 348.7mA·h/g 和 275.2mA·h/g，首圈库仑效率为 78.9%。原始样品 P-0 的首次充放电比容量分别为 226.4mA·h/g 和 182.5mA·h/g，D-2 的充放电比容量为 304.7mA·h/g 和 252.8mA·h/g，D-3 的充放电比容量是 213.1mA·h/g 和 167.6mA·h/g。D-1 样品拥有较高的充放电比容量的原因与 CeO_2 的形成有关，少量的 Ce^{4+} 有利于氧离子的移动和锂离子的嵌入和脱出，从而改善其电化学性能。随着掺杂量的增加，材料的循环性能变差，这可能是由于形成 CeO_2 过多阻碍了锂离子的来回迁移。

图 11-11(a) 是样品在电流密度为 0.2C 时充放电 50 圈得到的循环性能测试结果。样品 P-0、D-1、D-2、D-3 的第一圈放电比容量分别是 105.8mA·h/g、266.1mA·h/g、224.0mA·h/g 和 120.0mA·h/g，经 50 圈充放电后的比容量分别是 168.5mA·h/g、231.4mA·h/g、213.0mA·h/g 和 138.0mA·h/g。可以看出 D-1 具有较好的循环性能，始终高于其他样品，在 50 圈后趋于稳定。P-0 样品一直呈缓慢上升趋势，在 10 圈后超过 D-3 样品，这是 Ce 掺杂量过多导致的。P-0 样品容量上升的原因可能是电池前期需要的活化时间较长。为了更清楚地了解材料的循环性能，对样品进行了高电流密度循环测试，结果如图 11-11(b)～(d)所示。图 11-11 中(b)、(c)和(d)是分别在 0.5C、1C 和 2C 电流密度下充放电 100 圈的循环图，在高倍率循环测试之前，对样品先在低电流密度下进行活化。从图中可以看出，原始样品 P-0 的循环性能很不稳定，可能是在大的电流密度下充放电材料本身结构无法支撑，晶体结构不稳定导致的。D-1 样品的循环性能最佳，循环稳定性良好，在 2C 下循环 100 圈后容量保持为 170mA·h/g，D-3 样品的循环稳定性虽然较好，但是容量较低。

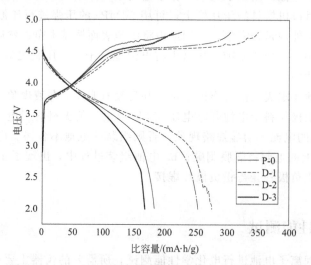

图 11-10　0.1C 时不同掺杂量下样品的首次充放电曲线图

2. 电池倍率性能测试

电池倍率性能测试方法与循环性能测试方法相似，只是电流密度不同，同样电池在室温下静置 12h 后，使用 Land 电池测试系统（或深圳 Neware 的 BTS3000 电池测试系统）对其进行恒流充放电测试（GCD），得到电池的倍率性能曲线。参数设置：25℃，电压范围 2.0～4.8V，电流密度 1C=200mA/g。

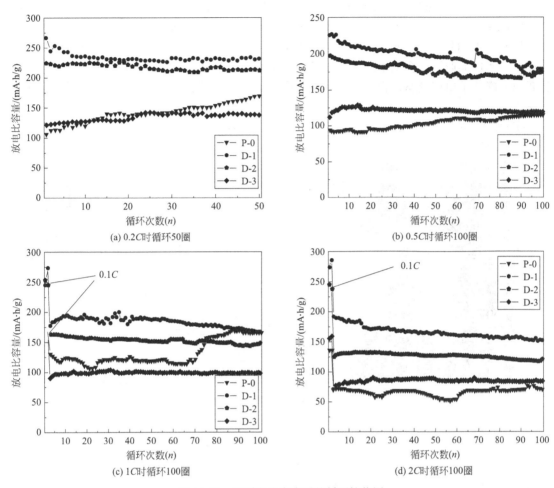

图 11-11　不同电流密度下的循环性能图

　　图 11-12 为样品（样品与电池循环性能测试的相同）在 0.1C、0.2C、0.5C、1C、2C 电流密度下的倍率性能曲线图。从图中可以看出 D-1 样品的倍率性能最佳，在 0.1C、

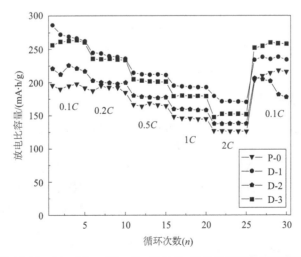

图 11-12　$Li_{1.2}Mn_{0.6}Ni_{0.2}O_2$ 样品 Ce 掺杂前后的倍率性能图

$0.2C$、$0.5C$、$1C$、$2C$ 不同倍率下放电比容量分别为 $272.1mA \cdot h/g$、$244.6mA \cdot h/g$、$214.3mA \cdot h/g$、$194.5mA \cdot h/g$、$171.5mA \cdot h/g$，在经过不同电流密度下充放电循环后，再次回到 $0.1C$ 的电流密度充放电，放电比容量依然保持在 $238.0mA \cdot h/g$。材料 D-1 表现出好的倍率性能归因于合成了形状规则且紧密排列的纳米尺寸颗粒，有效地缩短了锂离子迁移距离，降低了电解液腐蚀程度。此外，形成的 Ce 的氧化物较少，因此材料表现出良好的倍率性能。

采用新威测试系统进行电池循环性能和倍率性能的测试，新威系统如图 11-13 所示。

图 11-13　新威测试系统

3. 电池阻抗性能测试

电池阻抗性能测试一般在电化学工作站（如上海辰华 CHI660E）上进行。阻抗性能测试参数为：频率范围 $10mHz \sim 100kHz$，振幅 $5mV$。

图 11-14 为不同石墨烯含量的 $Li_{1.2}Mn_{0.6}Ni_{0.2}O_2$/石墨烯复合材料的交流阻抗谱图。每个样品的阻抗曲线均由高频区的半圆和低频区的射线两部分共同组成。高频区的半圆与阻抗实轴的截距表示电解液内锂离子的转移电阻。高频区的半圆表示电荷转移阻抗，低频区的射线表示 Warburg 阻抗，反映了材料内部的锂离子扩散过程。从图中可以看出，石墨烯添加量为 3% 的复合材料的电荷转移阻抗最小，具有最好的导电性能，因此具有最好的倍率性能。5% 的石墨烯与材料复合时电荷转移阻抗出现增大趋势，这主要是由于材料出现了严重的团聚现象，抑制了电化学性能的发挥。

4. 电池循环伏安曲线测试

电池循环伏安曲线（CV 曲线）需在电化学工作站（如上海辰华 CHI660E）上进行。CV 参数设置：电压 $2.0 \sim 4.8V$，扫描速率 $0.1mV/s$。

采用熔融浸渍法对 $Li_{1.2}Mn_{0.6}Ni_{0.2}O_2$ 正极材料进行掺钠改性，掺钠前的样品记为 P-LMNO，掺钠后的样品记为 D-LMNO-2。为了进一步研究样品的氧化还原反应过程，对 P-LMNO 和 D-LMNO-2 进行了 CV 测试。图 11-15 为 P-LMNO 和 D-LMNO-2 两个样品前三圈的 CV 曲线图。从图中可以看出，在 $2.0 \sim 4.8V$ 的电压范围内，这两个样品具有相似的 CV 曲线，在第一次充电期间，由于 Ni^{2+} 被氧化为 Ni^{4+}，在 $4.15 \sim 4.30V$ 左右观察到一个氧化峰，对应于从 $LiMO_2$ 结构中提取 Li 的过程。对于 D-LMNO-2 样品，在循环进行时，

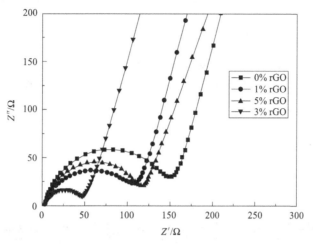

图 11-14　不同石墨烯含量的 $Li_{1.2}Mn_{0.6}Ni_{0.2}O_2$/石墨烯复合材料的交流阻抗谱图

相对于未掺钠样品峰值向高电压移动，表明 $LiMO_2$ 结构中 Li 脱嵌的化学能力增强，进一步证实了在第一次充电期间，Li_2MnO_3 在 4.4V 以上向 MnO_2 过渡。在 3.7V 处的阴极峰与 MnO_2 相中 Mn^{4+}/Mn^{3+} 的氧化还原相对应。阳极峰和阴极峰之间的电压差可以用来说明电极电化学反应时的可逆性。在这种情况下，钠掺杂样品的电压差小于原始样品，表明钠掺杂后具有良好的电化学反应可逆性，有利于提高循环性能。

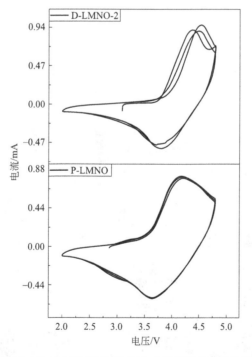

图 11-15　P-LMNO 和 D-LMNO-2 前三圈的 CV 曲线图

参 考 文 献

[1] Shao C，Wang Z，Wang E，et al. Self-assembly synthesis of nitrogen-doped mesoporous carbons used as high-perform-

ance electrode materials in lithium-ion batteries and supercapacitors [J]. New Journal of Chemistry, 2017, 41: 12901-12909.

[2] Wang E, Shao C, Qiu S, et al. Organic carbon gel assisted-synthesis of $Li_{1.2}Mn_{0.6}Ni_{0.2}O_2$ for a high-performance cathode material for Li-ion batteries [J]. RSC Advance, 2017, 7: 1561-1566.

[3] 王琦. 锂离子模拟电池组装测试手册 [J]. 锂电资讯（增刊），2010，31：1-16.

[4] 王二锐，房婷婷，邱树君，等. 双络合剂对锂离子电池正极材料 $LiNi_{0.7}Co_{0.3}O_2$ 的制备和性能影响 [J]. 电源技术，2018，6：812-814，842。

实验 12

导电氧化物薄膜溅射法制备及性能分析

一、实验目的

a. 了解并熟悉磁控溅射镀膜系统的结构和使用方法；

b. 理解直流和射频磁控溅射镀膜原理和方法；

c. 掌握磁控溅射镀膜法的一般工艺过程；

d. 掌握在玻璃基片上溅射铟锡氧化物（ITO）导电薄膜的工艺过程和工艺控制要点。

二、仪器与设备

本实验的主要仪器设备包括磁控溅射系统一台、洁净台、玻璃刀一套、超声清洗机一台、四探针、紫外分光光度计等。主要仪器设备如图 12-1 所示。

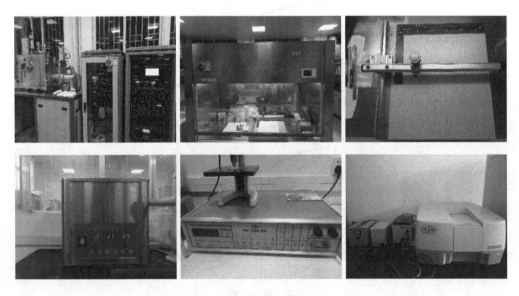

图 12-1　主要仪器设备概览

（1）磁控溅射系统的基本配置

① 溅射真空室组件：真空室（不锈钢材料构造、氩弧焊接、表面进行化学抛光处理），真空室组件上焊有各种规格的法兰接口。

② 溅射靶组件：3 个靶位共溅射（2 个射频，1 个直流），适用于 $\phi55\sim60mm$ 的靶，靶内有循环水冷并配有屏蔽罩。

③ 基片加热组件，最高加热温度 450℃，基片可旋转调速。

④ 工作气路：4 路。

⑤ 抽气机组及阀门、管道：复合分子泵、机械泵、电磁隔断放气阀、连接金属软管。

⑥ 真空测量及电控系统：热偶真空规管及电离真空规管。

（2）磁控溅射法制备薄膜的工艺控制要点

① 溅射阈值：将靶材原子溅射出来所需的入射离子最小能量值。溅射阈值的测定比较困难，随着测量技术的进步，目前可以测出低于 10^{-5} 原子/离子的溅射率。溅射阈值与粒子质量没有明显关系，主要取决于靶材。对于绝大部分金属来说，溅射阈值为 $10\sim30eV$，相当于升华热的 4 倍左右，表 12-1 列出了几种金属在不同溅射气体中的溅射阈值。

表 12-1　各元素在不同溅射气体中的溅射阈值

金属元素	离子溅射阈值/eV				元素升华热/eV
	Ne	Ar	Kr	Xe	
Ti	22	20	17	18	4.40
Cr	22	22	18	20	5.28
Fe	22	20	25	23	4.12
Cu	17	17	16	15	3.53
Zr	23	22	18	25	6.14
Ag	12	15	15	17	3.35
Au	20	20	20	18	3.90

② 溅射产额：又叫溅射率，是描述溅射特性的另一个重要物理参量，它表示一个离子轰击靶材时溅射出来的原子数，也可以表示单位时间内轰击靶材溅射出来的原子数。它与入射粒子的能量、角度、类型（离子化气体）、靶材的类型、晶格结构、表面状态、升华热等有关。单晶材料的溅射率还与表面晶向有关，在最密排方向上的溅射率最高。各因素对溅射产额的影响规律如图 12-2 所示。

三、实验基本材料

ITO 为透明导电薄膜，本实验的主要材料包括 ITO 靶材一个（90% In_2O_3＋10% SnO_2，$\phi60mm$，厚度为 5mm）、玻璃基片（100mm×100mm×1.1mm）数片、氧气（99.99%）、氩气（99.99%）等。实验用主要材料如图 12-3 所示。

四、背景知识与基本原理

1. 溅射现象

荷能粒子（一般指离子）轰击固体表面（靶材），固体原子或分子获得入射粒子的部分能量，从固体表面射出的现象称为溅射。

如图 12-4 所示，当荷能粒子轰击固体表面的时候，固体表面将发生各种现象，其中大部分中性粒子直接沉积在基片上形成薄膜，而溅射形成的二次电子又为持续稳定的辉光放电提供了条件。在溅射过程中 95% 的粒子能量作为热量损耗掉，5% 的能量传递给二次发射的

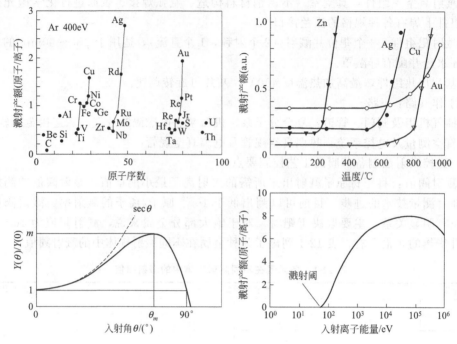

图 12-2 溅射产额的影响因素

图 12-3 主要的实验材料

粒子，溅射的中性粒子与二次电子及二次粒子之间的比例大约为 100∶10∶1。

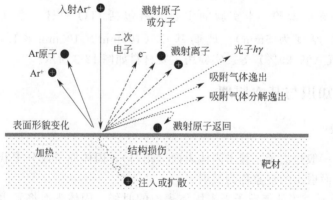

图 12-4 物质的溅射现象

2. 级联碰撞理论

如图 12-5 所示，离子在电场的加速作用下撞击到靶材表面，把一部分能量传递给靶材表面的原子，发生非弹性碰撞。如果原子获得的动能大于升华热，那么它就能脱离点阵而射出并在基片上沉积成薄膜，这就是磁控溅射的级联碰撞理论，有别于蒸发法的热蒸发现象。

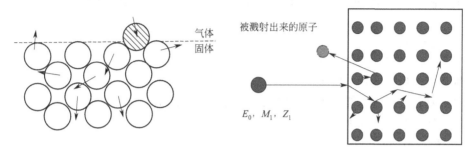

图 12-5　级联碰撞理论示意图

3. 磁控溅射的基本原理

如图 12-6 所示，在溅射靶材的后方放置电磁线圈或永磁体，在靶材表面形成磁场分布，通过磁场束缚和延长电子的运动路径，改变电子的运动方向，提高工作气体的电离率，有效利用电子的能量，从而可以降低溅射过程的气体压力，也可以显著提高溅射效率和沉积速率，实现薄膜材料在高真空环境的快速、高质量沉积。

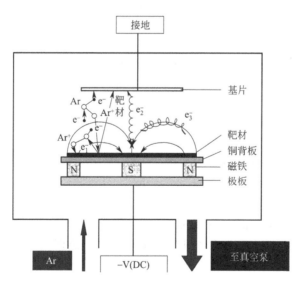

图 12-6　磁控溅射原理及过程示意图

其具体溅射过程为：电子在电场的作用下，在飞向基片的过程中与氩气发生碰撞，使其电离出一个氩离子和一个新的电子，电子飞向基片，氩离子在电场的作用下加速飞向阴极靶，并以高能量轰击靶材表面，使靶材发生溅射。在溅射粒子中，呈中性的靶原子（或分子）沉积在基片上成膜。而产生的二次电子 e_1^- 一旦离开靶面，就同时受到电场和磁场的作用，为了更好地说明电子的运动情况，可以近似地认为：二次电子在阴极暗区时，只受到电场作用；一旦进入负辉区就只受磁场作用。于是，从靶面发出的二次电子，首先在阴极暗区受到电场加速，飞向负辉区。进入负辉区的电子具有一定速度，并且是垂直于磁力线运动的。在这种情况下，电子由于受到磁场洛伦兹力的作用，而绕磁力线旋转。电子旋转半圈之后，重新进入阴极暗区，受到电场减速。当电子接近靶面时，速度即可降到零。之后，电子又在电场的作用下，再次飞离靶面，开始一个新的运动周期。电子在正交电磁场作用下的运动轨迹近似于一条摆线，被束缚在靠靶材表面的等离子体区域内，在该区域中电离出大量的氩离子轰击靶材，从而实现了高速率磁控溅射沉积。随着碰撞次数的增加，电子 e_1^- 的能量消耗殆尽，逐步远离靶材面，致使基片温度降低。

磁控溅射具有以下优点：

① 工作气压低，沉积速率高，降低了薄膜污染的可能性。

② 维持放电所需的靶电压较低。

③ 电子对衬底的轰击能量小，可以减少衬底损伤，降低沉积温度。

④ 易实现在塑料衬底上的薄膜低温沉积。

但是磁控溅射也具有如下缺点：

① 对靶材的溅射不均匀，平面靶材的利用率较低。

② 不适合铁磁材料的溅射，如果铁磁材料稍有漏磁，等离子体内无磁力线通过，因此不能实现磁场对电子运动轨迹的控制，导致溅射条件增加甚至难以溅射。

五、实验内容

磁控溅射可以分为直流磁控溅射和射频磁控溅射。直流磁控溅射主要适用于导电体的靶材溅射，如金属及一些导电氧化物材料，而射频磁控溅射则适用于导电体和绝缘体材料的溅射，适用范围更广。

本实验内容包括：

① 直流磁控溅射制备 ITO 透明导电薄膜及性能测试。

② 射频磁控溅射制备 ITO 透明导电薄膜及性能测试。

六、实验步骤

① 超声波清洗机清洗玻璃基片。

② 安装 ITO 靶材和基片。

③ 关闭镀膜室。

④ 检查水源、气源和电源，打开冷却循环水。

⑤ 抽真空与测量真空度，机械泵与分子泵抽真空，热偶真空计与电离真空计测量真空度。

⑥ 达到既定真空度后，通入溅射气体。

⑦ 沉积 ITO 薄膜。设定工艺参数：溅射功率（50～150W）、靶电压（约 300V）、靶基距 70mm，基片加热温度 400℃，氩氧比 18：2。

⑧ 磁控溅射镀膜时间约 10～30min，然后结束镀膜，关闭靶电源、真空控制系统和气体控制系统。

⑨ 待基片温度下降至 50℃以下时，取出薄膜并装入样品盒，做好样品标识。

⑩ 取出薄膜后，合上真空室门，将真空室内抽到 10Pa，然后关机械泵，关总电源，切断冷却水。

七、实验结果与分析

以射频磁控溅射制备的 ITO 薄膜为例，溅射参数为：溅射功率 150W，溅射气体为纯 Ar（流量 8mL/min），溅射腔压 1Pa，沉积温度 400℃，镀膜时间 30min。

① 用 X 射线衍射仪（XRD）测试薄膜的晶体结构，测试结果如图 12-7 所示，衍射峰与标准卡片 PDF♯06-0416 相符，为纯相、体心立方铁锰矿结构，并且该薄膜具有（400）晶面择优生长。

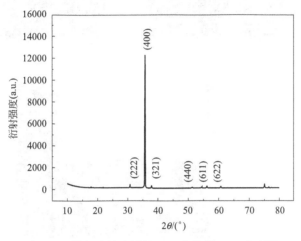

图 12-7 射频溅射法制备 ITO 薄膜的 XRD 衍射图

另外，可以根据薄膜主衍射峰的半峰宽来计算薄膜的晶粒尺寸，寻找半峰宽方法如下：首先用 Jade 打开原始测试数据［图 12-8(a)］，点 Analyze→Find peaks，会弹出图 12-8(b) 所示对话框，依次点击 Apply→Report，接着会出现图 12-8(c) 所示内容，从图中内容可以找到对应各峰位处的准确 2θ 值及半峰宽数值。以上述样品的测试结果为例，其主峰的 2θ 值为 35.668，半峰宽 FWHM 为 0.149。

Scherrer 公式可以用来计算薄膜的晶粒尺寸，计算公式如式(12-1) 所示：

$$D = \frac{k\lambda}{\beta\cos\theta} \tag{12-1}$$

式中，D 为晶粒尺寸，nm；k 为常数，对于非球形晶粒，其取值为 0.943；λ 为射线波长，大小为 0.15405nm；β 为半峰宽，此处应该换算为弧度制，即 $3.14 \times \frac{\beta}{180}$；$\theta$ 为对应衍射角度的一半。代入上述数据，计算可得：

$$D = \frac{0.943 \times 0.15405}{\cos(\frac{35.668}{2}) \times 3.14 \times \frac{0.149}{180}} = 55.89(\text{nm}) \tag{12-2}$$

② 用四探针测试系统测量薄膜的面电阻。如图 12-9 所示，将四探针的测试挡位调至方阻 $R_\square$，缓慢向下推进四探针，直到显示数据稳定，可以直接读出薄膜的面电阻，该面电阻一般表示为薄膜的方阻（也可以用 R_S 表示），单位为 $\Omega/\square$。以上述样品为例，薄膜的方阻为 $14\Omega/\square$。

薄膜的电阻率（ρ）可以通过公式（12-3）计算：

$$\rho = tR_S \tag{12-3}$$

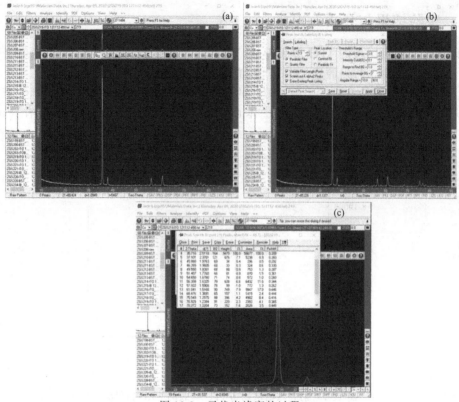

图 12-8　寻找半峰宽的过程

图 12-9　薄膜的方阻测试示意图

式中，t 为薄膜厚度，nm；R_s 为薄膜的面电阻。

③ 霍尔效应测试系统用来测量 ITO 导电薄膜的电阻率 ρ（$\Omega \cdot$ cm），载流子浓度 n（cm^{-3}）及迁移率 μ[$cm^2/(V \cdot s)$]，三者之间存在式（12-4）的关系：

$$\rho = \frac{1}{qn\mu} \tag{12-4}$$

式中，q 为电子电荷 1.6×10^{-19}C。由薄膜方阻、厚度计算的电阻率应该与霍尔效应测试的电阻率做对比，理论上两者数值大小接近；如果两者数值相差太大，首先考虑计算值或测试值是否正确；其次考虑薄膜是否均匀，如果薄膜不够均匀，会导致不同位置的电阻率差距大。

④ 透明导电薄膜的可见光透过率是一项重要的性能指标，通过紫外-可见分光光度计可以测量 ITO 薄膜的可见光透过率，进而计算其禁带宽度。

In_2O_3 的禁带宽度为 $3.5 \sim 3.75$eV。由于 Sn 的重掺杂作用，并且掺杂量超过一定值之后，掺杂费米能级进入导带使得 ITO 薄膜的禁带宽度变宽，而可见光的平均光子能量为

3.1eV，不足以使价电子发生本征激发跃迁到导带成为自由电子，所以 ITO 薄膜在可见光范围内高度透明，其可见光透过率可以达到 85%（如图 12-10 所示），能够满足大多数透明器件的要求。

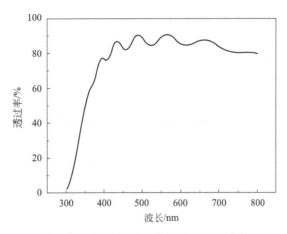

图 12-10　ITO 薄膜样品的可见光透过率

禁带宽度是掺杂半导体的一个重要研究参数，计算参数如表 12-2 所示。

表 12-2　ITO 薄膜禁带宽度计算参数

A	B	C	D	E	F
λ/nm	$T/\%$	$1240/A$	$B/100$	$(1/t)\ln D$	$(CE)^2$

按要求计算出图 12-11(a) 所示的表格中的结果，取 C 列为（横坐标），F 列为（纵坐标）作图，如图 12-11(b) 所示，在做好的曲线上作一条切线，切线与横坐标的交点即为禁带宽度值。

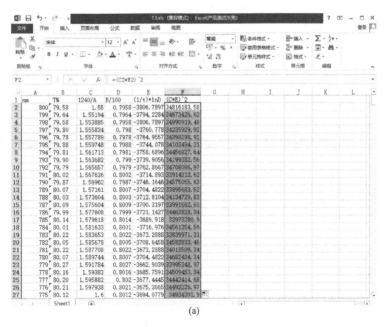

(a)

图 12-11

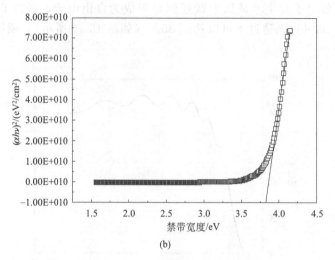

图 12-11　ITO 薄膜禁带宽度的计算

　　禁带宽度与薄膜离子掺杂、载流子浓度等因素有关。而禁带宽度的变化又会影响薄膜的光学性能。以上述 ITO 薄膜样品为例，计算禁带宽度值大约为 3.7eV，对应能让价电子发生本征激发的最小波长为 1240/3.7＝335（nm），可见光的波长范围为 380～780nm，$\lambda=$335nm 的光处于近紫外区，由此可见，薄膜的透光区发生了蓝移。

　　⑤ 用扫描电子显微镜可以表征薄膜的表面形貌、截面形貌与晶粒生长状态，并大致测量薄膜的厚度。以上述样品为例，其扫描电镜测试结果如图 12-12 所示。薄膜的表面为菱形晶粒，晶粒生长完整，表面平整较致密，断面为柱晶状，晶带模型为 2 型，而柱晶状的晶体结构更有利于可见光透过率的提高。

图 12-12　ITO 薄膜的扫描电镜图

　　薄膜形貌分析。通过 SEM 图的分析，我们可以直观地观察薄膜的结晶情况，薄膜晶粒或者颗粒的大小、分布情况等。

参 考 文 献

[1] 陈一达，朱归胜，徐华蕊，等 . (400) 择优取向 ITO 薄膜制备及其红外隐身性能研究 [J] . 功能材料，2018，49：9127-9131，9136.

[2] Dong L，Chen Y，Zhu G，et al. Highly (400) preferential ITO thin film prepared by DC sputtering with excellent conductivity and infrared reflectivity [J] . Materials Letters，2020，260：126735.

[3] Dong L，Zhu G，Xu H，et al. Fabrication of Nanopillar Crystalline ITO Thin Films with High Transmittance and IR Reflectance by RF Magnetron Sputtering [J] . Materials，2019，12：958.

第三章

光学性能实验

实验 13

材料电致发光性能测试及转换效率分析

一、实验目的

a. 掌握并测定材料的电致发光光谱；

b. 掌握并测定发光材料的亮度；

c. 掌握并测定色坐标；

d. 计算发光效率；

e. 计算功率效率；

f. 对材料的电致发光性能进行有效评价。

二、设备与仪器

1. 基本配置

本实验的主要设备与仪器包括 L88/OPT-2000 型光谱亮度计、可调直流电压源、电流表、电压表等。设备概览如图 13-1 所示。

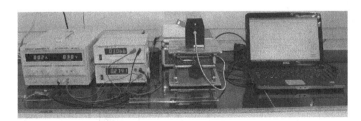

图 13-1　设备概览图

（1）光谱亮度计的基本配置

a. 光纤：内径 $\phi1.0\text{mm}$，与光谱仪相接端外径 $\phi6.0\text{mm}$，入射端外径 M 6mm×1mm，

长 1.2m；

　　b. 狭缝：宽 0.1mm，高 3.0mm；

　　c. 光栅：600g/mm，闪耀波长 400nm；

　　d. CCD：线阵，2048 像素，像素尺寸 $14\mu m \times 60\mu m$，积分时间 0～1s，A/D12 位；

　　e. 光学瞄准系统：测试最小目标 $\phi 2.0mm$，视场角 1°；

　　f. 接口方式：USB2.0 接口，接口电缆长 1.5m；

　　g. 电源：USB 供电。

（2）可调直流电压源的基本配置

　　a. 输入电压：220V/50Hz；

　　b. 输出电压：0～20V 直流，连续可调。

（3）电流表的基本配置

直流电流表，量程 0～1A。

（4）电压表的基本配置

直流电压表，量程 0～20V。

2. 主要技术指标

　　a. 光谱测试范围：380～780nm；波长分辨率：4nm；波长准确度：±1nm。

　　b. 光谱辐亮度测量范围：0～2mW/(cm² · sr · nm)；最小分辨率：0.1μW/(cm² · sr · nm)；重复精度：±1.5%。

　　c. 亮度测量范围：1～20000cd/m²；分辨率 0.1cd/m²；亮度测量精度：±5%（相对 NIM 标准）。

　　d. 色坐标：1931 色坐标；精度：$x \pm 0.005$，$y \pm 0.005$。

　　e. 采样频率：1～100Hz（根据被测光的强弱不同而定）。

3. 工作原理

　　光谱亮度计的工作原理及其结构框图如图 13-2 所示。被测光源置于物镜 O 的前端，物镜 O 把被测目标的像成在光阑反射镜 P 上，被检测部分的光通过光阑的通光孔 H 进入光纤。与此同时，反射镜 P 把其余部分光反射到第二反射镜 P′，经瞄准系统 E 测量者可在观察视场中看到被测目标的放大像。瞄准时，视场中心有一圆形黑斑，这个黑斑即为所测量目

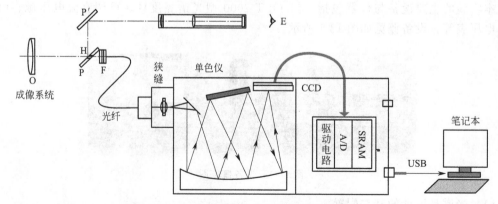

图 13-2　光谱亮度计的工作原理及其结构框图

标的精确位置区域。光通过光纤照射在单色仪入射狭缝上，经过单色仪光学系统，在单色仪焦平面上产生光谱，线阵 CCD 将光谱转变成模拟电信号。该模拟电信号经过放大和 A/D 转换变成数字信号，计算机通过 USB 接口采集此数字信号，经过计算等处理，显示出结果。

三、实验试样

实验试样为低压直流驱动型面光源，典型的实验试样如图 13-3 所示。

四、背景知识与基本原理

1. 光谱

色度学领域所关心的光是指人眼对之敏感的那部分可见光，其波长在 $380 \sim 780nm$ 之间。不同波长的光，在人眼中所引起的色感是不同的，例如 700nm 左右的光视为红色，510nm 左右的光视为绿色，470nm 左右的光视为蓝色。光谱是复色光经过色散系统（如棱镜、光栅）分光后，被色散开的单色光按波长（或频率）大小依次排列的图案，全称为光学频谱，简称为光谱。

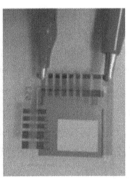

图 13-3 实验试样

2. 亮度

对光的明亮度进行定量的测定，称为测光量。测光量包括光通量、发光强度、亮度以及照度等，光度学的一些基本量的有关定义如表 13-1 所示。发光强度是描述光源发光强弱的一个基本度量，以点光源在指定方向上的立体角元内所发出的光通量来度量。国际单位是candela（坎德拉），简写为 cd。亮度就是单位面积光源的发光强度，国际单位是 cd/m^2（或称为 nits），本实验主要是对材料的亮度进行测量及分析。

表 13-1 光度学的一些基本量

名称	单位	概念	符号及转换公式
光通量	lm	能够被人的视觉系统所感受到的那部分光辐射的功率大小的量度	Φ
照度	lm/m² 或 lx	落到某一面元上的光通量与该面元面积之比	$E = \dfrac{d\Phi}{dS}$
发光强度	cd 或 lm/sr	光源在某一指定方向上发出光通量能力的大小	$H = \dfrac{d\Phi}{d\Omega}$
亮度	cd/m²	单位面积上的发光强度	$L = \dfrac{dH}{dS}$
发光效率	cd/A	亮度除以电流密度	$LE = \dfrac{L}{J}$
功率效率	lm/W	光通量除以电功率	$PE = \dfrac{\Phi}{W}$

3. 色坐标

颜色是由亮度和色度共同表示的。色度是不包括亮度在内的颜色的性质，它反映的是颜色的色调和饱和度，其值由色坐标确定。色坐标由颜色的三刺激值计算而来，颜色的三刺激值由 CIE（国际照明委员会）推荐，1931 CIE 三刺激值由式(13-1)～式(13-3) 进行计算。

$$X = K \sum_{\lambda} R(\lambda)S(\lambda)\bar{x}(\lambda)\Delta\lambda \qquad (13\text{-}1)$$

$$Y = K \sum_{\lambda} R(\lambda)S(\lambda)\bar{y}(\lambda)\Delta\lambda \qquad (13\text{-}2)$$

$$Z = K \sum_{\lambda} R(\lambda)S(\lambda)\bar{z}(\lambda)\Delta\lambda \qquad (13\text{-}3)$$

式中，X、Y、Z 是三刺激值；$\bar{x}(\lambda)$、$\bar{y}(\lambda)$、$\bar{z}(\lambda)$ 是标准色度观察者的颜色匹配函数；$\Delta\lambda$ 是波长间隔；K 是归一化常数（称之为调整因子）；$R(\lambda)$ 是物体的光谱反射率，或用物体的辐亮度因数 $\beta(\lambda)$ 代替 $R(\lambda)$ 进行计算，或用光谱透过率 $\tau(\lambda)$ 代替 $R(\lambda)$ 进行计算（若为透射物体时）；$S(\lambda)$ 是 CIE 标准照明体的相对光谱功率分布。CIE—1931 色坐标由式(13-4)～式(13-6) 进行计算。

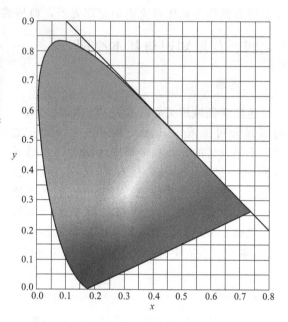

图 13-4　1931 CIE 色度图

$$x = \frac{X}{X+Y+Z} \qquad (13\text{-}4)$$

$$y = \frac{Y}{X+Y+Z} \qquad (13\text{-}5)$$

$$z = \frac{Z}{X+Y+Z} \qquad (13\text{-}6)$$

因为 $x+y+z=1$。所以只引用 x、y 就可以了，并用 1931 CIE（x，y）表示。

1931 CIE 色度图如图 13-4 所示。1964 年 CIE 规定了"均匀颜色空间"的标定颜色方法，用类似方法给出了 1964 CIE 色坐标的计算方法，并形成了 1964 色度图。同理，后续经过进一步完善又形成了 1976 CIE 色度图。

五、实验步骤

1. 计算发光光源面积

将电源的正负极分别接在样品的阳极和阴极上，施加电压（约 3V），将发光区域点亮。然后，用直尺或游标卡尺测量发光区域的长和宽，并计算发光区域的面积。如图 13-5 所示。

图 13-5　发光区域面积的测量与计算

2. 调试对焦

将样品安置在样品支架上，并置于光谱计的正前方。然后，上下左右调节光谱计的位置，同时通过目镜观察发光区域，并使黑色"斑点"大致位于发光区域的中心位置，如图13-6所示。最后，前后调节光谱计的位置使黑色"斑点"边缘最清晰，完成光谱亮度计的调试对焦。

图 13-6　光谱亮度计的调试对焦

3. 调试测试软件

a. 开启计算机，点击"开始"，再点击"OPT2000"打开测试软件，如图13-7所示。

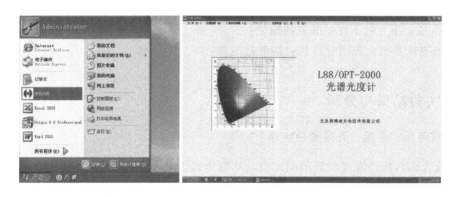

图 13-7　测试软件开启界面

b. 点击"光源测量"，选择"近稳恒光"进入测试界面，如图13-8所示。

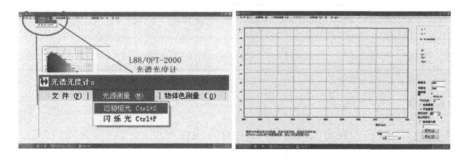

图 13-8　测试软件操作界面

4. 测试

在测试软件操作界面上设置"始波长""末波长""平均次数",选择"手动量程","量程选择"根据需要一般选择5~8,然后点击"采样"完成测试,如图13-9所示。系统自动保存数据。

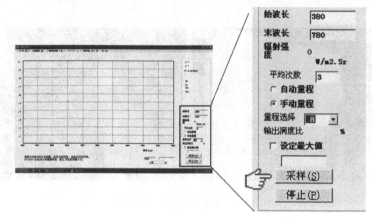

图 13-9　采样测试

5. 实验结束及后续处理

a. 将直流电压调至 0;
b. 从样品支架上取下样品并放回原处;
c. 退出测试系统,关闭计算机,切断总电源。

六、实验结果与分析

1. 获取电压、电流、亮度和色坐标

从电流表读取流经发光材料的电流值,从电压表读取发光器件的驱动电压,从测试软件操作界面右上方读取亮度、色度(色坐标)和光谱,如图13-10所示。如图中所示的电流为0.2741A,驱动电压为 3.066V,亮度为 10387.1cd/m^2,色坐标为 1931CIE(0.4064,0.4349),并把数据填在表13-2中。

表 13-2　电流、电压、发光亮度、色坐标、效率等参数记录表

电压/V	电流/A	亮度/(cd/m^2)	CIE$_x$	CIE$_y$	发光效率/(cd/A)	功率效率/(lm/W)
3.066	0.2741	10387.1	0.4064	0.4349		

2. 计算效率

首先根据电流(I)和发光区域面积(S)计算电流密度(J),如公式(13-7)所示。然后根据亮度(L)和电流密度计算发光效率(LE,单位为 cd/A),如公式(13-8)所示。根据发光效率、驱动电压并结合面光源的朗伯特(Lambertian)分布特征,由公式(13-9)计

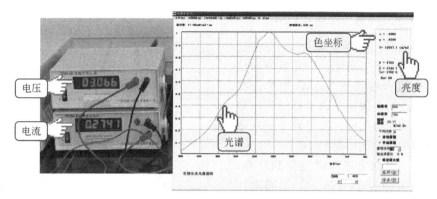

图 13-10　实验数据读取示意图

算功率效率（PE，单位为 lm/W），并把相关数据填在表 13-2 中。

$$J = \frac{I}{S} \tag{13-7}$$

$$LE = \frac{L}{J} \tag{13-8}$$

$$PE = \frac{\pi \times LE}{V} \tag{13-9}$$

3. 获取光谱

从桌面"L88-OPT2000 型光谱光度计"进入，找到最近文件"＊.dat"，如图 13-11 所示。然后导入画图软件（如 Origin 或 Excel），以波长（wavelength）为横坐标，以发光强度（intensity）为纵坐标，绘制光谱图，典型的电致发光光谱图如图 13-12 所示。

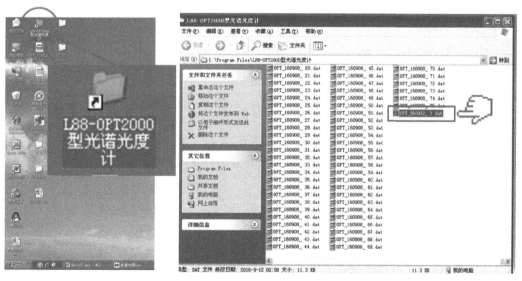

图 13-11　光谱数据

4. 电压或电流对发光特性的影响

调节驱动电压，重复步骤 1～3 得到一系列不同驱动电压下的亮度、发光效率和功率效率。以电流密度或电压为横坐标，亮度、发光效率或功率效率为纵坐标绘图，得到电压或电流密度对亮度、发光效率或功率效率等性能指标的变化情况。

举例分析：根据上述测试过程和计算，获得的实验结果如表 13-3 所示。不同电压下的发光亮度，以及发光效率和功率效率随电流密度的变化情况分别如图 13-13 和图 13-14 所示。根据实验结果可以得出，在测试范围内，随驱动电压的升高，发光亮度逐渐增加。发光效率和功率效率在较低电流密度下获得最大值，随电流密度的进一步增加，呈缓慢下降的趋势。

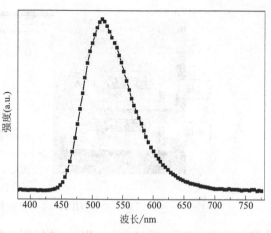

图 13-12　典型的电致发光光谱图

表 13-3　举例分析的实验数据

电压/V	电流密度/(mA/cm^2)	亮度/(cd/m^2)	发光效率/(cd/A)	功率效率/(lm/W)
3	0.95	4.4	0.46316	0.48477
4	2.85	79.4	2.78596	1.8698
5	6.64	305.2	4.59639	2.88653
6	13.125	794.2	6.05105	3.16671
7	21.25	1330	6.25882	2.80753
8	35.625	2154	6.04632	2.37318
9	53.75	3192	5.9386	2.07191
10	78.75	4538	5.76254	1.80944
11	105.625	5827	5.51669	1.57476

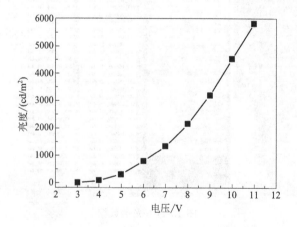

图 13-13　不同电压下的发光亮度变化情况

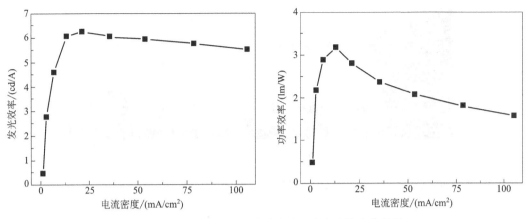

图 13-14　发光效率和功率效率随电流密度的变化情况

参 考 文 献

［1］陈国华. 功能材料制备与性能实验教程［M］. 北京：化学工业出版社，2013.

［2］Zhang X，Li W，Ling Z，et al. Facile synthesis of solution-processed MoS_2 nanosheets and their application in high-performance ultraviolet organic light-emitting diodes［J］. Journal of Materials Chemistry C，2019，7：926-936.

实验 14

材料长余辉发光特性测试与评价

一、实验目的

a. 理解并掌握材料长余辉发光特性的基本原理；

b. 掌握使用微弱亮度计测量长余辉发光特性的方法与操作；

c. 学会绘制余辉曲线，计算余辉时间；

d. 对材料长余辉发光特性进行有效评价。

二、设备与仪器

1. 基本配置

本实验的主要设备与仪器包括 OPT-2003 长余辉材料发光特性测试系统、可调直流电压源、电压表、样品台、激发光源、照度计、紫外辐射照度计等。设备概览如图 14-1 所示。

（1）长余辉材料发光特性测试系统的基本配置

长余辉材料发光特性测试系统包括系统主机、数据采集卡、光纤、测控专用软件等。

（2）可调直流电压源的基本配置

a. 输入电压：220V/50Hz；

图 14-1　设备概览图

b. 输出电压：0～20V 直流，连续可调。

（3）电压表的基本配置

直流电压表，量程 0～20V。

（4）样品台

包括样品台支架、光纤支架以及圆形带凹槽的样品池。

（5）激发光源

配置可见光（白光）发光二极管及石英复眼透镜构成的可见光激发光源 1 只，紫外发光二极管及石英复眼透镜构成的紫外激发光源 1 只。主要参数为：

a. 额定功率：1W；

b. 供电参数：$V_F = 4 \sim 4.3V$；$I_F = 350mA$。

激发光源在 200mA 电流下的亮度/照度参考值如表 14-1 所示。

表 14-1　激发光源在 200mA 电流下的亮度/照度参考值

类型	电流	电压	亮度/照度
紫外光激发光源	200mA	3.84V	$1mW/cm^2$
可见光激发光源	200mA	2.75V	1000lx

（6）照度计

配置 ST-80C 数字式照度计 1 台，用于测量可见光激发光源提供的照度，确定样品的放置距离。主要参数为：

a. 测量范围：$(0.1 \sim 199.9) \times 10^3 lx$；

b. 相对示值误差：$\pm 4\%$；

c. 非线性、换挡、疲劳特性等误差：均符合国家一级照度计标准；

d. 电源：6F22 型 9V 积层电池一只。

（7）紫外辐射照度计

配置 UV-A 型紫外辐射照度计（单通道，配备 UV-365 探头）1 台，用于测量紫外激发光源提供的辐照度，确定样品的放置距离。主要参数为：

a. 响应波长范围：320～400nm；

b. 响应峰值波长：365nm；

c. 辐照度测量范围：$(0.1 \sim 199.9 \times 10^3) \mu W/cm^2$；

d. 准确度：$\pm 10\%$；

e. 电源：6F22 型 9V 积层电池一只。

2. 主要技术指标

a. 微弱亮度测量范围：$(0 \sim 19.99) cd/m^2$；

b. 最小分辨：10^{-5} cd/m²；

注：OPT-2003 光度计测量范围为（0～19.99）cd/m²，通过计算机控制软件显示范围为（0～45.00）cd/m²。

c. V（λ）匹配误差：$f_1 \leq 8\%$；

d. 相对示值误差：±4%。

3. 工作原理

在激发光源的辐照作用下获得能量，当激发光源停止后，用微弱亮度计测量长余辉材料的亮度随时间的变化关系得出余辉曲线，根据余辉曲线计算出余辉时间，从而对长余辉材料的发光特性进行定性评价。长余辉材料发光特性测试系统的工作原理及其结构框图如图 14-2 所示，光纤的前端位于待测样品的正上方，长余辉发光材料释放的光子经过光纤传输给微弱亮度计，经过数据采集以及分析器和计算机处理转变成为数字信号，并将对应的亮度值同时显示在测试系统主机面板的显示区域和计算机屏幕上。通过测控软件，每隔一定时间采集一次亮度，就得了长余辉发光材料的亮度随放置时间的变化关系，根据亮度随时间下降的快慢程度，对长余辉材料的发光特性作出简单评价。

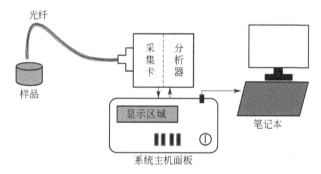

图 14-2　长余辉材料发光特性测试系统的工作原理及其结构框图

三、实验试样

实验试样为粉末状的长余辉发光材料，典型的实验试样如图 14-3 所示。

图 14-3　实验试样

四、背景知识与基本原理

长余辉发光材料简称长余辉材料，又被称为蓄光型发光材料、夜光材料，指的是在自然光或其他人造光源照射下能存储外界光辐照的能量，然后在某一温度下（如室温）缓慢地以光的形式释放（发光）这些存储能量的光致发光材料。长余辉材料是研究与应用最早的材料之一，许多天然矿石本身就具有长余辉发光特性，并用于制作各种物品，如"夜光杯""夜明珠"等。真正有文字记载的可能是在我国宋朝的宋太宗时期（公元 976—997 年）所记载的用"长余辉颜料"绘制的"牛画"，画中的牛到夜晚还能见到，其原因是此画中的牛是用牡蛎制成的发光颜料所画。1886 年法国的 Sidot 首先完成了 ZnS：Cu 的制备，最早开始了这一系列长余辉发光材料的研究工作。20 世纪 70 年代发现 $SrAl_2O_4$：Eu^{2+} 的持续发光现象，使人们对长余辉发光材料的研究进入了一个新的阶段。目前，主要的长余辉材料包括铝酸盐系如 $SrAl_2O_4$：Eu，Dy；$CaAl_2O_4$：Eu，Nd；$Sr_4Al_{14}O_{25}$：Eu，Dy，硅酸盐系如 Zn_2SiO_4：Mn，As；$Sr_2MgSi_2O_7$：Eu，Dy；$Ca_2MgSi_2O_7$：Eu，Dy；$MgSiO_3$：Mn，Eu，Dy，硫化物 ZnS：Cu，Co；CaS：Eu，Tm，以及含氯氧化物 $Ca_8Zn(SiO_4)_4Cl_2$：Eu 和含氮化物 $Ca_2Si_5N_8$：Eu 等，部分常见的长余辉材料性能参数如表 14-2 所示。

表 14-2　部分常见的长余辉材料及其性能参数

种类	代表品种	发光颜色	发射峰/nm	余辉时间/min	主要特点
硫化物	CaS：Eu，Tm	红色	650	45	发光颜色丰富，但化学稳定性较差，余辉时间较短
	CaSrS：Bi	蓝色	450	90	
	ZnS：Cu，Co	黄绿色	530	500	
硫氧化物	Y_2O_2S：Eu，In	红色	625	300	红色余辉时间较长，但化学稳定性较差，颜色单一
铝酸盐	$SrAl_2O_4$：Eu，Dy	黄绿色	520	2000	发光亮度高，余辉时间长，化学稳定性好，缺乏红色发光品种
	$Sr_4Al_{14}O_{25}$：Eu，Dy	蓝绿色	490	2000	
硅酸盐	$Sr_2MgSi_2O_7$：Eu，Dy	蓝色	469	300	发光亮度较高，化学稳定性较好，余辉时间较短，颜色不丰富
	$Ca_2MgSi_2O_7$：Eu，Dy	蓝绿色	535	200	
钛酸系	$CaTiO_3$：Pr^{3+}	红色	613	60	发光颜色纯度高，化学稳定性好，但发光颜色单一，余辉时间较短
镓酸盐	$ZnGa_2O_4$：Mn^{2+}	蓝绿色	503	60	发光颜色纯度高，化学稳定性好，但发光颜色单一，余辉时间较短

1. 长余辉材料的空穴转移模型

对于长余辉材料，最早的发光机理是在 $SrAl_2O_4$：Eu，Dy 体系中提出的空穴转移模型。基于该模型，在长余辉材料 $SrAl_2O_4$：Eu，Dy 中，Eu 为电子俘获中心，Dy 是空穴俘获中心。当材料受紫外激发时，Eu^{2+} 可俘获电子变为 Eu^+，由此产生的空穴经价带被 Dy^{3+} 俘获生成 Dy^{4+}，当紫外光激发停止后，由于热运动，被 Dy^{3+} 俘获的空穴又释放到价带，空穴在价带中迁移到激发态 Eu^+ 附近并被其俘获，从而电子和空穴进行复合，导致 Eu 的特征发光，于是产生长余辉发光。因此，空穴转移模型的本质是空穴的产生、转移及复合的过程，其示意图如图 14-4 所示。该模型在各种 Eu 和 Dy 共掺的长余辉材料机理解释中被广泛引用，成为 Eu 和 Dy 共掺的长余辉材料机理的通用解释。

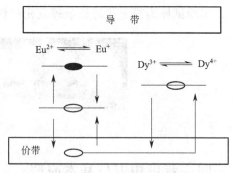

图 14-4　空穴转移模型

2. 长余辉材料的位型坐标模型

位型坐标模型示意图如图 14-5 所示，A 为 Eu^{2+} 的基态能级，B 为 Eu^{2+} 的激发态能级，C 为缺陷能级。C 可以是掺入的杂质离子，也可以是由基质中的某些缺陷产生的缺陷能级，C 可以起到捕获电子的作用。在外部光源的作用下，电子受激发从基态跃迁到激发态（过程

1）。一部分电子跃迁回到低能态发光（过程2）；另一部分电子通过弛豫过程储存在缺陷能级C中（过程3）。当缺陷能级电子吸收能量时，重新受到激发回到激发态能级，跃迁回基态而发光。余辉时间的长短与储存在缺陷能级中的电子的数量、吸收的能量（热量）相关：存储在缺陷能级中的电子数量越多，余辉时间越长；吸收的能量多，使得电子容易克服缺陷能级及激发态能级之间的能量间隔（E），从而产生持续的发光现象。然而，并不是吸收的能

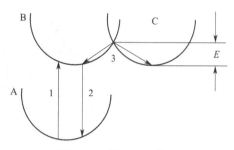

图14-5　位型坐标模型

量持续增加就会使得发光时间延长，若是能量过大，电子会在很短时间内全部返回到激发态能级，那样就只能看到一瞬间较强的强光；反之，若是吸收的能量过小，则不足以支持电子返回激发态能级，因此就观察不到发光现象。所以，余辉时间的长短取决于储存在缺陷能级中的电子数量及其返回到激发态能级的速率；余辉的强度取决于缺陷能级中的电子单位时间内回到激发态的速率。

五、实验步骤

1. 安装激发光源

激发光源分为可见光和紫外光两种，根据实验要求选择合适的激发光源，并安装在激发光源专用支架中，如图14-6所示。然后接通激发光源的电源，施加电压（约3.5V）点亮激发光源，检测激发光源是否完好。

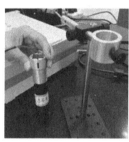

图14-6　安装激发光源

2. 添加样品

a. 往下压样品台的弹簧支座，从样品台中取出样品池（圆形带凹槽的样品池），如图14-7所示。用酒精棉将样品池擦拭干净，以降低粉尘对待测样品光电特性的影响。

b. 取适量的待测样品，即长余辉发光材料（粉体），放入样品池的凹槽内，如图14-8所示。注意：所添加的待测样品不得超过凹槽的高度，并保持样品池表面清洁。

3. 安装光纤

取下光纤前端的保护套。注意：任何时候光纤都不能直角弯折。然后将光纤装入专用光纤支架的上部，如图14-9所示。其实，光纤支架与样品台支架共用，上部分安装光纤，下部分放置待测样品。

图 14-7 样品池的取出过程

图 14-8 往样品池内添加待测样品

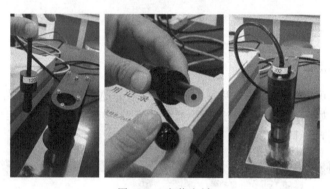

图 14-9 安装光纤

4. 激发长余辉发光材料

a. 打开直流电源, 将电压值调到零。注意: 每次测完都要将电压值调到零, 防止下次开机时电流过大烧坏激发光源。然后慢慢调大到所需的直流电压, 光源投射面对准待测样品位置, 并将样品转移到激发光源正下方照射 (激发)。

b. 上下调整光电管 (激发光源) 使照射均匀, 且照射区域大于样品范围。左右旋转激发光源, 使照射区域为清晰的正方形, 如图 14-10 所示。

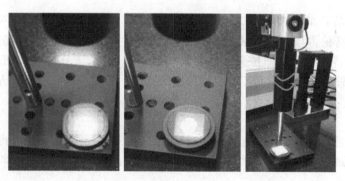

图 14-10 调整激发光源并对待测样品进行激发

c. 加到指定电压，标定照度或辐照度（对于白光而言，2.75V/200mA 对应于 1000lx）。可见光的照度可由 ST 系列照度计测量标定，紫外光的辐照度可由紫外辐照计测量标定。

d. 照射（激发）长余辉发光材料，具体照射时间根据实验需求确定，一般为 2～10min。

5. 调试光变测试系统

首先打开光变测试系统主机。然后按下主机面板上的"联机"按钮，以便计算机控制测试系统。再调零亮度值，即左右旋转主机面板上的调零旋钮，同时观察左边的显示窗口直到其读数变为 0，如图 14-11 所示。

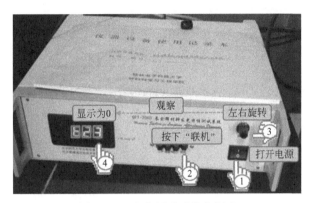

图 14-11 光变测试系统的调试

6. 打开测试软件

① 打开计算机，从桌面上点击"OPT-2003"进入操作界面，如图 14-12 所示。

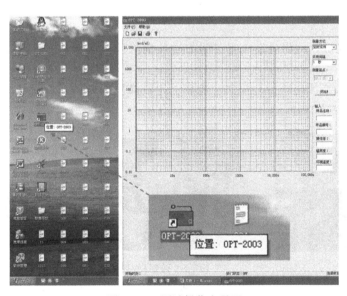

图 14-12 测试操作主界面

② 选择或输入相关测试信息，主要包括测量方式、采样间隔、测量起点、样品名称、样品编号、操作者、辐照度、环境温度等信息，如图 14-13 所示。针对测量方式，系统提供两种测试方法：

a. 定时采样。用户根据需要设定采样间隔时间，单击"开始"按钮开始测量，系统从第 1s 或第 10s 开始测量以设定间隔采集数据，直至用户终止。

b. 2 小时测量拟合。系统从零时刻开始，每 2min 采样一次并记录，到 120min 时自动停止。系统根据第 30~120min 的数据，拟合出 0 时刻到肉眼能见的最小亮度 $0.32mcd/m^2$ 的完整曲线。

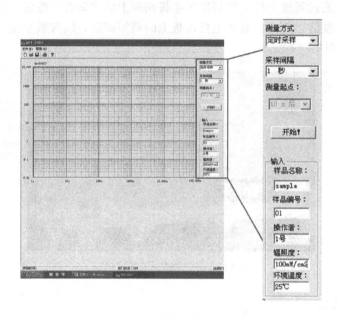

图 14-13　选择或输入相关测试信息

7. 样品转移

a. 关闭激发光源，并将激发一定时间的样品池从照射区域移开，此时会观察到发亮的长余辉发光粉。

b. 将样品池转移到样品台支架上，先往下压样品台的弹簧支座，参考图 14-7，再装上样品池，如图 14-14 所示。

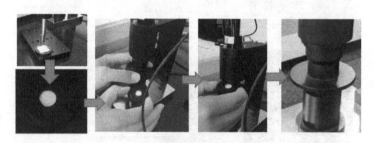

图 14-14　转移样品

8. 测试

a. 当样品转移到样品台支架后，微弱亮度计会读取待测样品的发光亮度，光变测试系统主机就会显示出读数，并且可以观察到亮度随时间的增加而逐渐降低。

b. 点击测试界面"开始"按钮开始测试，如图 14-15 所示。

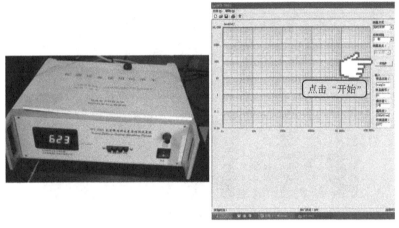

图 14-15　开始测试

c. 测试一定时间后，点击"停止"按钮，完成测试，如图 14-16 所示。

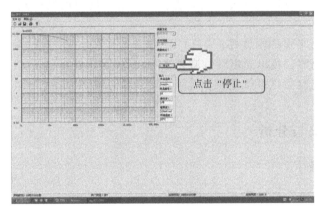

图 14-16　完成测试

9. 数据存储与导出

a. 测试完成后保存所得数据，点击"文件（F）"选择"保存"；

b. 输入文件名，点击"保存"，如图 14-17 所示。系统保存的数据为"＊.txt"格式，如图 14-18 所示。

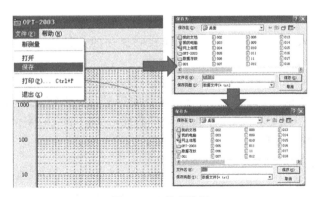

图 14-17　保存数据

图 14-18　保存的数据

10. 实验结束及后续处理

a. 取出样品池将待测样品倒入专用回收箱中。用酒精棉擦拭样品池凹槽及表面，重新放回样品台；

b. 拔出光纤，套上保护帽放好；

c. 将直流电压调零，拔出光电管（激发光源），放回原处；

d. 关机，关闭光变测试系统主机和计算机，切断总电源。

六、实验结果与分析

1. 基本数据记录

记录测试所用的激发光源类型、照度或辐照度、激发时间等基本信息，并填写在表14-3 中。

表 14-3　数据记录表

试样编号	激发光源(可见光或紫外光)	照度(lx)或辐照度(mW/cm²)	激发时间/min	初始亮度/(cd/m²)	余辉时间 τ/min	余辉时间 T_{50}/min
1						
2						

2. 绘制余辉曲线

把保存的数据导入 Excel 表格中。从桌面找到保存的文件"＊.txt"，然后导入画图软件或 Excel，绘制余辉曲线图。

举例：以桌面上保存的"912.txt"文件为例。打开 Excel 软件→导入数据或打开文件→选择所需导入或打开的数据源（912.txt）→勾选分隔符号，点击完成即可，如图 14-19 所示。然后以时间为横坐标，亮度为纵坐标，绘制余辉曲线，如图 14-20 所示。注意原始数据纵坐标单位为 mcd/m²，横坐标单位为 s。

3. 计算余辉时间

根据公式(14-1)对长余辉发光材料发光特性的数据进行拟合。

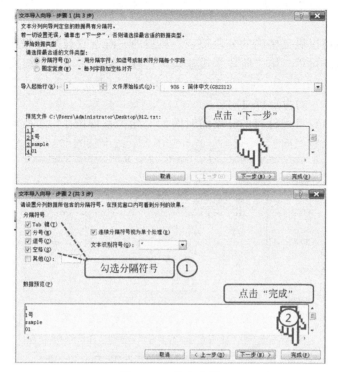

图 14-19 导入数据

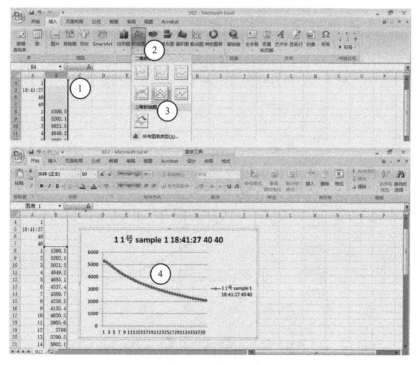

图 14-20 余辉曲线

$$y = A \cdot \exp(-t/\tau) \tag{14-1}$$

式中，y 是荧光强度（亮度）；A 是系数；t 是测试时间；τ 是指数余辉时间（简称余辉时间）。

对余辉曲线也可以做更精确的分段拟合，典型的三阶指数衰减过程如公式(14-2) 所示。第一阶段为快速衰减过程，第二阶段为慢速衰减过程，第三阶段为平缓衰减过程。

$$y = A_1 \cdot \exp(-t/t_1) + A_2 \cdot \exp(-t/t_2) + A_3 \cdot \exp(-t/t_3) \qquad (14-2)$$

式中，t_1、t_2、t_3 均为余辉时间。

举例一：某长余辉发光材料的亮度随时间的变化关系如图 14-21 所示。根据公式(14-2) 进行拟合可以得到余辉时间 $t_1 = 16.4\text{s}$，$t_2 = 120.2\text{s}$，$t_3 = 1304.9\text{s}$。

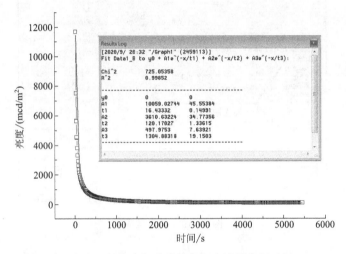

图 14-21 根据余辉曲线进行拟合计算余辉时间

举例二：根据 912.txt 的数据，在快速衰减阶段，余辉曲线的第 1s 的亮度为初始亮度，80% 初始亮度、50% 初始亮度和 20% 初始亮度所对应的时间即为快速衰减阶段的特征余辉时间（T_{80}、T_{50} 和 T_{20}），反映了长余辉材料在快速衰减阶段的发光特性，如图 14-22 所示。

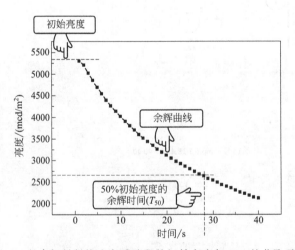

图 14-22 长余辉材料快速衰减阶段的初始亮度与 T_{50} 的获取示意图

参 考 文 献

[1] 栾林，郭崇峰，黄德修. 锶铝比例对铝酸锶长余辉发光材料性能的影响 [J]. 无机材料学报，2009，24：53-56.

[2] 李峻峰，邱克辉，赖雪飞，等．燃烧法快速合成铝酸锶基质长余辉发光材料［J］．硅酸盐学报，2004，32：1560-1562.

[3] 洪广言．稀土发光材料——基础与应用［M］．北京：科学出版社，2011.

实验 15

荧光玻璃和玻璃陶瓷制备及发光性能测试

一、实验目的

a. 掌握荧光玻璃配方的设计和荧光玻璃及玻璃陶瓷的制备工艺；

b. 掌握测定单掺稀土离子玻璃的光致发光光谱；

c. 掌握测试多掺稀土离子玻璃的光致发光光谱；

d. 计算荧光玻璃及玻璃陶瓷的 CIE 色坐标和相关色温；

e. 掌握测试荧光玻璃及玻璃陶瓷样品的量子效率；

f. 对材料的光致发光性能进行评价。

二、设备与仪器

1. 基本配置

本实验的主要设备与仪器有 SGM-M15/17 型高温马弗炉、UNIPOL-802 型自动精密研磨抛光机和 FuoroSENS-9000A 型荧光光谱仪。设备概览如图 15-1 所示。

图 15-1　设备概览图

（1）高温马弗炉的基本配置

a. 最高温度 1700℃；

b. 升温速率 5～15℃/min，可编程序 50 段全自动控制升温；

c. 加热棒为硅钼棒。

（2）自动精密研磨抛光机的基本配置

a. 磨盘转速：0～200r/min，连续可调；

b. 支撑臂摆动次数：0～9 次/min，连续可调；

c. 超平抛光盘，平整度小于 0.0025mm；

d. 超精旋转轴，托盘端跳小于 0.012mm。

（3）荧光光谱仪的基本配置

a. 光源：450W 连续氙灯光源（200～2000nm）；

b. 单色仪：300mm 焦距，C-T 结构类型；

c. 狭缝：0.01～3mm 自动连续可调；

d. 光谱分辨率：0.1nm，波长准确度：±0.2nm；

e. 光谱探测范围：185～900nm；

f. 系统接口：USB2.0 接口，接口电缆长 2.0m；

g. 系统软件。

2. 主要技术指标

a. 玻璃样品在可见光区域透过率达到 90％以上；

b. 玻璃陶瓷样品中存在一种晶体；

c. 激发光谱测试范围：200～500nm，发射光谱测试范围：380～800nm，波长分辨率：0.1nm，波长准确度：±0.2nm；

d. 色坐标：1931 色坐标，在标准白光附近（$x=0.33±0.05$，$y=0.33±0.05$）。

3. 荧光光谱仪工作原理

荧光光谱仪又称为荧光分光光度计，是一种定性、定量分析的仪器。通过荧光光谱仪的检测，可以获得物质的激发光谱、发射光谱、量子产率、荧光强度、荧光寿命以及荧光热猝灭方面的信息。一般由氙灯、激发单色仪、样品室、发射单色仪、检测器、计算机等组成。其基本工作原理和结构简图如图 15-2 所示。光源一般为高压汞蒸气灯或氙灯，其中氙灯能发射出强度较大的连续光谱，且在 300～400nm 范围内强度几乎相等。激发单色仪或称为第一单色器，置于光源和样品室之间，通过筛选光源所发出的光获得特定波长的激发光。样品室通常由石英池或固体样品架（粉末或片状样品）组成。通常处于基态的物质分子吸收激发

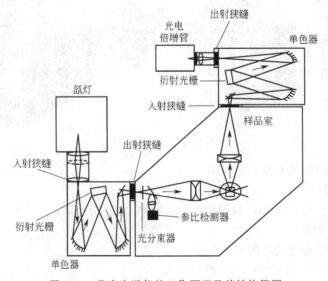

图 15-2 荧光光谱仪的工作原理及其结构简图

光后变为激发态，这些处于激发态的分子是不稳定的，在返回基态的过程中将一部分能量又以光的形式放出，从而产生荧光。发射单色仪或称为第二单色器，由光栅组成，将样品的发射光筛选出特定的发射光谱。光电管或光电倍增管一般用作检测器，将光信号放大并转变为电信号使电脑方便处理。不同物质由于分子结构的不同，其激发态能级的分布具有各自不同的特征，这种特征反映在荧光上，表现为各种物质都有其特征激发光谱和发射光谱。因此，可以用不同的荧光激发光谱和发射光谱来定性地进行物质的鉴定。

三、实验试样

实验试样为透明荧光玻璃和荧光玻璃陶瓷，如图 15-3 所示。

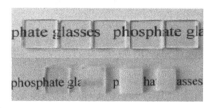

图 15-3　实验试样

四、背景知识与基本原理

1. 玻璃

玻璃是一种对熔融态物质进行快速冷却而获得的非晶固体材料。荧光玻璃是基于玻璃组成掺杂一定比例的稀土元素而获得的。荧光玻璃凭借着简单的制备工艺、均匀的发光、廉价的成本和优异的热稳定性，被广泛应用于固态照明、激光、显示和温度检测等领域。常见玻璃体系有硅酸盐玻璃、磷酸盐玻璃和硼酸盐玻璃。

2. 玻璃陶瓷

玻璃陶瓷也被称为微晶玻璃，通过对玻璃进行可控析晶热处理，可以制备出兼具玻璃和陶瓷优点的玻璃陶瓷。其拥有优异的物理和化学性能，如良好的光学性质、出色的稳定性，在照明、显示和检测等领域皆有广泛的应用，是一种理想的发光材料。

3. 光谱与色坐标

参考实验 13。

4. 量子效率

量子效率（QE）是物质荧光特性中最基本的参数之一，定义为荧光发射量子数与被物质吸收的光子数之比，也可表示为荧光发射强度 I_f 与被吸收的光强 I_a 之比，如公式(15-1) 所示。

$$QE＝荧光发射量子数/吸收的光子数＝I_f/I_a \tag{15-1}$$

5. 色温

色温是描述光源及其他物体的光度特性的一个重要物理量。在光源色度学中，一般是把光源发出的光与"黑体"发出的光相比较来描述其光色。如果一个光源发射的颜色（光色）与某一温度下的黑体辐射光的颜色相同，那么此时黑体的热力学温度值就是该光源的颜色温度（简称色温）。当光源发射光的颜色和黑体不相同时，用"相关色温"的概念来描述光源的色温。相关色温的计算方法有很多种。利用经典的罗伯逊方法计算，黑体发射光对应的相对光谱功率由普朗克定律给出，如公式(15-2)：

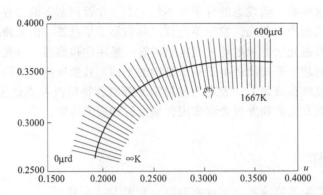

图 15-4 CIE1960 U CS 均匀色度图中的黑体色轨迹及等相关色温线

$$P(\lambda,T) = C_1 \lambda^{-5} (e^{C_2/\lambda T} - 1)^{-1} \tag{15-2}$$

式中，T 为黑体的热力学温度，K；λ 为波长，nm；C_1 为第一辐射常数，$C_1 = 3.37417749 \times 10^{-16}$ W·m²；C_2 为第二辐射常数，$C_2 = 1.4388 \times 10^{-2}$ m·K。

在 CIE1960 U CS 均匀色度图中，一种光色对应一个点，有独立的色坐标（u，v）。当黑体的温度从较低的值逐渐升温至 ∞K，那么在 U CS 色度图中，代表黑体光色的色坐标将会形成一条连续的曲线，如图 15-4 所示，称为黑体色轨迹（简称黑体轨）。在均匀色度图中，等相关色温线（下面简称等温线）是一系列垂直于个体色轨迹的直线簇。将实验 13 中式(13-1)~(13-3) 中的 $S(\lambda)$ 换为式(15-2) 中的 $P(\lambda,T)$，代入式(15-3)，可求得黑体色坐标系数（u、v）。

$$\begin{cases} u = 4X/(X + 15Y + 3Z) \\ v = 6Y/(X + 15Y + 3Z) \end{cases} \tag{15-3}$$

等温线的斜率用 m 表示，它是相关色温值 T 的函数，有：

$$m = -1/l \tag{15-4}$$

式中，l 为黑体色轨迹与该等温线交点（垂足）处的切线斜率：

$$l = \frac{dv}{du} = \frac{dv/dT}{du/dT} = \frac{XY' - X'Y + 3(Y'Z - YZ')}{2(X'Z - XZ') + 10(X'Y - XY')} \tag{15-5}$$

式中，X、Y、Z 是黑体的三刺激值；X'、Y'、Z' 为黑体三刺激值对黑体温度 T 的导数，由公式(15-6) 给出：

$$\begin{cases} X' = dX/dT = \int P'_T(\lambda,T) \overline{x}(\lambda) d\lambda \\ Y' = dY/dT = \int P'_T(\lambda,T) \overline{y}(\lambda) d\lambda \\ Z' = dZ/dT = \int P'_T(\lambda,T) \overline{z}(\lambda) d\lambda \end{cases} \tag{15-6}$$

式中，$P'_T(\lambda,T)$ 是 $P(\lambda,T)$ 对 T 的偏导数：

$$P'_T(\lambda,T) = dP(\lambda,T)/dT = C_1 \cdot C_2/(\gamma^6 T^2) \cdot e^{C_2/\lambda T} \cdot [e^{C_2/\lambda T} - 1]^{-2} \tag{15-7}$$

利用式(15-4)~式(15-6)，计算出一系列等温线的斜率 m，从而就可以在 CIE1960 U CS 色度图中绘制出黑体色轨迹以及它的一系列等相关色温线簇（如图 15-4 所示）。如果已知光源色坐标系数（u，v），便可以根据直接内插法、三角形垂足法、色温逐次逼近法计算出光源的相关色温。

以直接内插法为例。设表示光源的色温坐标点（u，v）位于图 15-5 中画出的相邻两条等温线 T_1 和 T_2 之间，d_1、d_2 为色温的坐标点到 T_1、T_2 的距离，轨迹上两点之间的距离 $d_1 + d_2$ 近似与（$1/T_1$）−（$1/T_2$）成正比。则光源相关色温 T_c 近似地可由式(15-8) 计算得到：

$$\frac{1}{T_c} = \frac{1}{T_1} - \frac{d_1}{d_1 + d_2}\left(\frac{1}{T_1} - \frac{1}{T_2}\right) \quad (15-8)$$

式中，d_1、d_2 按式(15-9) 计算：

$$d_i = \frac{|(\upsilon - \upsilon_i) - m_i(u - u_i)|}{\sqrt{1 + m_i^2}} (i = 1, 2) \quad (15-9)$$

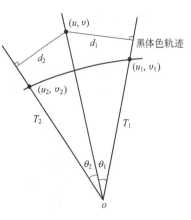

式中，m_i、u_i、υ_i 分别是第 i 条等温线 T_i 的斜率与黑体色轨迹交点的色坐标系数。在使用公式(15-8) 时用了如下近似成立的条件：等温线 T_1 和 T_2 之间的黑体色轨迹曲线是一段圆弧，圆心为 T_1 和 T_2 线的交点；夹角 θ_1、θ_2 很小；色温值是沿弧方向上距离的线性函数。

具体计算时，首先要计算出黑体等相关色温线簇（如间隔为 $10\mu rd$，$1\mu rd = 10^{-6}K^{-1}$）与黑体色轨迹交点（垂足）的 u、υ 值。将等相关色温线簇的色温值或色温值的倒数，及其与黑体色轨迹交点的 u、υ 值做成一表格。根据光源的 u、υ 值查表找出最邻近的等温线 T_1 和 T_2。再由式(15-8) 和式(15-9) 计算光源的色温值。

图 15-5 内插法求相关色温图示

五、实验步骤

1. 白光 LED 用磷硼酸盐荧光玻璃的制备

磷硼酸盐荧光玻璃的基本体系为：P_2O_5-B_2O_3-SrO-K_2O-ZrO_2-Re_2O_3。其中 P_2O_5 和 B_2O_3 被选择作为玻璃网络形成体；K_2O 被选择作为玻璃网络修饰体；SrO 也是玻璃网络修饰体，起增强玻璃网络结构的作用；ZrO_2 被选择作为晶核剂，在热处理过程中起到促进玻璃析晶的作用；Re_2O_3 代表稀土氧化物。根据稀土的特征发射光谱选择合适的稀土离子进行双掺或三掺。如 Tm^{3+} 离子和 Dy^{3+} 离子共掺。使用 K_2CO_3、$SrCO_3$、$NH_4H_2PO_4$、H_3BO_3、ZrO_2、Tm_2O_3、Dy_2O_3、Sm_2O_3、Eu_2O_3 等作为原料，依据所设计的荧光玻璃配方计算、称量原料，研磨混匀盛于坩埚并置于高温马弗炉中，从室温以 $5℃/min$ 升至 $600℃$ 并保温 $120min$，以排除原料中的气体，之后以同样的升温速率升温至 $1250℃$ 并保温 $120min$，确保配料充分熔融澄清，熔化好的玻璃液迅速倒入提前预热好的铜模中，并置于 $450℃$ 的退火炉中保温 $300min$，以确保玻璃中的内应力充分释放，随后玻璃随炉冷却至室温。

2. 白光 LED 用荧光玻璃陶瓷的制备

通过二步法制备磷硼酸盐荧光玻璃陶瓷，如图 15-6 所示。将制备好的磷硼酸盐荧光玻璃材料置于马弗炉中，并在 $500℃$ 下保温 $2h$，使得样品进行充分的核化，随后将温度升高到 $600℃$ 保持 $2h$。待热处理后的样品完全冷却后用肉眼并结合 XRD 检查其透明程度。使用切割机将玻璃及玻璃陶瓷样品切割成 $10mm \times 10mm \times 1mm$ 的尺寸，并将其表面抛光以确保光学性能测试的准确性。

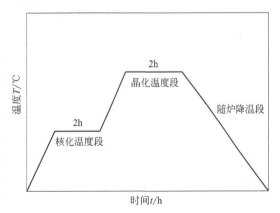

图 15-6 荧光玻璃陶瓷的热处理升温曲线

3. 荧光光谱仪测试样品

（1）样品放置

打开荧光光谱仪电源。将测试荧光玻璃或玻璃陶瓷样品放置在固体样品支架中间孔洞位置处。旋转样品之间转盘旋钮 1 使得样品支架正面以 45°斜对入射光源，如图 15-7 所示。

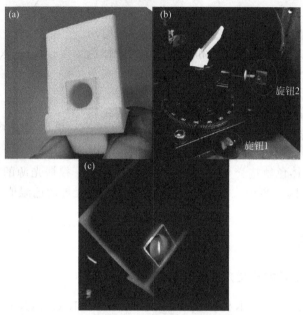

图 15-7　测试样品放置

（2）调试测试软件

a. 开启计算机，点击"开始"再点击"fluoroSENS9000A1.0.6"打开测试软件，并点击主菜单中的新建测试窗口，如图 15-8 所示。

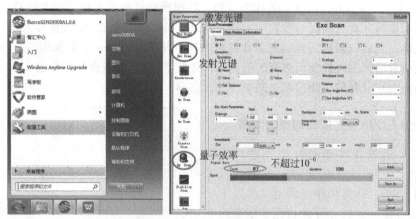

图 15-8　测试软件开启界面

b. 子菜单中"Exc Scan"为测试样品激发光谱的功能选项；"Emi Scan"为测试样品发射光谱的功能选项；"Qy Scan"为测试样品量子效率的功能选项。

（3）测试

a. 选择需要的测试功能后，在操作界面上设置"Exc Wavelength""Start-End""Emi

Wavelength""Exc Bandpass""Emi Bandpass",并点击"Apply"按钮,然后根据"Signal Rate"显示数值,手动调节样品支架旋钮 2 使其值为最大。注意该值不能超过一百万,如果超过必须重新调节狭缝参数。

b. 当"Signal Rate"显示数值达到最大值时,点击"Start"按钮开始测试,即可得到测试样品的激发光谱或发射光谱。其测试过程光谱显示界面如图 15-9 所示。亦可使用测试软件自带 CIE 色坐标功能计算,计算界面如图 15-9 所示。导出并保存数据。

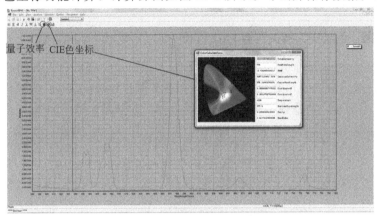

图 15-9　测试软件操作界面

显示光谱为典型的 Tm^{3+}-Dy^{3+} 共掺荧光玻璃的发射光谱和 CIE 色坐标

c. 测试量子效率时,需要将样品支架更换为积分球,如图 15-10(a) 所示。测试量子效率一般需要测试三条光谱曲线:第一条为不放置测试样品时的光谱;第二条为放置测试样品时的光谱;第三条为激发光源不直接激发测试样品的光谱。测试界面如图 15-10(b) 所示。导出并保存数据。根据公式(15-1)计算得到量子效率,或者使用测试软件自带量子效率计算功能进行计算,其操作界面如图 15-10(c) 所示。

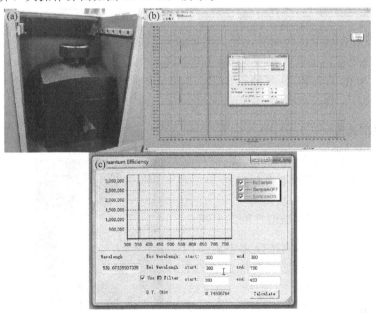

图 15-10　积分球安装示意图（a），测试界面（b）和量子效率计算界面（c）

（4）实验结束及后续处理

a. 从样品支架上取下试样并放回原处，关合样品仓盖；

b. 退出测试系统，关闭计算机，关闭荧光光谱仪电源；

c. 关闭总电源，并做好使用情况登记和操作平台卫生等工作。

六、实验结果与分析

1. 获取光谱、色坐标、相关色温

从"fluoroSENS9000A1.0.6"软件导出文件"*.txt"。然后导入画图软件（如 Origin 或 Excel），以波长（Wavelength）为横坐标，以发光强度（Intensity）为纵坐标，绘制光谱图，典型的 Tm^{3+}-Dy^{3+} 共掺磷酸盐荧光玻璃激发光谱和发射光谱图如图 15-11 所示。

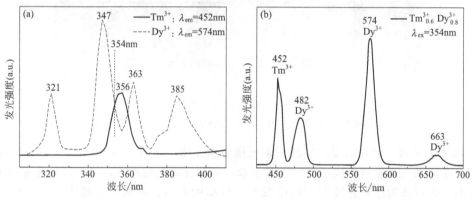

图 15-11　典型的 Tm^{3+}-Dy^{3+} 共掺磷酸盐荧光玻璃的激发光谱（a）和发射光谱（b）

2. 计算 CIE 色坐标

当样品的发射光谱测试结束后，导出测试数据，根据实验 13 中式(13-1)～式(13-6) 计算样品的 CIE 色坐标，也可以利用"fluoroSENS9000A1.0.6"软件自带的 CIE 计算功能界面读取色坐标和相关色温参数值，如图 15-12 所示。图中所示的色坐标为 1931 CIE（0.3669，0.3682），相关色温为 4336K。

3. 量子效率计算

荧光量子效率可根据公式(15-1)计算得到。图 15-13 中所示样品的量子效率为 5.12%。

4. 稀土掺杂浓度对白光发射性能的影响

通过测试一系列掺杂不同浓度稀土离子的荧光玻璃或者玻璃陶瓷，根据所测得到的 CIE 色坐标与标准白光 CIE 色坐标（0.333，0.333）比较，确定该次实验所制备样品发光性能是否达到预期效果。如果所测试样品的 CIE 色坐标不在白光区域，需要重新调整稀土

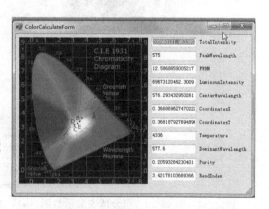

图 15-12　实验数据读取示意图

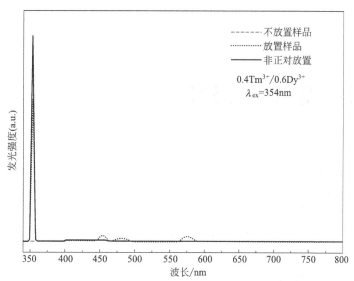

图 15-13 积分球中 Tm^{3+}-Dy^{3+} 共掺磷酸盐荧光玻璃的光谱图

掺杂浓度，重复整个实验步骤。图 15-14 为不同浓度 Tm^{3+}-Dy^{3+} 共掺磷酸盐荧光玻璃的 CIE 色坐标和色温等参数。从图中可以看出，随着 Dy^{3+} 浓度的增加，荧光玻璃样品的 CIE 色坐标逐渐从蓝光区域向白光区域移动，这是因为 Dy^{3+} 本身发射光颜色为橙光，所以随着 Dy^{3+} 含量的增加，整个光谱中橙光部分增多，致使 CIE 色坐标向橙光区域移动。

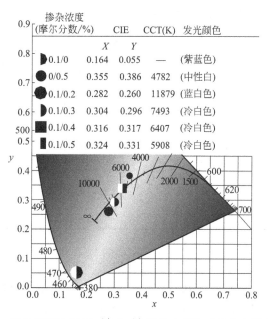

图 15-14 掺杂不同浓度 Tm^{3+}-Dy^{3+} 荧光玻璃的 CIE 色坐标和色温等

参 考 文 献

[1] 陈国华. 功能材料制备与性能实验教程 [M]. 北京：化学工业出版社，2013.

[2] Cui S，Chen G，Chen Y，et al. Fabrication，tunable fluorescence emission and energy transfer of Tm^{3+}-Dy^{3+} co-activated P_2O_5-B_2O_3-SrO-K_2O glasses [J]. Journal of the American Ceramic Society，2020，103：1057-1066.

[3] 代彩红，于家彬. 光源相关色温计算方法的讨论 [J]. 计量学报，2000，21：183-188.

实验 16

荧光薄膜制备及性能分析

一、实验目的

a. 了解并熟悉白光 LED 用荧光薄膜的结构和使用方法；
b. 理解溶胶-凝胶法制备薄膜的原理和方法；
c. 掌握溶胶-凝胶法制备薄膜的一般工艺过程；
d. 掌握荧光薄膜的工艺过程和工艺控制要点。

二、材料与仪器设备

1. 基本材料

荧光材料（如 $YAG：Ce^{3+}$）转换白光 LED（Phosphor Converted WLED，Pc-WLED）具有发光效率高、能耗低、寿命长和安全可靠等优点，是新一代全固态照明光源，在照明市场中占据不可代替的地位。本实验的主要材料包括钇盐、铈盐、铝盐等化学试剂材料，以及石英玻璃基片等。实验用主要试剂如表 16-1 所示。

表 16-1　实验主要化学试剂

试剂名称	分子式	纯度	生产商
氯化钇	YCl_3	99.99%	Aladdin
氯化铈	$CeCl_3$	99.99%	Aladdin
异丙醇铝	$C_9H_{21}Al$	99.99%	Aladdin
硝酸铝	$Al(NO_3)_3$	99.99%	Aladdin
硝酸钇	$Y(NO_3)_3$	99.99%	Aladdin
硝酸铈	$Ce(NO_3)_3$	99.99%	Aladdin
硝酸钆	$Gd(NO_3)_3$	99.99%	Aladdin
硝酸镓	$Ga(NO_3)_3$	99.99%	Aladdin
乙二醇	$C_2H_6O_2$	AR(98%)	Aladdin
乙酰丙酮	$C_5H_8O_2$	99%	Aladdin
尿素	CH_4N_2O	AR(99%)	Aladdin

2. 设备与仪器

本实验的设备与仪器主要包括匀胶机、可控温电热板、箱式电阻炉等各一台，洁净台、玻璃刀、超声清洗机等辅助设备各一台，荧光分光光度计测试设备一台，主要的仪器设备如图 16-1 所示。

三、背景知识与基本原理

1. 半导体 LED 发光机理

LED 是一种固体半导体发光器件，它是在半导体 PN 结的两端加上正向电流时，使得

图 16-1 匀胶机与可控温电热板

载流子发生复合引起能量以光子的形式释放而产生光（如图 16-2 所示）。

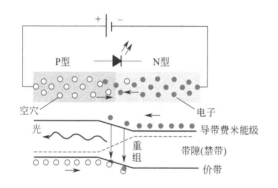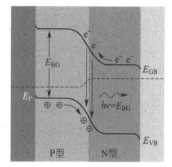

图 16-2 发光二极管的发光机理图

单色光的颜色是由其发光波长来确定的，发光波长的长短也代表了能量的大小。LED 的发光颜色正是由半导体材料的禁带宽度（E_g）确定的。目前，应用的半导体 LED 材料是以Ⅲ～Ⅴ族直接带隙半导体材料为主，它们包括的晶体结构为纤锌矿型的二元、三元和四元氮化物，闪锌矿型的磷化物与砷化物。其中氮化铝（AlN）的禁带宽度为 6.25eV，氮化镓（GaN）的禁带宽度为 3.51eV，氮化铟（InN）的禁带宽度为 0.7eV，发光波长覆盖了紫外到红光波段区。不同组分比例的 $In_{1-x}Ga_xN$ 合金的禁带宽度范围在 0.7～3.4eV，这与太阳光的光谱分布（0.4～4eV）非常匹配。此外，$In_{1-x}Ga_xN$ 材料具有较高的内量子效率，所以 $In_{1-x}Ga_xN$ 合金材料是作为 LED 发光区的首选材料。现在已商业化的高亮度红光、绿光与蓝光 LED 所用的就是 $In_{1-x}Ga_xN$ 合金材料。Ⅱ～Ⅵ族半导体材料也具有一定的电致发光性能，但它们的物理性质不稳定，目前应用较少。

2. 白光 LED 的封装结构及工作原理

白光并不是单一色光，它由多种不同波段光（不同颜色）混合而成。目前实现白光 LED 封装的主要途径有：R＋G＋B LED 芯片、（紫外 LED 芯片）＋（R＋G＋B）荧光粉和（蓝光 LED 芯片）＋黄绿光荧光粉。

① 多芯片组合构成白光 LED，是采用色度学里的三基色光基本原理实现白光 LED 的封装。此种白光 LED 封装是采用红光、绿光与蓝光三基色的发光芯片，按照发光效率比例进

行空间混色组合。目前，市场上三芯片白光 LED 主要是以 610～625nm 的红光 LED、525～540nm 的绿光 LED 与 460～470nm 的蓝光 LED 芯片组合而成。此种白光 LED 的封装，其显色指数 Ra 可达 80，发光光效大于 100lm/W，在白光照明市场上也占据一定的份额。但是，这种白光 LED 的封装方式存在着较为明显的缺点，如：封装工艺复杂、电路控制组件多而导致成本高；不同波段的发光 LED，发光强度随温度和使用时间的衰减程度都不一样，造成发光稳定性差，使用寿命短。

② 紫外 LED＋三基色荧光材料（红、绿、蓝）荧光粉。此种白光 LED 的封装同样是采用三基色荧光灯的基本原理。其封装的机理与现在所使用的三基色荧光灯是一致的，使用紫外光源作为激发光，三基色荧光粉以一定比例调配实现白光的转换。这种白光封装方式显色指数高（大于 90），色温可控，可应用在不同领域。但此种封装技术尚未成熟，还有一些关键问题有待解决。首先，紫外 LED 芯片的发光效率偏低；其次，三基色荧光材料中绿光与红光荧光材料存在重吸收，使得发光效率下降。

③ 蓝光 LED 芯片＋黄色荧光粉。自 1996 年日亚公司中村修二课题组提出了以蓝光 LED 激发黄色荧光粉（YAG：Ce^{3+}）实现了白光的转换（Pc-WLED），以这种封装方式制备的 Pc-WLED 被广泛研究与应用。历经近 20 年的发展，蓝光 LED 芯片＋黄色荧光粉所制备的白光 LED 的发光效率，从一开始仅有的 10lm/W 发展到如今的 150lm/W。其封装方式与白光的转换原理如图 16-3 所示，涂覆在蓝光 LED 芯片的荧光材料，吸收一部分蓝光并转换发出黄绿光，荧光材料所发出的黄绿光与透过荧光材料的蓝光混合，得到高亮度的白光。以这种方式封装的白光 LED 有诸多优点，比如：制备工艺简单、发光效率高且稳定、安全性高且无污染，因而被誉为第四代全固态绿色照明光源。目前在白光照明市场的占有率快速增长，并有可能全面取代白炽灯与荧光灯在白光照明的应用。

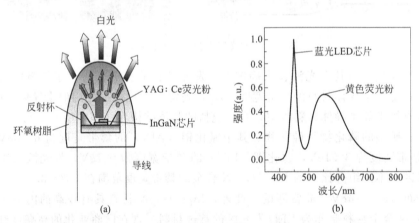

图 16-3　蓝光 LED 芯片＋黄色光荧光粉的封装示意图（a）与
白光实现的电致发光光谱图（b）

本实验通过控制荧光材料的均匀性，保证制备出来的各个 LED 发光的均匀性和一致性。同时，基于实验室长期的研究成果，发明了一种荧光薄膜方式取代点胶方式制备荧光层的技术（一种 LED 产品及其制造的方法，ZL200910114604.8，发明专利；一种 LED 的封装结构，ZL200920164899.5，实用新型）。该法与当前白光 LED 产品直接使用荧光粉点胶方式制备的荧光层结构［如图 16-4(a) 所示］不同，采取的是直接将荧光材料以薄膜的方式附在面罩上的荧光层结构［如图 16-4(b) 所示］。LED 面罩材质为玻璃或石英，外形可以是平板、凸面镜或凸透镜，其内面溅射荧光薄膜；LED 面罩内面荧光薄膜与基座、连接支架所构成的空间内灌注有透明胶封装体或直接用空气分隔。该法将荧光材料的发光效率大大提高，因芯片热效应导致的荧光材料温度效应也大大降低，并可较大幅度降低产品的制备成本。

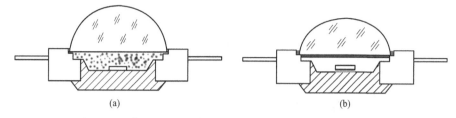

(a)   (b)

图 16-4 传统（a）和本实验（b）的白光 LED 结构示意图

3. YAG：Ce³⁺ 荧光材料及发光特性

图 16-5 为 Ce^{3+} 掺杂 YAG 母体中的发射与激发光谱图。Ce^{3+} 在石榴石母体中有两个激发峰，分别位于紫外波段的 340nm 与蓝光波段 450nm，其中在紫外波段的 340nm 激发带与母体晶体场中的导带靠近，易发生光致离子化；并且 340nm 激发带的电子容易发生交叉弛豫能量传递而引起荧光的浓度猝灭。因此，在 340nm 的激光光谱要弱于在 450nm 的激发光谱，其发射光谱为宽谱，半峰宽约 90nm，峰值在 532nm（黄绿光）。由于 Ce^{3+} 的 5d 层电子轨道是完全暴露于外晶体场中，平行的 5 个 5d 层电子能带受晶体场作用会分裂为 ^2e_g 与 $^2t_{2g}$ 两个能带，分别对应的激发峰位于 340nm 与 450nm，其能量差为 10Dq。同时，母体晶格中的细微变化都会影响 Ce^{3+} 的发光性能，因此改变母体晶格结构，可使得 Ce^{3+} 的发射光谱可控可调，以满足不同波段发光需要。

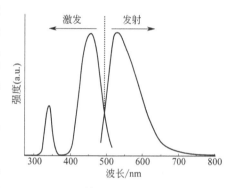

图 16-5 Ce^{3+} 激活剂在 YAG 母体中激发光谱与发射光谱

四、实验内容

采用醇盐 Sol-gel 法进行 YAG：Ce^{3+} 荧光膜的制备，特别是实验高浓度胶体的成膜技术并观察现象，进一步分析成膜工艺对荧光膜的结晶性、形貌与发光特性的影响。

五、实验步骤

1. 石英基片的清洗

作为薄膜制备的基片须经严格清洗，以利于薄膜沉积结晶，以及薄膜与基片的致密。清除基片表面污染的常用方法有物理和化学两种清洗方法，实验中主要采用超声波物理清洗与化学清洗相结合的方法进行，以使基片达到理想的清洁程度，其清洗的主要过程为：

① 将石英玻璃片先用双氧水与硫酸（比例为 1：5）的酸性溶液浸泡 2h，利用溶液的强氧化性，将吸附在基片表面的有机物分解而洗去。

② 用纯水冲洗后，超声波清洗 20min，再用双氧水与氨水（1：1）的碱性溶液清洗，

利用双氧水的强氧化性与氨水中的氨基络合作用，使基片表面的难溶金属离子生成可溶性的金属络合离子，从而清洗除去。

③ 分别用去离子水、丙酮、无水乙醇各超声清洗 20min，再用高纯氩气吹干。

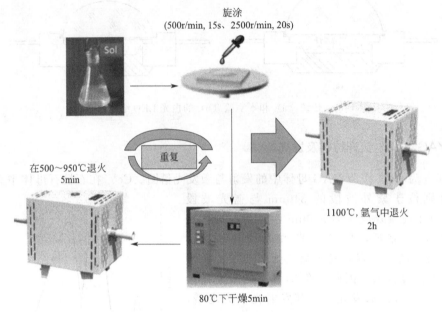

图 16-6　Sol-gel 成膜工艺图

2. Sol-gel 法 YAG 荧光膜的制备

本实验中所采用的成膜方法为旋涂法（spin-coating），其工艺流程如图 16-6 所示，实验中匀胶与干燥过程在净化工作台（SW-CJ-20，苏净）中完成。

非水解醇盐 Sol-gel 法是制备 YAG 荧光膜的常用方法，在 1997 年，D. Ravichandran 首次提出了以异丙醇钇、1-4 丁二醇铝与乙酰丙酮铈为原材料，乙二醇甲醚为溶剂，非水解过程仅在 650℃ 的低温条件下成功制备了 YAG：Eu^{3+} 荧光膜。最近 A. Potdevin 对醇盐非水解 Sol-gel 法制备 YAG 荧光粉体与薄膜材料进行了系统研究，以稀土异丙醇盐与异丙醇铝为原材料，异丙醇为溶剂，制备了 YAG：Ce^{3+}、YAG：Eu^{3+} 与 YAG：Tb^{3+} 荧光粉体与薄膜。但稀土异丙醇盐昂贵，且溶解度低。在前人的研究中，其溶胶前驱体浓度均小于 0.3mol/L，成膜的单层厚度小于 40nm。本实验采用单一乙二醇为溶剂，制备了浓度均达 1mol/L 的 YAG：Ce^{3+} 前驱体溶胶，其溶胶制备装置如图 16-7 所示。

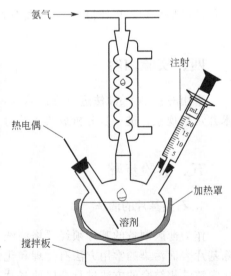

图 16-7　溶胶制备装置图

与单羟基醇（乙醇、丙醇）相比，乙二醇有着更高的化学活性，与金属卤化物反应可生成相应的醇盐，采用钇、铈的氯化物与乙二醇在

135～140℃真空条件下反应 2h 制备了钇、铈醇盐前驱体；将上述反应产物滴加水进行搅拌，溶液会出现浑浊与沉淀，说明其反应产物为钇、铈醇盐前驱体，其反应过程方式为：

$$ReCl_3 + 3CH_2OH\text{-}CH_2OH \longrightarrow (CH_2OH\text{-}CH_2O)_3Re + 3HCl\uparrow \qquad (16\text{-}1)$$

$$(CH_2OH\text{-}CH_2O)_3Re + 3H_2O \longrightarrow 3CH_2OH\text{-}CH_2OH + Re(OH)_3\downarrow \qquad (16\text{-}2)$$

整个溶胶调配工艺流程示意图如图 16-8 所示。采用乙二醇与稀土氯化盐反应制备醇盐前驱体，不但可以降低原材料的成本，而且乙二醇对金属醇盐有着更高的溶解度。在研究者制备的 YAG 醇盐溶胶前驱体中，其金属离子浓度最高仅为 0.3mol/L，而本实验所配制的 YAG 醇盐溶胶前驱体，其金属离子浓度最高可达 1.5mol/L。此外，乙二醇具有适宜的黏度与表面张力，以及化学活性较强的羟基，在实验过程中并不需要加入添加剂调节黏度与溶胶的化学稳定性。

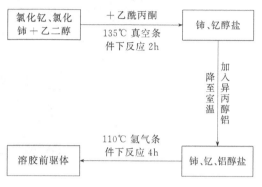

图 16-8 醇盐法溶胶前驱体制备工艺流程示意图

3. 表征与测试方法

所制备的样品表征与性能测试主要包括两个方面：
① 产物的性质表征，包括：产物的 XRD 与微观形貌特征等。
② 产物的光学性能测试，包括：吸光度与透光率光谱、光致发光的激发光谱与发射光谱。

六、实验结果与分析

以溶胶-凝胶法制备 YAG 荧光膜为例，按上述制备工艺配制 0.3mol/L、0.6mol/L 和 1.0mol/L 的前驱体溶胶，并通过多次匀膜来实现荧光薄层厚度的调控。

1. 溶胶前驱体浓度对 YAG：3.3%Ce³⁺ 荧光膜性能的影响

图 16-9 为不同金属离子浓度的溶胶所制备 YAG：Ce³⁺ 荧光膜的 XRD 曲线。为了在一个相对一样的厚度下进行比较，0.3mol/L 的溶胶前驱体进行了 120 层的涂膜，而 0.6mol/L 的溶胶前驱体进行了 80 层涂膜。由 XRD 曲线也可看到，YAG：Ce³⁺ 荧光膜的衍射峰强度也是随着溶胶前驱体浓度提高而增强，利用 Debye-Scherrer 公式计算其晶粒大小分别为 24.3nm、37.6nm 和 54.8nm，提高溶胶前驱体浓度有利于 YAG：Ce³⁺ 荧光膜的结晶。

图 16-10 为溶胶前驱体浓度为 1.0mol/L，在重复涂膜 40 层后在 1100℃氩气保护气氛中烧结 2h 的 SEM 图片。由图 16-10 中（a）与（b）可见，所制备的 YAG：Ce³⁺ 荧光膜表面平整、致密且无明显裂纹。图 16-10（c）为 YAG：Ce³⁺ 荧光膜断面 SEM 图片，所制备的荧光膜由

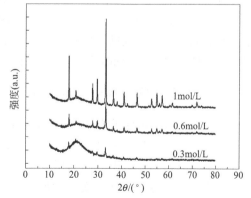

图 16-9 不同溶胶前驱体浓度所制备的 YAG：Ce³⁺ 荧光膜 XRD 曲线

大小约 50～80nm 的颗粒紧密堆积而成；经 40 层沉积，其厚度达 4.3μm，单层厚度大于 100nm，高于文献报道的采用 Sol-gel 法所制备的 YAG：Ce^{3+} 荧光膜的单层厚度。

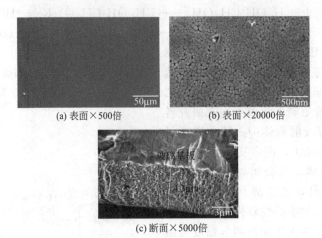

(a) 表面×500倍   (b) 表面×20000倍

(c) 断面×5000倍

图 16-10　YAG：Ce^{3+} 荧光膜表面与断面形貌 SEM 图片

光致发光光谱，包括激发光谱与发射光谱。激发光谱表示在波长 λ 与 Δλ 之间的发光波段对激发光源激发的有效性，也就是说，横坐标（X 轴）表示激发光光源所在的波长，纵坐标（Y 轴）表示 λ 与 Δλ 之间的发光波段在该波长（x）所激发的有效强度。激发光谱在实际光学器件应用中有着非常重要的价值，它表明了哪些波段的激发光对荧光材料是有效的。通常激发光谱与吸收光谱的谱图是相似的，但是，吸收了不等于发光，不吸收自然也不会产生光。发射光谱代表在固定波长的激发条件下，荧光材料的发光强度随波长变化的关系谱图。本实验中的光致发光与激发光谱是在荧光分光光度仪（PerkinElmer LS50B, Norwalk）中完成的。

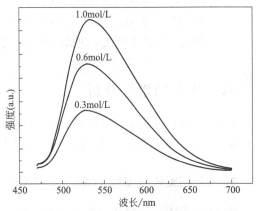

图 16-11　不同金属离子浓度的溶胶所制备的 YAG：Ce^{3+} 荧光膜的发光图谱

图 16-11 为不同金属离子浓度的溶胶所制备的 YAG：Ce^{3+} 荧光膜光致发光图谱，由于 YAG：Ce^{3+} 荧光材料的发光性能严重依赖于结晶性，其发光性能也随着结晶性的提高而增强。当溶胶前驱体的浓度提高到 1.25mol/L 时，胶体的黏度不利于重复涂膜，在实验中重复涂膜 15 层时，膜表面开始出现脱落现象。

2. 荧光膜厚度对 YAG：3.3%Ce^{3+} 荧光膜性能的影响

图 16-12 为金属离子浓度为 1.0mol/L 的溶胶所制备的不同厚度 YAG：Ce^{3+} 荧光膜的透过性曲线与光致发光光谱。本实验所制备的 YAG：Ce^{3+} 荧光膜具有良好的致密性，因此其在可见光区的透光率随厚度的增大下降不多；但在波长 450nm 处 Ce^{3+} 的 4f→5d 激发吸收峰随着荧光膜厚度的增加而线性增大，而 Ce^{3+} 在紫外区（340nm）的激发吸收峰却不明显，可能是因为所制备的 YAG：Ce^{3+} 荧光膜在紫外区透过性较低。图 16-12（b）为不同厚度的荧光膜在 450nm 激发下的发射光谱，其强度随着荧光膜厚度的提高而增强。

透光率与吸光度的测试是在紫外-可见光光度计（ultraviolet-visible spectrophotometer）中进行的。测试过程是以洁净的空白石英玻璃片作为参比。透光率为：透射并且穿过 YAG 荧光膜的光辐射量与投射到 YAG 荧光膜的总光辐射量之比，即：

$$T = \frac{I_t}{I_0} \quad (16\text{-}3)$$

$$I_{t(\lambda)} = I_0 \exp[-a_{(\lambda)} L] \quad (16\text{-}4)$$

公式(16-3)为 Lambert-Beer 定律，式中的 a_λ 代表物质在对应光波长的吸收系数，它的大小与入射光的强度没有关系；I_0 与 I_t 分别表示入射光与透过光的强度；L 为样品的厚度。将公式(16-3)与公式(16-4)合并得：

$$T = \exp[-a_{(\lambda)} L] \quad (16\text{-}5)$$

公式(16-5)表示透光率光谱，将其取对数形式便可得到吸收光谱公式：

$$A_{(\lambda)} = -\lg T = -\lg\left[\frac{I_{t(\lambda)}}{I_{0(\lambda)}}\right] = \frac{a(\lambda)}{\ln 10} \quad (16\text{-}6)$$

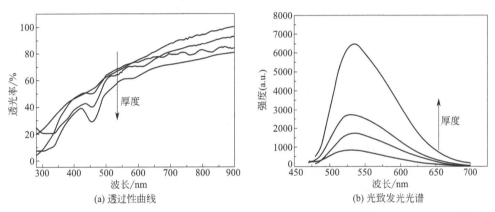

(a) 透过性曲线　　　　　(b) 光致发光光谱

图 16-12　溶胶前驱体浓度为 1.0mol/L 所制备的不同厚度 YAG：Ce^{3+} 荧光膜光学性能曲线

3. 成膜过程的退火工艺对 YAG：Ce^{3+} 性能的影响

YAG：Ce^{3+} 荧光材料发光性能的好坏依赖于所制备产物的结晶性。在 Al_2O_3-Y_2O_3 中存在 YAM、YAP 与 YAG 相，而在传统固相法制备的 YAG 中，需要 1600℃烧结数小时。近十年来，研究人员虽然发展了多种制备 YAG：Ce^{3+} 荧光材料的方法，但一般最后都需要退火工艺来提高产物的结晶性。在 Sol-gel 法制备 YAG 荧光膜中，退火工艺对产物发光性能同样有着重要的影响。图 16-13 为溶胶前驱体浓度为 1.0mol/L 的溶胶在每个单一涂层分别于 750℃、850℃与 950℃热处理 5min 并经 40 层涂膜后，在 1100℃还原气氛（H_2/Ar=10/90）烧结 2h，产物在激发波长为 450nm 时的光致发光光谱。由图可见，950℃层间热处理的 YAG：Ce^{3+} 荧光膜的发光强度，远大于 750℃和 850℃。

图 16-14 为溶胶前驱体浓度为 1.0mol/L 的溶胶，在每个单一涂层于 950℃热处理 5min，经 40 层涂膜后在还原气氛（H_2/Ar=10/90）中于不同温度下烧结 2h 产物的光致发光光谱。产物在还原气氛烧结前，发光光谱强度不高；而经还原气氛退火后，发光光谱强度大幅度提高，表明最终退火不仅提高了 YAG：Ce^{3+} 荧光膜的结晶性，更为重要的是把层间烧结过程中被氧化的 Ce^{4+} 还原为 Ce^{3+}。插图为所制备 YAG：Ce^{3+} 荧光膜覆盖在 0.5W 发光波长为 450nm 蓝光芯片上，看到的 YAG：Ce^{3+} 荧光膜＋蓝光 LED 发出的柔和的白光。

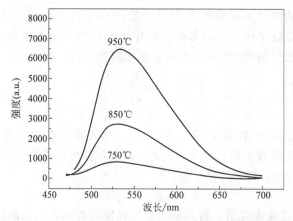

图 16-13　不同层间处理温度所制备的 YAG 荧光膜的光致发光光谱

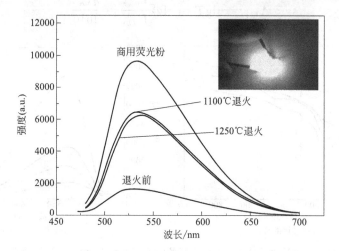

图 16-14　YAG：Ce^{3+} 荧光膜在还原气氛中于不同温度下烧结的发光光谱图
插图为所制备荧光膜在蓝光芯片照射下的发光照片

参 考 文 献

[1] 徐华蕊，朱归胜. 一种 LED 产品及其制造的方法：ZL200910114604.8 [P] . 2010-05-12.
[2] 赵昀云. 稀土掺杂 YAG 荧光膜的制备与发光性能研究 [D] . 四川：电子科技大学，2016.
[3] Zhao Y，Xu H，Zhang X，et al. Facile Synthesis and Optical Performance of Y$_{2.9}$Ce$_{0.1}$Al$_5$O$_{12}$ Phosphor Thick Films from Sol-Gel Method [J] . Journal of the American Ceramic Society，2015，98：1043-1046.

实验 17

太阳能光伏电池制备及性能测试

一、实验目的

a. 理解并掌握太阳能电池的基本原理；

b. 掌握薄膜太阳能电池的制备流程与测试；

c. 掌握薄膜太阳能电池的性能评价。

二、设备与仪器

1. 基本配置

本实验的主要设备与仪器包括太阳能电池制备系统：手套箱、旋涂仪、蒸镀仪等；太阳能电池测试系统：太阳光模拟器、数字源表以及相关软件等。设备概览如图 17-1 所示。

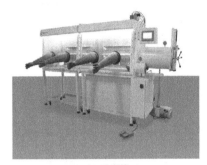

(a) 手套箱   (b) 蒸镀仪

(c) 数字源表   (d) 太阳光模拟器   (e) 旋涂仪

图 17-1　设备概览图

（1）太阳能电池制备系统

① 手套箱：米开罗那单工位手套箱，纯氮气气氛，水氧含量均小于 1ppm；

② 旋涂仪：中国科学院微电子研究所研发的 KW-4A 型；

③ 蒸镀仪：极限真空度为 10^{-5}Pa；

④ 恒温热台：0～300℃；

⑤ 恒温磁力搅拌器：0～300℃。

（2）太阳能电池测试系统

① 太阳光模拟器

a. 型号：台湾光焱（Enlitech）SS-F5-3A AAA；

b. 输入电压：220V/50Hz；

c. 模拟太阳光符合 AAA 级标准（表 17-1），输出功率为 100mW/cm^2，其模拟光与太阳光的匹配输出特性如图 17-2 所示，模拟光输出的空间与时间均匀性如图 17-3 所示。

表 17-1　AAA 级太阳模拟光标准

IEC60904-9 性能指标	A 级范围
光谱匹配度	$0.75\% \sim 1.25\%$
辐照不均匀度	2%
时间不稳定度	2%

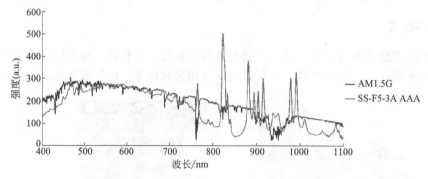

图 17-2　真实太阳光和模拟太阳光光谱比较

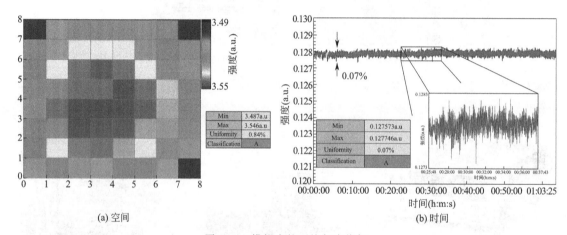

(a) 空间

(b) 时间

图 17-3　模拟光的不均匀度指标

② 数字源表：Keithley 2400。

③ 电极夹：标准 3M 夹，如图 17-4 所示。

2. 工作原理

太阳能电池的原理为爱因斯坦提出的光电效应。高能量的光子入射金属表面，可以为金属表面的电子提供足够能量使其逃逸成为自由电子（图 17-5），从而产生光电效应。通常光伏半导体材料受到光照，当光子的能量等于或大于材料的禁带宽度（E_g）时，价带（或 HOMO 能级）上的电子发生受激跃迁，从价带（或 HOMO 能级）跃迁到导带（或 LUMO 能级），产生电子-空穴对（即激

图 17-4　3M 夹

子）。激子束缚能因材料而异，有机光伏材料束缚能较高，激子不能在室温下分离；而一般无机光伏材料具有较小的束缚能，室温下即可实现激子分离，产生光电效应。

以典型的 PN 结薄膜太阳能电池为例对太阳能电池的工作原理分四个方面进行描述。

（1）激子的产生

如图 17-6 中所示的过程 1。当光伏材料受太阳光照射时，能量超过材料带隙的光子则被材料吸收，使得电子从价带（或 HOMO 能级）跃迁到导带（或 LUMO 能级）。有机光伏材料具有较低的相对介电常数，电子和空穴具有较大的结合能，不能立即被分离，形成电子-空穴对（称为"激子"）。

（2）激子的扩散

如图 17-6 中所示的过程 2。激子形成后会在有机光伏材料中进行扩散，由于激子的密度非常低，不能用简单的浓度扩散去理解，而是以一种随机跳跃的方式进行扩散。钙钛矿光伏材料因激子结合能小、存在时间短，大部分激子在室温下即可分离，激子扩散过程不明显。

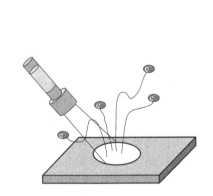

图 17-5　光电效应

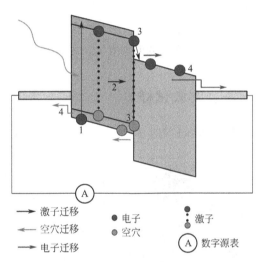

图 17-6　PN 结薄膜太阳能电池工作原理

（3）激子的分离

有机光伏材料中激子的结合能约为 0.1～1.0eV，而室温下的热激发能量远远不足以使其分离。C. W. Tang 等提出利用有机给体/受体界面实现激子的分离（图 17-6 中过程 3），从而使得有机光伏器件取得了质的突破。目前，我国科学家已经将有机光伏器件的光电转换效率（PCE）提升到了 17.3%。此外，对于钙钛矿光伏材料和其他无机光伏材料，其激子结合能非常小。比如最常规的钙钛矿光伏材料 $CH_3NH_3PbI_3$，其 E_g 约为 1.6eV，具有铁电性和较高的介电常数，激子结合能非常低（仅为 37～50meV），室温下的热辐射能量足以使得激子顺利分离。

（4）载流子传输与收集

当激子顺利分离成为自由载流子后，需要传输到各自电极才能为我们所用。一般在器件设计过程中，通过电极选择和修饰层匹配等手段，形成载流子定向选择传输和收集的通道。有机太阳能电池中，激子分离后，给体和受体为载流子提供了独立的传输通道，空穴和电子分别在给体材料和受体材料中进行传输，各行其道，最后被各自的电极收集。钙钛矿由于具有空穴和电子的双导性，电子和空穴均可以在钙钛矿薄膜中进行双向传输。

太阳能电池的性能一般用光电转换效率（PCE）来描述，效率越高说明光能转换为电能的能力越强。然而在地球表面受到的太阳光照强度，随着天气及大气环境不同而不同，为了精确地定义太阳能电池的效率，我们采用 AM1.5G 进行测试表征。AM1.5G 即为理想晴天状况下，太阳光以相对于海平面 48.2°的角度入射时到达地面的辐射强度。通过太阳能电池测试系统，利用模拟太阳光照射太阳能电池，加以扫描电压，可以得到如图 17-7 所示电流-电压（J-V）曲线。

根据 J-V 曲线一般会有一个最大功率输出点（P_{MPP}），该点由三个参数决定：开路电压（V_{oc}），短路电流（J_{sc}）和填充因子（FF），如图 17-7 所示。

$$P_{MPP} = J_{sc} V_{oc} \times FF \qquad (17-1)$$

式中，$FF = J_{MPP} V_{MPP} / (J_{sc} V_{oc})$，那么太阳能电池的效率定义为最大输出功率除以入射功率，即：

$$PCE = P_{MPP} / P_{in} \times 100\% \qquad (17-2)$$

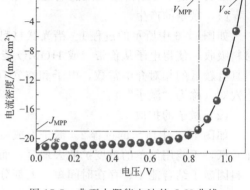

图 17-7　典型太阳能电池的 J-V 曲线

所以提升太阳能电池效率，就需要从提升器件的开路电压、短路电流以及填充因子着手。

三、实验试样

目前研究较为成熟的电池包括，单晶硅（Si）太阳能电池、多晶硅太阳能电池、铜铟镓硒（$CuInGaSe_2$）太阳能电池、碲化镉（CdTe）太阳能电池、染料敏化太阳能电池（DSSC）、有机太阳能电池（OPV）以及最近兴起的钙钛矿太阳能电池等。但是硅太阳能电池及其他传统无机太阳能电池存在的制备成本较高、不易薄膜化、易脆等缺点限制了其应用。有机太阳能电池和有机-无机杂化钙钛矿太阳能电池因为材料可以低温溶液制备、兼容柔性、效率高、材料来源广泛而最有希望成为廉价能源的提供者。一般薄膜有机太阳能电池及钙钛矿电池的典型试样如图 17-8 所示。

图 17-8　实验试样

四、实验步骤

由于薄膜太阳能电池的制备流程基本一致，包含的仪器设备也近相同。因此，以钙钛矿太阳能电池的制备为例，进行薄膜太阳能电池的制备与测试。

1. 钙钛矿太阳能电池的制备

（1）玻璃的清洗与表面处理

将 ITO 基片通过万用表、观察薄膜反光等手段区分正反面，利用刻字笔在玻璃背面刻上标记以示区分。然后将 ITO 基片放入清洗架上，置于烧杯中，依次用丙酮、清洗液、去离子水、酒精分别超声清洗 15min。清洗后将 ITO 基片用氮气吹干。最后将其放入紫外臭氧处理机中处理 15min，进一步清洁 ITO 电极表面。

（2）制备空穴传输层

利用图 17-1 所示的旋涂仪，将商业化的 PEDOT：PSS 或 PTAA 溶液旋涂在 ITO 基片上，旋涂的转速为 4000r/min，旋涂时间为 30s。然后将薄膜在热台上于 100~150℃ 退火 10min。

（3）制备钙钛矿层

将碘化铅（PbI$_2$）与碘甲基氨（MAI）各 1mmol，溶于 1mL 二甲基甲酰胺溶液（DMF）与二甲亚砜（DMSO）的混合溶剂中，并将溶液放在 70℃热台上保持 2h 以确保完全溶解。然后将该溶液滴涂到空穴传输膜层上，旋涂成膜。在旋涂过程中滴涂 60μL 的氯苯溶液，以促进钙钛矿结晶，形成棕黄色前驱钙钛矿薄膜。随后将其放置在 100℃的热台上进行退火 10min，得到镜面的钙钛矿薄膜。

（4）制备电子传输层

富勒烯衍生物（PCBM）作为受体材料，同时兼作阴极修饰层。将 20mg PCBM 溶于 1mL 氯苯溶液中，70℃溶解 1h 以上。然后将该溶液滴涂到钙钛矿薄膜上，利用旋涂仪旋涂成膜。最后旋涂 BCP 薄膜，待其自然干燥。

（5）电极制备

将上述薄膜转移到真空蒸镀设备中，依次打开机械泵和对应的角阀，抽真空至 10Pa 以下。然后打开分子泵与闸板阀对腔体进行抽高真空。当真空度达到 6×10^{-4}Pa，打开蒸镀热源，沉积银电极，厚度控制在 100nm 左右。

2. 薄膜太阳能电池的测试

（1）开机

a. 开启太阳光模拟器，预热 15min；

b. 打开控制电脑及数字源表；

c. 打开测试软件"Enli IV Tracer"，显示如图 17-9 所示界面；

d. 勾选"Source Meter"与"Enli 8-1"两个选项（如图 17-9 方框中所示），连接数字源表及控制器。

（2）光强的校正

a. 点击"校正设定"，进入校正界面，如图 17-10 所示；

b. 输入校正电流：97mA，此值需要根据标准硅太阳能电池出厂参数设定；

c. 将标准硅电池放在模拟光斑下照射；

d. 点击"校正"；

e. 调整模拟控制器上的功率调整按键，直到不匹配修正因子为"1"为止。

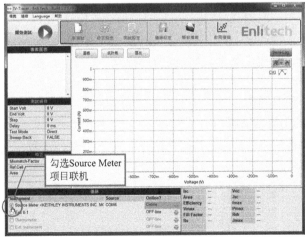

图 17-9 软件界面

图 17-10 光强校正界面

（3）样品放置

将待测试样品的电极采用 3M 夹有效夹持。

（4）新建测试项目

a. 点击"新测试"菜单；

b. 命名测试样品；

c. 选择单通道或是多通道；

d. 选择具体通道；

e. 设置测试参数。一般起始电压设置为"－1.2V"到"＋1.2V"；面积根据设计的太阳能电池有效面积填写，其余参数均按图 17-11 进行设置，当然也可以根据具体测试需求设置。

（5）测试与数据保存

a. 将太阳能电池放置在模拟光斑下照射。

b. 点击"开始测试"按钮，便可看到如图 17-12 所示的测试界面及实验结果。其中器件的效率及其他性能参数都可以由软件界面直接读出。

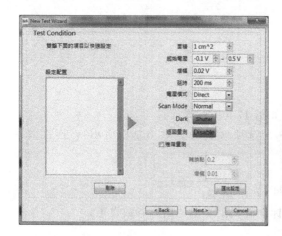

图 17-11　测试参数设定

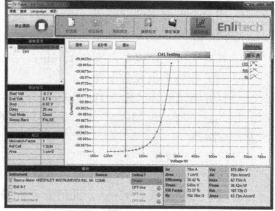

图 17-12　测试界面

c. 点击"保存"按钮，将实验结果存为 Excel 格式文件。

3. 实验结束及后续处理

a. 取出太阳能电池放入专用回收箱中，将测试夹具放回规定的位置；

b. 关闭测试软件；

c. 点击太阳光模拟器上的灯泡开关，使其熄灭；

d. 等待 15min 后，关闭太阳光模拟器上的总电源；

e. 关闭数字源表、计算机，切断总电源。

五、实验结果与分析

1. 基本数据记录

将所有测试的太阳能电池的基本参数记录在表 17-2 中。

表 17-2　数据记录表

试样编号	V_{oc}/V	$J_{sc}/(mA/cm^2)$	$FF/\%$	$PCE/\%$
1	1.09	21.23	69.43	16.00
2	1.09	21.44	68.87	16.04
3	1.08	21.42	67.26	15.58

2. 绘制 J-V 曲线

把保存的数据导入绘图软件 Origin 中，绘制 J-V 曲线。

举例：某一次测试保存的实验数据（Excel 文件），打开 Excel 文件→选择具体的通道数据（这里以 18 号样品第一个通道为例，即为 18-1.CH1 数据）→选中复制 B 列（V）和 C 列（J），如图 17-13 所示。然后以电压为横坐标，电流密度为纵坐标，绘制电流-电压曲线（图 17-13）。注意：原始数据纵坐标单位为 mA/cm^2，横坐标单位为 V。

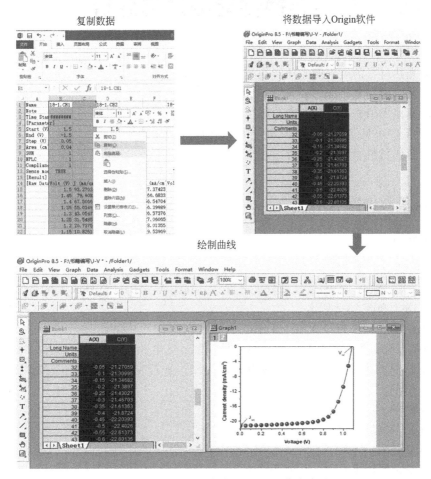

图 17-13　用 Origin 软件绘制 J-V 曲线步骤

由曲线及软件界面可知，该器件 PCE 为 16%，V_{oc} 为 1.09V，J_{sc} 为 21.23mA/cm^2，填充因子为 69.43%，表明该器件具有较高的开路电压。一般有机太阳能电池开路电压在 1.0V 以下，典型硅太阳能电池开路电压一般在 0.5~0.6V 之间。这说明钙钛矿薄膜太阳能电池具有更大的应用潜力。器件填充因子较小，在 70% 左右，这可能与器件制备过程中的蒸镀电极等因素有关。如果加以优化，填充因子可以提高到 80% 以上，相应的 PCE 也会进一步提升。

参 考 文 献

[1] Green M A，Ho-Baillin A，Snaith H J. The emergence of perovskite solar cells [J]. Nature Photonics，2014，8：506-514.

[2] Tang C W. Two layer organic photovoltaic cell [J]. Applied Physics Letters，1986，48：183-186.

[3] Xiong J，Yang B，Wu R，et al. Efficient and non-hysteresis $CH_3NH_3PbI_3$/PCBM planar heterojunction solar cells [J]. Organic Electronics，2015，24：106-112.

实验 18

太阳能光热材料转换性能测试与分析

一、实验目的

a. 掌握光热材料的太阳能光热转换蒸汽测试方法；

b. 掌握并计算材料的光热转换效率和蒸汽速率；

c. 掌握模拟太阳光光源的校准和维护；

d. 掌握紫外-可见-近红外分光光度计的工作原理和使用方法；

e. 掌握光热材料吸光率的计算。

二、设备与仪器

1. 基本配置

本实验用到的主要仪器和设备包括模拟太阳光光源（CEL-S500RE7）、光功率密度计、高精度电子天平、紫外-可见-近红外分光光度计（JascoV-570）、红外成像仪和热电偶等。设备概览如图 18-1 和图 18-2 所示。

（1）CEL-S500RE7 模拟太阳光光源基本配置

数控模拟日光氙灯光源系统、数显单片机控制氙灯电源、氙灯灯箱（含三维移动平台）、配置欧司朗进口 500W 氙灯灯泡、汇聚点光源光路、平行光路、90°转向头光路转向装置和配置滤光片 AM 1.5。

a. 灯泡功率：500W；

b. 平行光发散角：小于 1°；

c. 最小光斑 1～3mm；

d. 光功率密度标定：50～500mW/cm²；

e. 光谱范围：300～2500nm（无臭氧）；

f. 平行光光斑直径：50mm；

g. 光稳定度：±1%；

h. 稳流精度：0.01%。

（2）JascoV-570 紫外-可见-近红外分光光度计基本配置

a. 灯泡：碘化钨、氘；

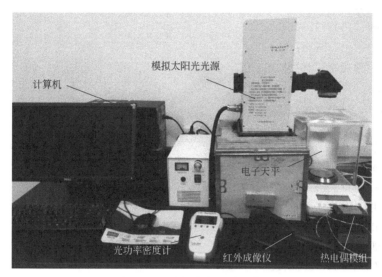

图 18-1 太阳光热测试系统

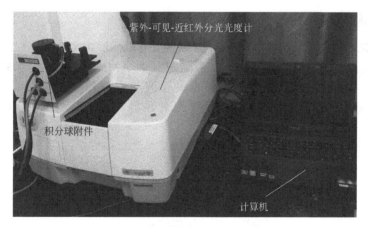

图 18-2 光热材料吸光能力测试系统

b. 波长范围：190～2500nm；

c. 波长重现性：0.1nm；

d. 波长精度：0.3nm；

e. 散射光。

ⅰ.220nm（散射光）：0.015%；

ⅱ.340nm（散射光）：0.015%；

ⅲ. 重现性（波长，nm）：0.001A@0～0.5A，0.002A@0.5～1A；

ⅳ. 精密度（波长，nm）：0.002A@0～0.5A，0.004A@0.5～1A，0.3%T；

ⅴ. 漂移（波长，nm）：±0.0004A/h。

（3）岛津 ATX-224 电子天平的基本配置

a. 量程（g）：220；

b. 精度（mg）：0.1。

（4）光功率密度计的基本配置

a. 探测器型号：919P-0.10-16；

b. 功率计型号：843-R；

c. 光谱范围：190~10600nm；

d. 感光尺寸：ϕ9.5mm；

e. 最小可检测功率：40μW；

f. 功率范围：40μW~3W；

g. 功率密度：1kW/cm^2；

h. 精度：±20pA；±0.25%（满量程）；

i. 采样频率：20Hz。

（5）红外成像仪 FLIR E60 的基本配置

a. 红外图像质量：320 像素×240 像素；

b. 热灵敏度：<0.05℃；

c. 测温范围：-20~650℃。

（6）热电偶的基本配置

a. 型号：BD-PT100-3022A；

b. 测试范围：-200~500℃。

2. 工作原理

模拟太阳光光源的工作原理及其结构如图 18-3 所示。太阳模拟器包含光源、供电及控制电路、计算机等组成部分。光源通过加装 AM 1.5 滤光片实现输出光谱与太阳光谱相匹配，以获得高性能且稳定的光束。调节电源箱电流数值改变氙灯的发光功率，并通过辅助聚光镜获得不同光强的光束，实现对光热材料太阳能光热转换性能的分析。

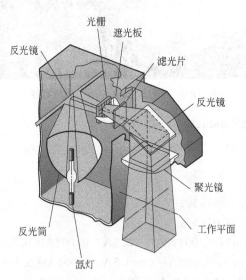

图 18-3　模拟太阳光光源工作原理及其结构图

三、实验试样

实验试样为炭化的木头片，如图 18-4 所示。炭化木头片搭载于模拟树装置上进行持续

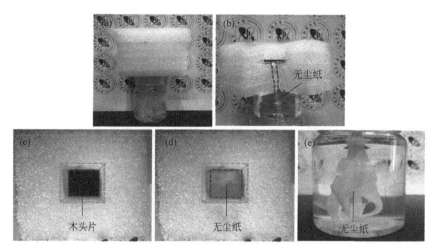

图 18-4　实验试样及测试装置

的太阳能光热水蒸发测试。无尘纸作为根系持续向炭化木头底部供水，膨胀聚乙烯海绵（EPE）作为隔热保温材料，以提高装置热利用率。

四、背景知识与基本原理

1. 太阳能光热

太阳能光热应用是人类利用太阳能最简单、最直接、最有效的途径。然而太阳光到达地球后能量密度较小且不连续，给大规模开发利用带来困难。这就要求人们想办法尽量把低品位的太阳能转换成高品位的热能，对太阳能进行富集，以便最大限度地利用。太阳能集热器是通过吸收面将太阳能转换成热能的装置。辐射吸收是指辐射通过物质时，其中某些频率的辐射被组成物质的粒子（原子、离子或分子等）选择性地吸收，从而使辐射强度减弱的现象。吸收的实质，在于吸收使物质粒子发生由低能级（一般为基态）向高能级（激发态）的跃迁。在太阳光谱区，波长在 $0.3 \sim 2.5 \mu m$ 的太阳辐射强度最大，因此对该光谱区的光量子吸收是关键。所以材质中若存在与波长为 $0.3 \sim 2.5 \mu m$ 的光子的能量相对应的能级跃迁，会具有较好的选择吸收性。

一般来说，金属、金属氧化物、金属硫化物和半导体等发色体粒子的电子跃迁能级，与可见光谱区的光子能量较为匹配，是制备太阳能吸收层的主要材料，如黑铬（Cr_xO）、黑镍（$NiS-ZnS$）、氧化铜（CuO）和氧化亚铁（FeO）等。近年来碳材料以其宽的太阳光谱吸收、低成本，在太阳能光热转换领域得到了广泛应用；另外一些碳衍生物如石墨烯、碳纳米管和石墨炔等新兴材料，以其独特的吸光性也逐步应用于光热转换。

2. 太阳能蒸汽

太阳能蒸汽是太阳能光热转换应用最直接的体现；利用光热转换材料将太阳光转换为热量，将这部分热量用于加热水，实现水的快速气液转换，在太阳能海水淡化、污水处理、光催化和热电转化等领域具有十分广阔的应用前景。发展几十年来，从早期的体积型过渡到界面型、再从界面型改进到模拟树型，太阳能蒸汽发生装置、蒸汽速率和效率不断提升[速率 $1.47kg/(m^2 \cdot h)$，效率 $>80\%$]，具有光热转换效率优良（95%）、成本低和绿色环保等优点。

3. 材料吸光性能

在光热应用中常用的太阳能选择性吸收体，由于吸收太阳能能量增加；吸收体的发射率低，辐射热损失小，从而表现出较高的光热转换效率。根据基尔霍夫定律：

$$A = 1 - R - T \tag{18-1}$$

材料的吸光率（A）等于 1 减去材料的反射率（R）和透射率（T）。材料对 $200\sim$ 2500nm 段的太阳光谱的反射率和透射率，可以通过紫外-可见-近红外分光光度计检测出来，可以由公式(18-2) 计算。

$$\alpha = \frac{\int_{200}^{2500} [1 - R(\lambda) - T(\lambda)] P_{sun}(\lambda) d\lambda}{\int_{200}^{2500} P_{sun}(\lambda) d\lambda} \tag{18-2}$$

式中，α 为吸收率，分母和分子分别为材料在 $200\sim2500$ nm 波长范围内吸收的总太阳能和吸收的能量；$P_{sun}(\lambda)$ 是太阳光谱辐照度。根据 ISO 标准 9845-1 (1992) 大气质量 AM 1.5 定义，$R(\lambda)$ 和 $T(\lambda)$ 分别是材料在 $200\sim2500$nm 范围的反射率和透射率（对于厚度较大且不透光的材料，其透射率一般可以忽略）。

4. 材料蒸汽效率

材料蒸汽效率是比较太阳能光热转换材料性能好坏的重要指标，材料的蒸汽速率可以通过公式(18-3) 求得：

$$v = \frac{1}{A_{evap}} \times \frac{dm}{dt} = \frac{\dot{m}}{A_{proj}} \tag{18-3}$$

式中，v 代表蒸汽速率；A_{evap} 是吸收体的蒸发面积；t 为光照时间。一般来说，除了三维吸收体中蒸发面积扩大外，吸收器的蒸发面积 A_{evap} 等于投影面积 A_{proj}。

材料的蒸汽效率计算公式为式(18-4)。

$$\eta = \frac{\dot{m} h_{LV}}{\alpha c_{opt} q_i} \tag{18-4}$$

式中，$\dot{m}$ 为光照下吸收体的太阳能水驱动蒸发率；$c_{opt} q_i$ 为实验中太阳能光照的入射光功率密度；α 为吸收体的吸收率；h_{LV} 由显热和蒸发焓组成。

$$h_{LV} = C \times \Delta T + \Delta h_{vap} \tag{18-5}$$

式中，C 是水的比热容[4.18J/(g·K)]，ΔT 是蒸汽与水的温度差；Δh_{vap} 是水蒸发在相应温度下的潜在蒸发焓。

五、实验步骤

1. 计算吸收体的蒸发面积

吸收体的蒸发面积等于投影面积（本实验为 2cm×2cm 的炭化木头片）。

2. 吸收体吸光性能测试

（1）反射率测试

将积分球附件安装到光度计附件槽中，在模式选择模块中，"Pbs"和"PM"模块都打到"Option"模式，打开设备和计算机预热 10 min 后，安装测试软件，双击"Spectra Manager"选择"Spectral Management"（图 18-5）。

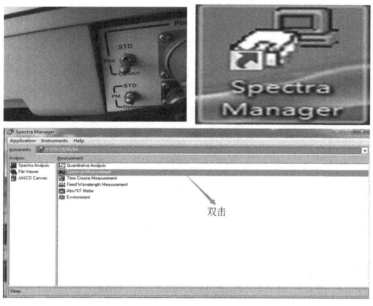

图 18-5　光谱软件安装

选择"Parameters"加载"R"反射参数，选择"200～2500nm"，再选择"Baseline"加载"R"预设，并将硫酸钡"白板"安装至积分球样品台。点击"Baseline"的"Measure"按钮，背底将被自动扣除（图 18-6）。

取出"白板"后，放回"白板"专用盒，将待测样品装入样品仓进行测试，点击"Start"按钮，并存储光谱反射率数据"＊.txt"文件（图 18-7）。

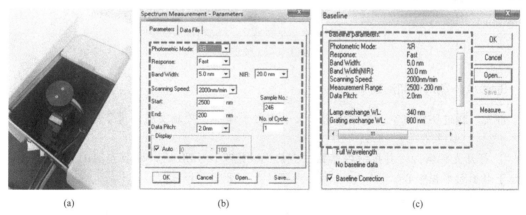

(a)　　　　　　　　　(b)　　　　　　　　　(c)

图 18-6　白板安装至积分球样品台（a），反射率测试参数
（b）和反射率基线校正参数（c）

（2）透射率测试

卸载积分球，安装透过仓模块，将"Pbs"和"PM"模块都打到"STD"模式。打开"Parameters"加载"T"反射参数，选择"200～2500 nm"，再选择"Baseline"加载"T"

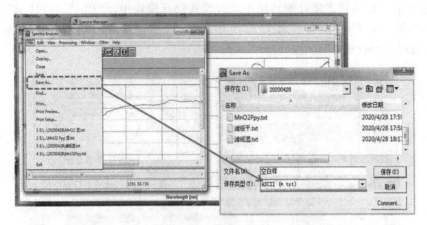

图 18-7 样品反射率数据保存示意图

预设，以大气为背底，点击"Baseline"的"Measure"按钮进行自动扣除背底。将待测样品安装于透光孔上，完全遮挡后，点击"Start"按钮进行测试（图 18-8），并存储光谱数据（数据保存与反射率测试步骤相同）。

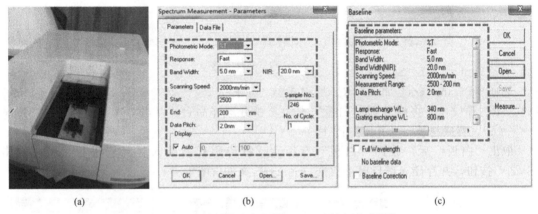

(a)   (b)   (c)

图 18-8 透射率样品仓安装（a），透射率测试参数
(b) 和透射率基线校正参数（c）

3. 吸收体蒸汽性能测试

首先，通过实验室空调、除湿机、天平内置干燥剂，控制实验环境条件相对恒定（湿度 52%±2%，温度 25℃±1℃）。

① 打开光源电源，并按绿色按钮"点灯"，预热 10 min 后，调节光源的光路，使得光斑位于电子天平正中心。

② 将电子天平调水平。

③ 量取测试装置高度，使光功率密度计探头高度与装置上的吸光体高度持平（图 18-9）。

④ 用光功率密度计校准光强（本实验光强为 $1kW/m^2$）。如有需求，可调节电源箱电流和加装聚光镜，以获得不同光强的模拟太阳光。

⑤ 打开电脑、Excel 工作簿，开启电子天平。点击"BalanceKeys"进入设置界面，选择相应的电子天平型号，连接成功后，点击天平的"Cal"自动校准（图 18-10）。

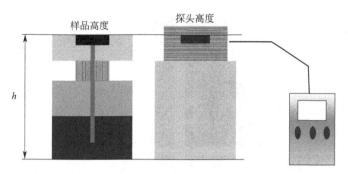

图 18-9 光强高度校正示意图

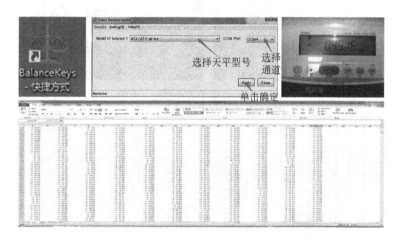

图 18-10 测试软件开启界面

⑥ 开始测试，放置样品于电子天平进行测试，单击"Print"输出数据到 Excel 表格中。蒸汽速率稳定时（30min 或 1h，根据样品情况合理安排数据采集时间），用红外成像仪捕捉样品表面温度图像，用热电偶测量样品表面蒸汽温度（稳态温度）T_1，同时按下"Break"键停止记录数据并储存（图 18-11）。

4. 实验结束及后续处理

① 调节光源电流旋钮到最低，关闭光源；
② 按要求关闭分光光度计；
③ 退出测试系统，拷贝数据，关闭计算机，切断总电源，整理实验桌面。

六、结果与分析

1. 材料吸光性能作图与计算

将拷贝的数据（炭化木头片）的反射率和透射率数据分别导入作图软件"Origin"中，选中数据表格，根据公式(18-1) 进行数据处理得到吸光率数据，作线性光谱图与太阳光光谱图比较，如图 18-12 所示。通过公式(18-2) 利用"Origin"取 200～2500nm 的积分，计算各样品对太阳光谱的吸光率（图 18-13）。

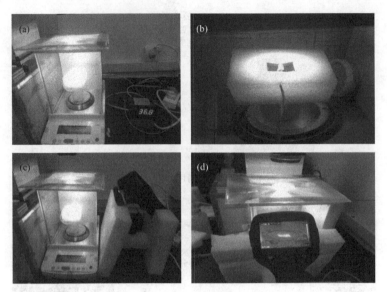

图 18-11　热电偶测试样品表面蒸汽温度示意图（a）和（b），
以及红外成像仪测试样品表面温度示意图（c）和（d）

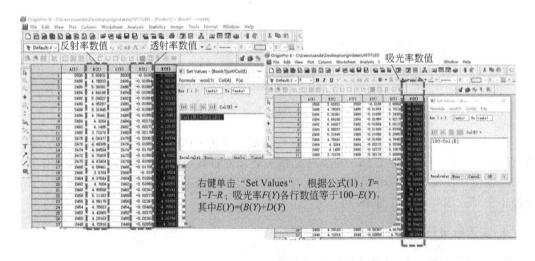

图 18-12　吸光率数据处理示意图

2. 蒸汽性能分析

将模拟太阳光光源测试的蒸汽数据导入"Origin"作图软件中，绘制质量损失图，并比较各样品的蒸汽性能，如图 18-14 所示。

通过"Origin"软件拟合获得蒸汽质量损失斜率，根据式（18-3）转换成蒸汽速率，再根据式（18-4）和式（18-5）计算蒸汽效率。

案例分析：根据上述测试过程和计算，实验环境湿度 60%、温度 30℃的实验结果如表 18-1 所示。木头片随着炭化温度的升高吸光率升高并达到恒定，蒸汽速率相对于未炭化木头片有明显提升，约提高了 1.6 倍。其中 500℃炭化样品效率最高达到 91.3%，500℃炭化的木头片是优异的光热转换材料。

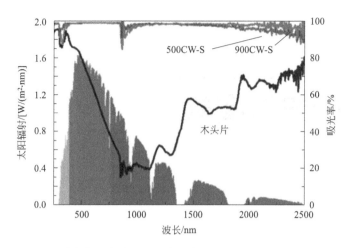

图 18-13 不同炭化温度处理的木头片在 200～2500nm 的吸光率比较图

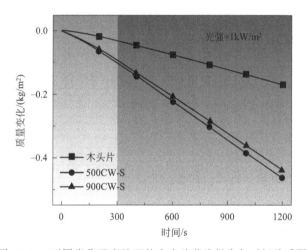

图 18-14 不同炭化温度处理的木头片蒸汽损失与时间关系图

表 18-1 材料的各项实验参数及实验结果

样品名称	环境温度/℃	蒸汽温度/℃	吸光率/%	蒸汽速率/[kg/(m²·h)]	蒸汽效率/%
木头片	30	47.8	53.3	0.55	28.4
500CW-S	30	50.4	97.6	1.45	91.3
900CW-S	30	51.2	97.3	1.38	86.4

参考文献

[1] Deng Z，Miao L，Liu P，et al. Extremely high water-production created by a nanoink-stained PVA evaporator with embossment structure [J]. Nano Energy，2019，55：368-376.

[2] Zhou J，Gu Y，Liu P，et al. Development and Evolution of the System Structure for Highly Efficient Solar Steam Generation from Zero to Three Dimensions [J]. Advanced Functional Materials，2019，29：1903255.

[3] Deng Z，Liu P F，Zhou J，et al. A Novel Ink-Stained Paper for Solar Heavy Metal Treatment and Desalination [J]. Solar RRL，2018，2：1800073.

[4] Liu P，Miao L，Deng Z，et al. A mimetic transpiration system for record high conversion efficiency in solar steam generator under one-sun [J]. Materials Today Energy，2018，8：166-173.

第四章

材料分析方法实验

实验 19

X 射线衍射物相分析

一、实验目的

a. 掌握 X 射线衍射仪的工作原理、操作方法；

b. 了解 X 射线衍射实验样品的要求；

c. 熟悉 PDF 卡片的查找和物相检索方法；

d. 运用 X 射线衍射分析软件进行物相分析。

二、设备与仪器

1. 基本信息和配置

本实验使用的仪器为 PANalytical Empyrean 2 射线衍射仪（荷兰 Panalytical 公司），主要由 X 射线发生器（X 射线管）、测角仪、X 射线探测器、计算机控制处理系统等组成。设备概览如图 19-1 所示。

2. 主要功能

① 多晶、非晶和薄膜样品的结构参数测定；

② 物相鉴定和定量分析，室温至高温区间的结构相变；

③ 晶胞参数测定，多晶 X 射线衍射图谱的指标化及晶粒尺寸和结晶度的测定。

图 19-1　X 射线衍射仪

3. 主要技术参数

① 最大输出功率：3.0kV；

② 探测分辨率：$55\mu m \times 55\mu m$ 像素；

③ 变温测试范围：11~1500K；

④ 最小扫描步进角：0.0001°。

三、背景知识与基本原理

1. X射线衍射原理

X射线是一种波长很短（约20~0.06Å）的电磁波，能穿透一定厚度的物质，并能使荧光物质发光、照相乳胶感光、气体电离。在用电子束轰击金属"靶"产生的X射线中，包含与靶中各种元素对应的具有特定波长的X射线，称为特征X射线。X射线在晶体中产生的衍射现象，是由于晶体各个原子中电子对X射线产生的相干散射和相互干涉叠加或抵消。晶体可被用作X光的光栅，很大数目的粒子（原子、离子或分子）产生的相干散射会发生光的干涉作用，从而使得散射的X射线强度增强或减弱。由于大量粒子散射波的叠加，互相干涉产生最大强度的光束称为X射线的衍射线。

当一束单色X射线入射到晶体时，由于晶体由原子规则排列成的晶胞组成，这些规则排列原子的间距与入射X射线波长有相同数量级，故由不同原子散射的X射线相互干涉，在某些特殊方向上产生强X射线衍射，衍射线在空间分布的方位和强度与晶体结构密切相关，这就是X射线衍射的基本原理（图19-2）。

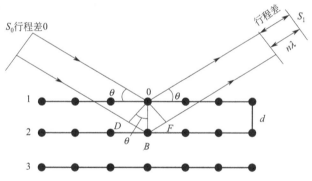

图 19-2　晶体对X射线衍射示意图

衍射线空间方位与晶体结构的关系可用布拉格方程表示：

$$2d\sin\theta = n\lambda \tag{19-1}$$

式中，d是晶体的晶面间距；θ为X射线的衍射角；λ为X射线的波长；n为衍射级数。应用已知波长的X射线来测量θ角，从而计算出晶面间距d，这可用于X射线结构分析；应用已知d的晶体来测量θ角，从而计算出特征X射线的波长，进而依据已有资料查出试样中所含的元素，这可用于定性分析。

2. 粉末衍射花样成像原理

粉末样品由数目极多、取向完全无规则的微小晶粒组成。理想情况下，样品中有无数个小晶粒（一般晶粒大小为$1\mu m$，X射线照射的体积约为$1mm^3$，在这个体积内就有10^9个晶粒），且各晶粒的方向是随机的。这种粉末多晶中的某一组平行晶面在空间的分布，与在空间绕着所有各种可能的方向转动的单晶体中，同一组平行晶面在空间的分布是等效的。

在粉末法中，试样中存在数量极多的各种取向的晶粒，因此总有一部分晶粒的取向恰好

使其（hkl）晶面正好满足布拉格方程，从而产生衍射线。如图 19-3 所示，衍射锥的顶角为 4θ。每组具有一定晶面间距的晶面，根据它们的 d 值分别产生各自的衍射锥。一种晶体就形成自己特有的一套衍射锥。当用倒易点阵来描述这种分布时，因单晶体中某一平行晶面（hkl）对应于倒易点阵中的一个倒易点，与粉末多晶体中的一组平行晶面（hkl）对应的，必是以倒易点阵原点为中心，以 $|H_{hkl}|=d_{hkl}$ 为半径的一个倒易点阵绕各种可能的方向转动而形成的一个倒易球。

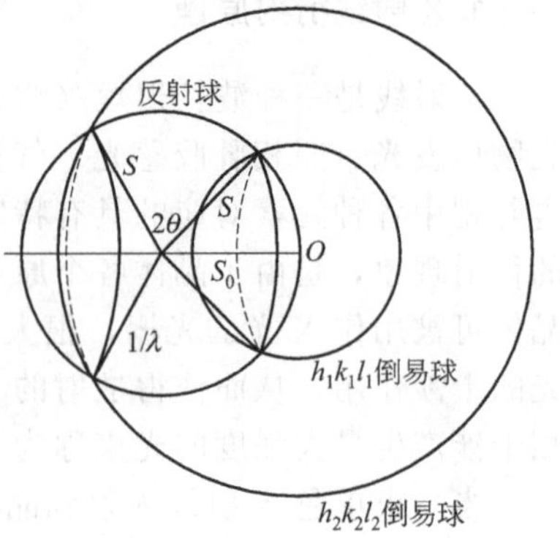

3. X 射线衍射仪

最早的 X 射线衍射仪是由布拉格提出的，设想在德拜相机的光学布置下，若有仪器能接收衍射线并记录，那么让它绕试样旋转一周，同时记录下旋转角和 X 射线的强度，就可以得到等同于德拜图的效果。X 射线衍射仪主要由射线测角仪、辐射探测仪、高压发生器及控制电路四个部分组成，其中最关键的是测角仪。现代衍射仪与电子计算机的结合，使从操作、测量到数据处理已基本上实现了自动化。

测角仪的构造如下。

样品台：在中心，可旋转，现代衍射仪能测三维取向分布（ODF），可进行四维运动；X 射线源：位于测角圆上；光路布置：应布置在由 X 射线源、计数管和样品台组成的平面上；测角仪台面：整个台面可以绕中心轴转运；测量动作：不同的衍射仪有不同的运动，但样品台转运与计数管转运保持 θ-2θ 关系不变（图 19-4）。

图 19-3 粉末法的厄瓦德图解

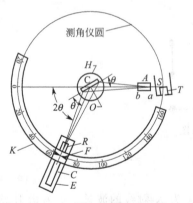

图 19-4 测角仪构造示意图

四、实验试样

X 射线衍射测试的试样主要有粉末、块状、薄膜、纤维等。试样不同，分析目的不同，试样制备方法也不同。

1. 粉末试样

粉末试样必需满足两个条件：晶粒细小，试样无择优取向。所以，通常将试样研细后使用。定性分析时粒度应小于 44 μm（325 目），定量分析时应将试样研细至 10μm 左右。

常用的粉末样品架为玻璃试样架，在玻璃板上蚀刻出试样填充区为 20mm×18mm。玻璃试样架主要在粉末试样较少时（约少于 500mm³）使用。填充时将试样粉末缓慢地放进试样填充区，使粉末试样在试样架里均匀分布并用玻璃板压平实，要求试样面与玻璃表面齐平。如果试样的量少到不能充分填满试样填充区，可在玻璃试样架凹槽里先滴一薄层用醋酸戊酯稀释的火棉胶溶液，然后将粉末试样撒在上面，待干燥后测试。

2. 块状试样

先将块状试样表面研磨抛光，大小不超过 20mm×18mm，然后用橡皮泥将试样粘在铝试样支架上，要求试样表面与铝试样支架表面平齐。

3. 微量试样

取微量试样放入玛瑙研钵中将其研细，然后将研细的试样放在单晶硅试样支架上，滴数滴无水乙醇使微量试样在单晶硅片上分散均匀，待乙醇完全挥发后即可测试。

4. 薄膜试样

将薄膜试样剪成合适大小，用胶带纸粘在玻璃试样支架上即可，薄膜试样测量必须换装薄膜附件。

试样扫描范围的确定：不同的测定目的，其扫描范围也不同。当选用 Cu 靶进行无机化合物的物相分析时，扫描范围一般为 $20°\sim90°$（2θ）；对于高分子、有机化合物一般为 $20°\sim60°$；在定量分析、点阵参数测定时，一般只对衍射峰扫描几度。晶体结构精修扫描范围一般为 $10°\sim110°$。

五、实验步骤

1. 开启仪器

① 合上配电箱冷却水系统空气开关，将冷却水主机电源开关打到"ON"。合上配电箱内仪器电源空气开关。

② 关好仪器门，按下衍射仪面板上的"Power"按钮启动仪器，待电压、电流出现 0、0 之后，将仪器上的高压发生器开关钥匙顺时针转动 90°到平行位置，衍射仪将自动进行角度自检（高压显示 15kV，5mA，顶灯亮）。

③ 按下仪器面板上的"Light"按钮，可以开启仪器内照明灯。

2. 启动测试程序与登录

① 启动计算机，双击桌面上"X′pert Data Collector"图标，启动测试程序（图 19-5）。
② 在登录框中填入用户名"xrd"，密码"xrd"，点"OK"。

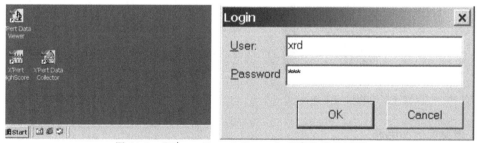

图 19-5 "X′pert Data Collector"程序及登录界面

3. 连接仪器

① 选菜单"Instrument"中的"Connect"（图 19-6）。
② 在弹出的窗口中选择相应的测试平台，一般测试选择粉末样品平台"flat sample stage"，选择后点"OK"（图 19-7）。
③ 连接成功后，显示如图 19-8 所示界面。

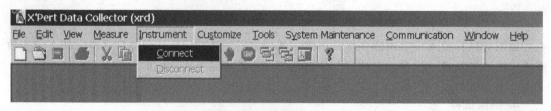

图 19-6 "X'pert Data Collector" 连接仪器图标

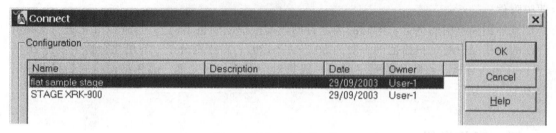

图 19-7 测试平台的选择

4. 光管老化

若之前衍射仪长时间不用，则在开机之后应进行光管老化。点击"Instrument Settings"对话框中"X-ray"标签页里的"Breed"按钮，打开"Tube Breeding"对话框（图 19-9）。若超过 100h 没用仪器，则选择"at normal speed"进行常规老化（30~40min）。若超过 48h 未到 100h，则选择"fast"进行快速老化（15min 左右）。老化结束后电压电流将变为 40kV、10mA 的工作状态。

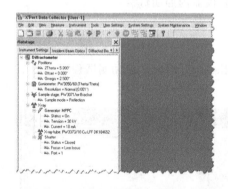

图 19-8 仪器连接成功后的界面显示

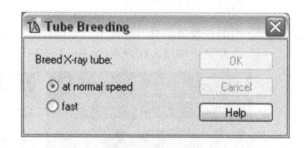

图 19-9 光管老化界面

5. 设置电压和电流

在软件左侧窗口的"Instrument Settings"选项卡中，双击"X-ray"或其下的任一项（行），在弹出对话框的相应栏中[Tension(kV)和 Current(mA)]，按规定顺序分步直接输入数据后点"Apply"按钮（图 19-10）。设置顺序为：先升电压：15kV → 20kV → 30kV → 40kV；后升电流：5mA → 10mA → 20mA → 30mA。

6. 设置实验参数

通过 File 中的"Open Program"（图 19-11），在弹出的窗口中选择相应的测试程序后点

图 19-10 设置电流和电压界面

"OK"。可以选择的测试程序包括：

① X'celerator normal 一般定性分析测试程序（2θ 不得小于 3°）；

② X'celerator grazing angle 膜、薄层等分析测试程序（2θ 不得小于 3°）；

③ PW small angle 低角度衍射分析测试程序（2θ 不得小于 0.4°）。

（1）一般定性分析测试程序

在菜单"Open Program"下选择粉末扫描程序后点"OK"，在如图 19-12 所示界面中可以设置实验参数。

可设置的实验参数如表 19-1 所示。设置完毕后，关闭设置窗口（右上角的"⊠"），选"Yes"保存。

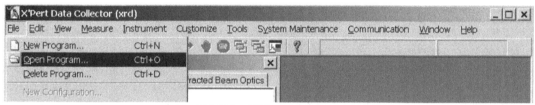

图 19-11 测试程序选择界面

表 19-1 程序参数设置表

Start angle/(°)	起始角
End angle/(°)	结束角
Step size/(°/步)	扫描步长（0.013 或 0.0026）
Time per step/(s/步)	每步时间
Scan speed/(°/s)	扫描速度（一般不设置,由上面的设置自动确定）
Total time(h:m:s)	每样品总测试时间(由上面的设置自动确定)

（2）膜薄层等分析测试程序

在"Open Program"下选择薄膜程序后点"OK"，在如图 19-13 所示界面中可以设置实验参数。除表 19-1 中的参数外，还可以设置"Omega"角度，为 X 射线入射角。

（3）低角度衍射分析测试程序

在"Open Program"下选择低角度程序后点"OK"，在打开的界面中可以设置实验参数，注意实验前应更换平行光探测器。

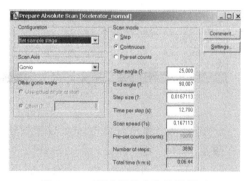

图 19-12 测试程序参数设置界面

7. 开始测试

① 放置被测样品：有效测试区域为距样品台垂直面 5～12mm 范围内。同时保证试样表面落在测角仪轴心上（即保证试样表面与测角仪试样架下表面处于同一水平面）；

② 关好仪器门：可听到门开关的嘀嗒声，门关好的标志为仪器面板上"Shutter Open"下三个小亮点熄灭；

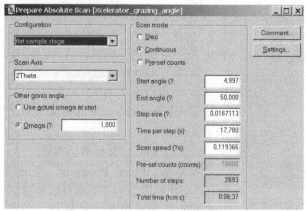

图 19-13　薄膜测试参数设置界面

③ 选 "Measure" 菜单中 "Program"（图 19-14）。

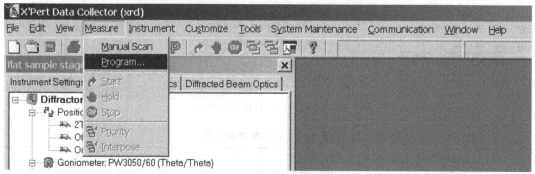

图 19-14　开始测试界面

在弹出的窗口中选择设置实验参数时选择的程序后点 "OK"（图 19-15）。

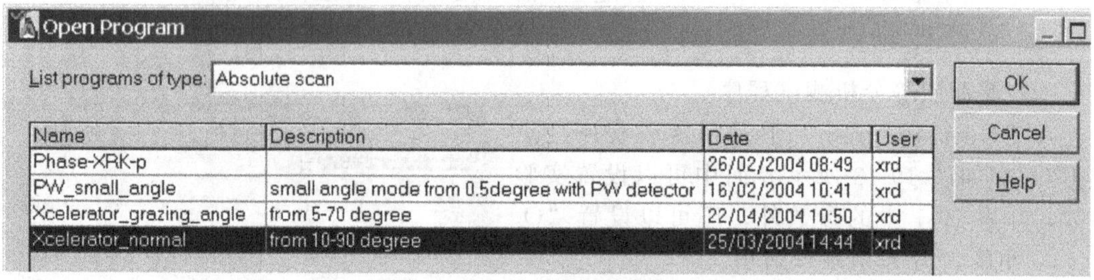

图 19-15　测试选择程序界面

a. 在下一个弹出窗口中，点目录按钮（图形按钮）建立或选择自己的目录，设置（保存在磁盘上的）文件名后，点 "Save"。

b. 点 "OK" 开始测试。若测试前更换过测试程序或探测器，此时还会弹出提示，点 "OK" 即可。可以听到仪器门加锁的声音；仪器内两动臂开始动作；仪器内左侧动臂 X 光管管座上黄灯亮；仪器面板上 2θ、θ 数值随测试的进行而变化。

c. 测试完成。仪器内左侧动臂 X 光管管座上黄灯熄灭；可以听到仪器门开锁的声音；仪器内两动臂下落至起始位置；仪器面板上 2θ、θ 数值回到 12.000 和 6.000。这时，可以打开仪器门取出被测样品，或更换样品重复 "开始测试"。

d. 中止测试。测试过程中如需中止，可以点工具栏的 "STOP" 按钮，并对弹出的提示点 "OK"（图 19-16）。

8. 待机设置

每日实验完毕，应将仪器设置在待机状态，设置待机步骤为：

① 降低仪器的工作电流和电压。在软件左侧窗口的"Instrument Settings"选项卡中，双击"X-ray"或其下的任一项（图 19-17）。分别在弹出的对话框的"Tension（kV）"和"Current（mA）"栏中，直接输入数据后点"Apply"按钮（最后一步点"OK"）。先降电流：30mA→20mA→10mA→5mA；后降电压：40kV→30kV→20kV→15kV。

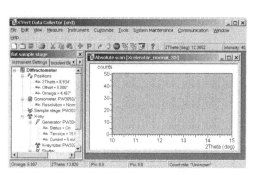

图 19-16 测试中止界面

图 19-17 降电流和电压界面

② 关闭仪器内照明灯，按仪器面板左侧上部的"Light"按钮。

9. 关闭仪器

若仪器较长时间不使用应关闭仪器，步骤为：

① 按"待机设置"步骤将仪器的电流、电压分别降至 5mA、15kV，并关闭"Light"照明灯。

② 将仪器面板上的高压锁开关按逆时针方向转动 90°，关闭仪器高压。

③ 等待 30s，按"Stand by"按钮关闭仪器。

④ 关冷却循环水系统（在关闭高压锁开关后 2min 内必须关闭冷却水）。

⑤ 关电脑、配电箱内空气开关。

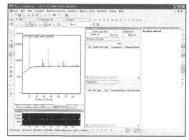

图 19-18 图谱显示窗口

六、实验数据分析与处理

1. 进入 HighScore Plus

① 在开始菜单或桌面上找到"HighScore Plus"图标，双击进入 HighScore Plus 主窗口。选择菜单"File"下的"Open"命令，打开一个读入文件的对话框。

② 在文件名上双击，该文件就"读入"到主窗口并显示出来。另一种进入方式是在电脑里面双击一个".RD"或者".xrdml"文件进入 HighScore Plus（图 19-18）。

2. HighScore Plus 基本功能操作

（1）File 菜单（图 19-19）

a."Save as"命令可以将当前窗口中显示的图谱数据以各种格式保存，方便用其他作图软件作图和作其他处理。最常见的格式如"＊.ASC"可以用 Excel 打开。需要注意的是，该命令保存的是当前窗口中显示的图谱，如果保存前作过平滑处理等，则保存的数据为平滑后的数据而非原始数据。

b."Insert"命令可以将两个衍射花样在同一个窗口里进行比较。

（2）View 菜单（图 19-20）

产生一个空白的文档
打开文件，选择需要处理的衍射花样
在原有花样的基础上再插入一个新的花样
关闭
保存文件
另起名字保存文件
设置页面
打印图形
打印预览
打印设置
分析文件通过 E-mail 发送出去
文件的属性
退出

图 19-19 分析程序 File 菜单说明

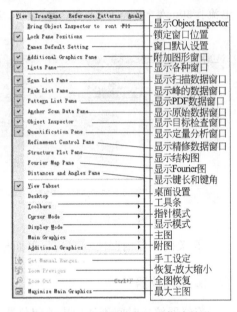

显示 Object Inspector
锁定窗口位置
窗口默认设置
附加图形窗口
显示各种窗口
显示扫描数据窗口
显示峰的数据窗口
显示 PDF 数据窗口
显示原始数据窗口
显示目标检查窗口
显示定量分析窗口
显示精修数据窗口
显示结构图
显示 Fourier 图
显示键长和键角
桌面设置
工具条
指针模式
显示模式
主图
附图
手工设定
恢复-放大缩小
全图恢复
最大主图

图 19-20 分析程序 View 菜单说明

（3）Treatment 菜单（图 19-21）

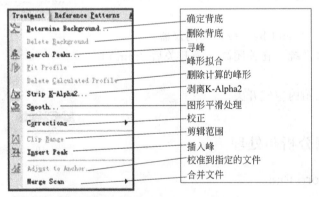

确定背底
删除背底
寻峰
峰形拟合
删除计算的峰形
剥离 K-Alpha2
图形平滑处理
校正
剪辑范围
插入峰
校准到指定的文件
合并文件

其中，Corrections 下设：

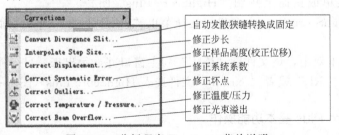

自动发散狭缝转换成固定
修正步长
修正样品高度（校正位移）
修正系统系数
修正坏点
修正温度/压力
修正光束溢出

图 19-21 分析程序 Treatment 菜单说明

（4）Reference Patterns 菜单（图 19-22）

图 19-22　分析程序 Reference Patterns 菜单说明

（5）Analysis 菜单（图 19-23）

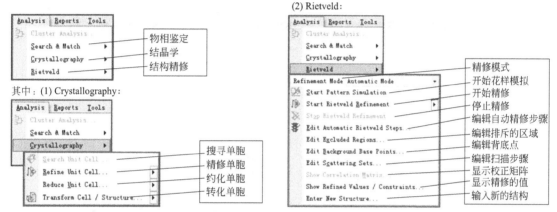

图 19-23　分析程序 Analysis 菜单说明

（6）Tools 菜单（图 19-24）

图 19-24　分析程序 Tools 菜单说明

3. 物相检索

① 打开 HighScore Plus 软件，读入需要分析的文件，点击"IdeAll"（图 19-25）。

② 检索结果如图 19-26 所示。

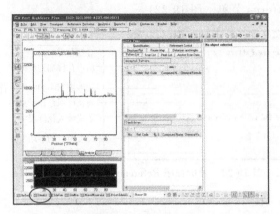

图 19-25　物相检索

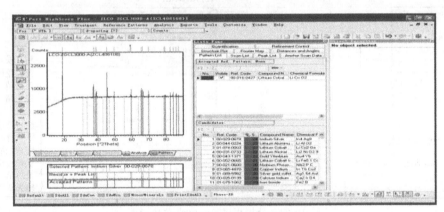

图 19-26　物相检索结果界面

③ 对衍射花样进行拟合（Fit）（图 19-27）。

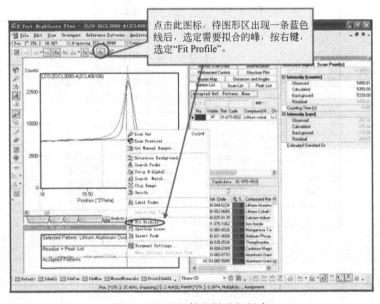

图 19-27　对衍射花样进行拟合

④ 点击 "Treatment" 菜单下的 "Determine Background" 进行背底的扣除（图 19-28）。

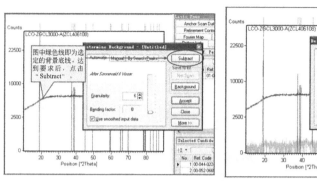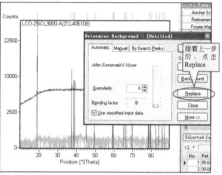

图 19-28　对谱线扣除背底

⑤ 若想扣除 $K-\alpha_2$，则先点 "Treatment" 菜单下的 "Strip K-Alpha2" 命令。接着点击弹出对话框的 "Strip K-Alpha2"，然后点击 "Replace"（图 19-29）。

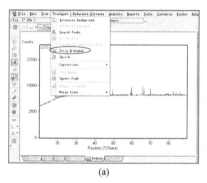

(a)

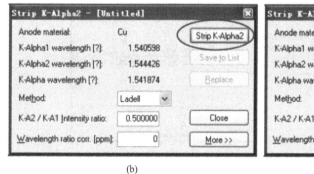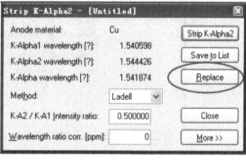

(b)　　　　　　　　　　　　　　(c)

图 19-29　对谱线扣除 $K-\alpha_2$

⑥ 导出数据。若要求得到衍射峰（如 d 值、半高宽、峰高等）的信息，可以点击 "Reports" 菜单中的 "Create RTF Report" 或者 "Create Word Report"，产生的报告里有详细的衍射峰信息。若要得到衍射图谱的数据，可以自己在 Excel 表里面把这个谱图作出来，点击 "File" 菜单中的 "Save as"，选定保存类型为 "＊.ASC"。

4. 晶体的结晶度计算

① 先找到一个已知结晶度的标样数据，如 HighScore Plus 软件自带有一个结晶度为 50

的数据：C：\ Program Files \ PANalytical \ X' pert Highscore Plus \ Tutorial \ Cryst 50. RD。

②打开这个文件，寻峰，再拟合（图 19-30）。

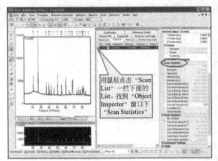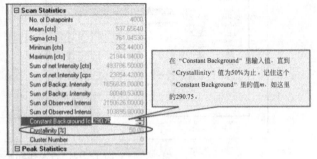

图 19-30　寻峰拟合图

③打开待计算结晶度的文件，重复"3. 物相检索"中的第③步和第④步，在"Constant Background"中输入 m（如 290.75），那么"Crystallinity"里显示的值即为该样品的结晶度。

5. Rietveld 全谱拟合

①打开需要精修的文件（以 Si 为例），点击"IdeAll"进行物相检索。

②选择与图谱相符合的物相，在"Refinement Control"目录下，将"Profile Base Width"里的值改为"7"（图 19-31）。

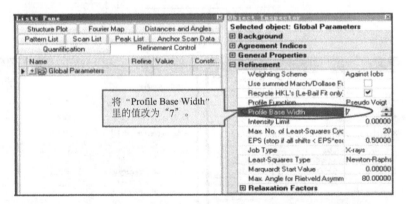

图 19-31　Rietveld 全谱拟合的"Profile Base Width"值设置

③在"Pattern List"下点住 PDF"序列号"按右键，在下拉菜单里点击"Convert Pattern to Phase"（图 19-32）。

④在"Refinement Control"的子菜单里点击"Atomic Coordinates"，按右键，在出现的下拉菜单里点击"Add New Atom"（图 19-33）。

⑤在"Element"里输入化合物的各元素符号，在"Wyckoff Position"里输入原子占位（图 19-34）。

⑥在"Analysis"下拉菜单选择"Rietveld"，点击"Start Rietveld Refinement"。精修有两种模式，开始选择半自动模式"Semi-automatic Mode"，然后选择自动模式"Automatic Mode"（图 19-35）。

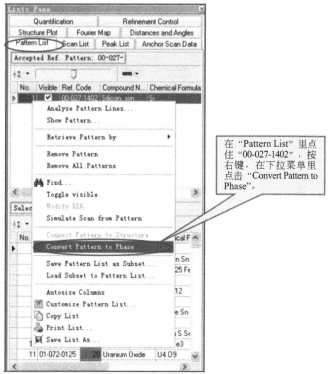

图 19-32　Rietveld 全谱拟合的相转换

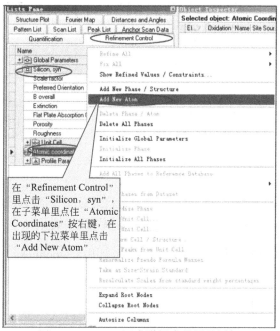

图 19-33　Rietveld 全谱拟合的原子添加

　　⑦ 精修参数顺序，如图 19-36 所示：先在相应的选项里点"√"，进行"Start Rietveld Refinement"后再去掉"√"；接着在下一步的选项里点"√"，如此反复操作，直到达到要求为止。

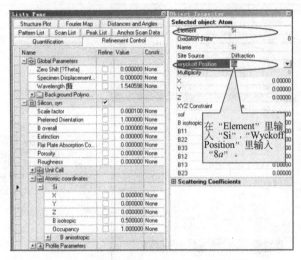

图 19-34 Rietveld 全谱拟合的元素位置输入

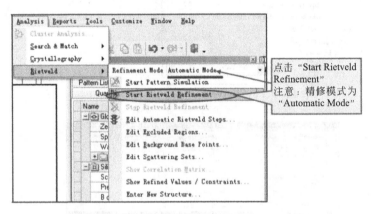

图 19-35 Rietveld 全谱拟合的精修模式选择

⑧ Rietveld 是否好的判断标准为：R 因子小于 10，Goodness of Fit 小于 1.5（图 19-37）。

七、定量分析案例

混合物中某物相所产生的衍射线强度，与其在混合物中的含量是相关的。混合物相的 X 射线定量相分析，就是用 X 射线衍射的方法通过衍射图谱的衍射峰强度来测定混合物中各种物相的含量。相关公式为：

$$I_a/I_s = K_{as} w_a / w_s \tag{19-2}$$

式中，K_{as} 为 a 相（待测相）对 s 相（内标相）的 K 值。分析步骤为：

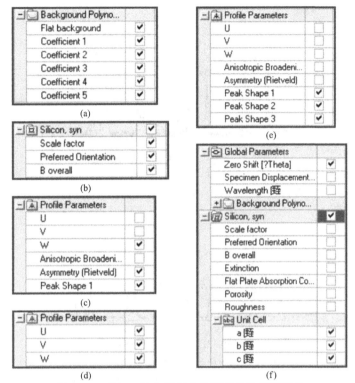

图 19-36 Rietveld 全谱拟合的精修参数顺序选择

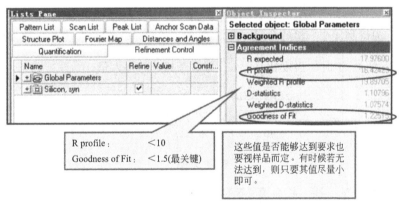

R profile: <10
Goodness of Fit: <1.5(最关键)

这些值是否能够达到要求也要视样品而定。有时候若无法达到，则只要其值尽量小即可。

图 19-37 Rietveld 全谱拟合的精修结果图谱

① 称量质量比为 1:1 的二氧化钛和碳酸钙（1 号样品），混合，使用玛瑙研磨器研磨混合均匀，再将粉末置于光刻好的有沟槽的载玻片上并压平整，放入 X 射线衍射仪的样品台上进行测试，其衍射图谱如图 19-38 所示。

② 使用玛瑙研磨器研磨 1 号样品至混合均匀，称量样品的质量（1.6g），再称量一定量 $CaCO_3$（1.0g），将称量好的 $CaCO_3$ 以及样品混合，在玛瑙研磨器中研磨一段时间混合均匀，研磨完成后，将粉末置于光刻好的有沟槽的载玻片上并压平整，放入 X 射线衍射仪的样品台上进行测试，其衍射图谱如图 19-39 所示。

③ 得到衍射图谱，进行物相分析。

④ 实验数据处理。计算 K 值，利用公式(19-2)并假定样品中 TiO_2 为金红石相，即利用 TiO_2-1 计算：

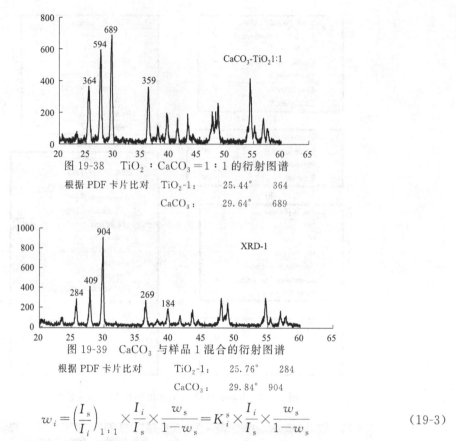

图 19-38　　$TiO_2 : CaCO_3 = 1 : 1$ 的衍射图谱

根据 PDF 卡片比对　$TiO_2\text{-}1$:　　　$25.44°$　　　　364

$CaCO_3$:　　　$29.64°$　　　　689

图 19-39　　$CaCO_3$ 与样品 1 混合的衍射图谱

根据 PDF 卡片比对　　　$TiO_2\text{-}1$:　　　$25.76°$　　　284

$CaCO_3$:　　　$29.84°$　904

$$w_i = \left(\frac{I_s}{I_i}\right)_{1:1} \times \frac{I_i}{I_s} \times \frac{w_s}{1-w_s} = K_i^s \times \frac{I_i}{I_s} \times \frac{w_s}{1-w_s} \tag{19-3}$$

式中，w_i 为待测样中 i 相的含量；I_i、I_s 为复合样中 i 相和参考相 s 的强度；K_i^s 为参考相 s 与 i 相含量 1 : 1 时的强度比 $\dfrac{I_s}{I_i}$；w_s 为参考相 s 的掺入量。

通过计算可得 1 号样品中金红石相的 TiO_2 含量为：

$$w(TiO_2\text{-}1) = \frac{284}{904} \times \frac{689}{364} \times \frac{1/2.6}{1-1/2.6} \times 100\% = 36.45\% \tag{19-4}$$

参考文献

[1] 杨福家. 原子物理学 [M]. 3 版. 北京：高等教育出版社，2000.

[2] 江超华. 多晶 X 射线衍射技术与应用 [M]. 北京：化学工业出版社，2014.

实验 20

场发射扫描电子显微镜的形貌观察与成分分析

一、实验目的

a. 掌握扫描电子显微镜（SEM）表面形貌测试与分析；

b. 掌握 SEM 微区成分分析；

c. 掌握环扫条件下的 SEM 测试与分析。

二、设备与仪器

1. 基本信息和配置

本实验的主要设备为场发射扫描电子显微镜（Quanta FEG-450，美国 FEI 公司）、Max-20 型能谱仪（英国 Oxford 公司），主要部件包括腔体（高能电子枪系统、光学系统、样品室和真空系统）、冷却水系统、数据收集和处理系统。设备概览如图 20-1 所示。

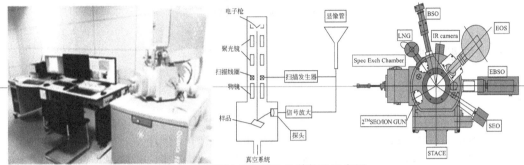

图 20-1　SEM 实物照片及其构造示意图

2. 主要技术指标

a. 加速电压：200V～30kV；

b. 放大倍数：6～100 万倍；

c. 样品台移动范围：$X=Y=100$mm；

d. 热台最高加热温度：1400℃；

e. 图像处理最大像素：6144×4096；

f. 低真空扫描与环境扫描。

3. 工作原理

扫描电子显微镜是基于高能电子与物质的相互作用，通过汇聚的高能电子束在物质表面扫描，以激发出各种物理信息，如二次电子、背散射电子、俄歇电子、透射电子、X 射线等。如图 20-2 所示，通过对这些物理信息的处理并成像，即可获得测试物质表面形貌以及元素分布情况。

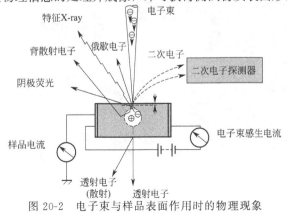

图 20-2　电子束与样品表面作用时的物理现象

三、实验试样

实验样品应为无水、不易挥发的无磁粉末或者块体，且在高能电子束照射和真空环境下稳定存在。典型的实验试样如图 20-3 所示。

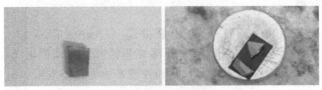

图 20-3　典型实验试样

四、实验步骤

1. 样品制备

① 块体样品切成合适大小（一般地，块体样品尺寸不得超过 10mm×10mm×10 mm，圆形样品不得超过 ϕ15mm×10mm），保持表面平整、干净、干燥；

② 粉末样品应分散于导电材料（如：碳胶、铜胶、铝片等）并粘于小样品座上，用高压气体吹掉多余粉末，以避免污染腔体，损坏真空系统；

③ 合金样品需做抛光腐蚀处理；

④ 导电性较差或者不导电块体或者粉末，使用离子溅射仪，于样品表面适量溅射导电材料（如：Au、Pt、C 等）；

⑤ 生物样品需保持细胞活性，表面湿润。

2. 样品放置

① 样品室放气：在操作软件主界面右上角单击"Vent"按钮，然后在弹出的对话框点击"Yes"，开始放气。样品台自动下降 10mm，真空指示灯由绿色变为橙色。大约 2～3min，真空指示灯由橙色变为灰色，表示放气结束。图 20-4 为操作软件主界面及放气操作。

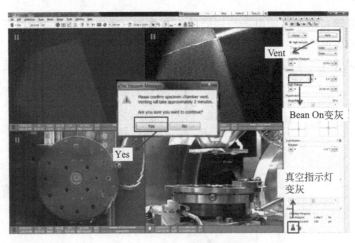

图 20-4　扫描电镜放气操作

② 样品放置：双手轻轻拉动样品室下部的横杆打开样品室，将样品座或块体样品直接按标号依次放置于样品台上，然后关闭样品室。图 20-5 为扫描电镜样品室横杆与样品台。

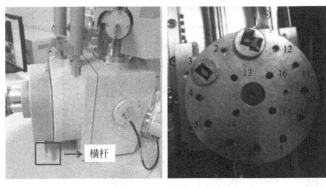

图 20-5 样品室横杆与样品台

③ 扫描模式：Quanta FEG-450 型场发射扫描电子显微镜带有三种扫描模式，导电性较好、可在真空下稳定存在、无挥发组分且需超高放大倍数的样品可选择高真空模式，点击"High Vacuum"；导电性较差、在真空下不稳定存在的样品，或者需要保护气氛时，可选择低真空模式，点击"Low Vacuum"；生物样品则需要选择环境扫描模式，点击"ESEM"，腔体会充入水蒸气，以保持生物样品的活性。

注意：扫描模式不可随意选择切换，必须在更换相应硬件后，才能选择对应的扫描模式，否则极易损坏探头等硬件设施。

④ 样品室抽真空：在操作界面上单击"Pump"按钮，开始抽真空，真空标志下部变为橙色，高真空模式真空度达到 3×10^{-2} Pa 以下时即达到工作要求，低真空与环境扫描模式下真空度达到 10Pa 时即达到工作要求，真空标志下部变成绿色，Bean On 按钮变成可选状态，如图 20-6 所示。

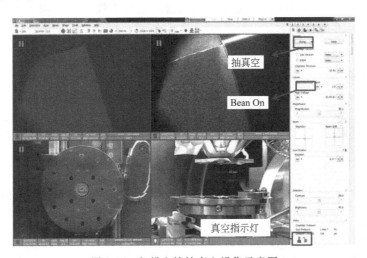

图 20-6 扫描电镜抽真空操作示意图

3. 样品的观察

（1）样品台移动

选中右下角的 CCD 镜头窗口，按住鼠标中间的滚轮，同时向上移动鼠标，则样品台向上移动，并注意观察样品的最高处，到达 10 mm 刻度线时松开鼠标，则样品台停止移动。切记样品表面最高处不能超过 10 mm 刻度线，如图 20-7 所示。在左下角的样品导航台窗口中选择样品的位置，双击即可水平移动样品台到指定样品上。

图 20-7　扫描电镜软件操作窗口

（2）高压选择

对于金属及其合金样品，电压一般选择 30kV、20kV、10kV。导电性较差的样品，则选择 10kV、5kV、2kV，Spot 选择 2.0～3.0。点击 Bean On，Bean On 按钮变成黄色，表示正常工作状态，选择二次电子与背散射电子图像窗口并依次点击 Freeze 解冻，选择扫描速率为 300ns 或者 1μs（注：时间越短扫描速率越快，时间越长扫描速率越慢），如图 20-7 所示。

（3）倍数选择

旋转操控台上的 Magnification 旋钮或者直接在键盘上按"＋"或者"－"键，增加或减小放大倍数，如图 20-8 所示。

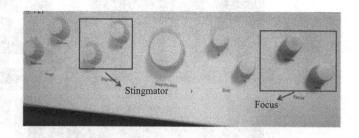

图 20-8　键盘放大与缩小按键　　　　　　图 20-9　操控台聚焦与像散调节旋钮

（4）对比度、聚焦与像散调节

选中二次电子与背散射电子图像窗口，点击"Auto Contrast"按钮，自动调节图像对比度；旋转操控台"Focus"旋钮调节焦距，"Coarse"为粗调，"Fine"为细调，直至图像清楚，如图 20-9 所示。如果图像存在像散，例如图像变形、扭曲等，旋转操控台"Stingmator"旋钮，分别调节 X 方向与 Y 方向图像像散旋钮，直到消除像散。继续放大倍数，聚焦图像，调节像散，直至图像清晰。再放大，直到所需的倍数。

特别说明：应遵循先放大，后调焦；边放大，边调焦的原则；×10000 倍以下，像散不明显，不必调节像散。

（5）慢扫收图

点击"Fine View"，如图 20-10 所示，选择慢扫描时间。一般地，导电性较好，选择 10 μs；导电性较差或者不导电选择 5 μs 或者 3 μs。进行慢扫描，点击"Freeze"，拟锁定扫描图像，完成后锁定图像。

（6）图像保存

点击"File"，选择"Save As"，设置图像保存的位置、名称和格式，然后点击"Save"，保存图像。二次电子图像与背散射电子图像需要分别保存。然后，点击"Freeze"解除锁定后，双击图像相应区域，继续观察样品下一个部位或更换样品。

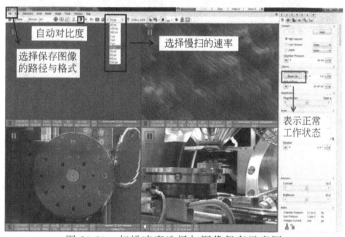

图 20-10　扫描速率选择与图像保存示意图

4. 成分分析（元素种类判别和定量分析）

① 为满足能谱计数率的需要，电压选择 $10 \sim 30$kV，Spot 选择 $4.0 \sim 6.0$，焦距 WD 值保持在 10mm 左右。

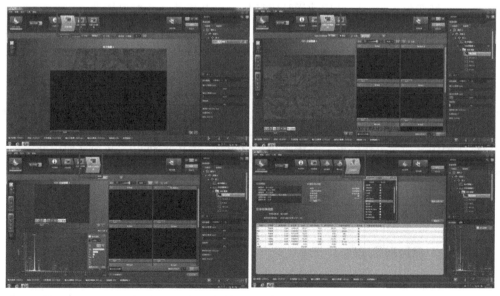

图 20-11　AZtec 软件操作窗口

② 打开能谱仪 AZtec 软件，如图 20-11 所示。选择分析类型（这里以面分布为例），选择"采集图像"，点击"开始"，从电镜采集图像；选择"采集分布图数据"，可以使用光标选择区域或者全区域采集，点击"开始"，收集元素分布数据；选择"构建分布图数据"，选择元素，可增减必要的元素分布；选择"计算成分"，即可获取相应元素的相关信息。

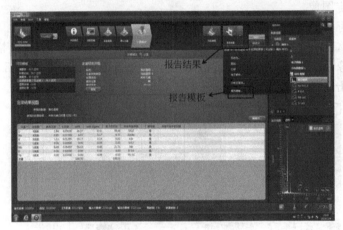

图 20-12　能谱数据与报告生成

③ 扫描结束，系统自动保存源文件，但 Word 版报告需手动选择输出。单击"报告结果"下拉选项，选择"报告模板"，选择数据报告的形式并双击，输入保存的路径与保存文件名称，点击"保存"，如图 20-12 所示。

5. 取出样品

① 关闭高压，点击"Bean On"，"Bean On"键由黄色变成灰色（有明显的放气声音）；
② 减小放大倍数到最小，按键盘"－"使放大倍数降至最小；
③ 样品台回归原位，按 Ctrl＋0 键，样品台回到初始状态；
④ 点击"Vent"，然后在弹出的窗口单击"Yes"对样品室进行放气，如图 20-4 所示，等到真空指示灯变为灰色，即可拉动样品室横杆，打开样品室并取出样品。

五、系统待机与应急处理

本型号的场发射扫描电子显微镜不能关机断电，测试完成后，系统需保持待机状态。即取出样品，保持样品台洁净、干燥、轻推横杆，关闭样品室，抽真空，过程如图 20-6 所示，最后保持四个图像工作区均处于冻结状态。

测试过程中，如遇突然停电，系统将由应急电源（UPS）供电。必须立即中断测试，关闭高压，取出样品，使系统处于最小功率状态，可参照"5. 取出样品"操作进行。

六、典型案例分析

1. 案例一：微区形貌观察

材料样品的形貌观察，需要正确选择电压、Spot 值、WD 值、放大倍数、喷涂导电材料等。如图 20-13 所示，样品为氧化物粉末，导电性较差，则选取 5kV 电压、10 万倍下观

察图像，纳米颗粒大小在 $\phi 80 \sim 100$nm，无固定
形状，颗粒团聚。

2. 案例二：生物样品观察

更换环境扫描组件，选择 ESEM 模式，腔
体充入适量水蒸气，以保持生物样品的活性，正
确选择电压与 WD 值，即可获取生物样品图像。
如图 20-14 所示，样品为蚂蚁的复眼，在 ESEM
模式，电压 10kV 作用下，WD 为 8.0 mm，放
大 1500 倍时，可以清楚地观察到蚂蚁复眼上的
突起、绒毛等，突起直径在 $13 \sim 15 \mu$m；在 WD

图 20-13 微区形貌观察——粉末颗粒

为 7.5 mm，放大 2400 倍时观察到的绒毛分布较均匀，整体呈弯曲状态。

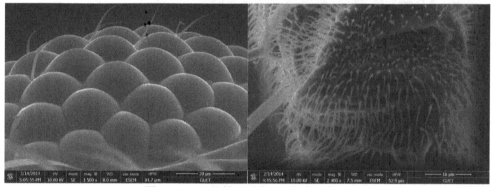

图 20-14 生物样品观察——蚂蚁的复眼

3. 案例三：微区成分分析

通过能谱仪获取电镜的图像信息，收集 EDS 信息，即可获得微区的成分比例以及成分
分布情况，如点、线、面分析。

（1）点或者区域扫描分析

如图 20-15 所示，获取氧化物块体材料电镜背散射电子图像，选取区域范围 2.5μm$\times$
2μm，收集区域内的各元素特征 X 射线信息，通过谱图分析认为，此氧化物块体中含有 O、
Na、Ti、Mn、Sr、Ba、La、Pt、Bi 元素，且各元素定量分析比例情况如表 20-1 所示。

表 20-1 各元素含量（氧化物）

元素	线类型	质量分数/%	原子分数/%
O	K 线系	19.21	59.71
Na	K 线系	3.23	6.99
Ti	K 线系	8.91	9.25
Mn	K 线系	6.26	5.67
Sr	L 线系	4.09	2.32
Ba	L 线系	2.70	0.98
La	L 线系	12.33	4.42
Pt	M 线系	21.80	5.56

续表

元素	线类型	质量分数/%	原子分数/%
Bi	M 线系	21.48	5.11
总量		100.00	100.00

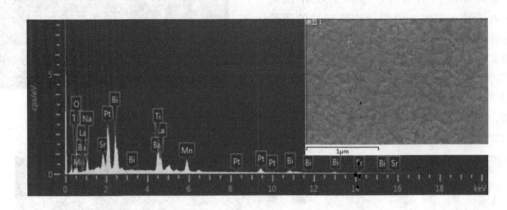

图 20-15 点或区域扫描分析谱图（氧化物）

（2）线扫描分析

收集一维线上的各元素特征 X 射线信息，通过谱图分析，即可获得各元素成分分布情况。如图 20-16 所示，样品为金属镀层，通过选择线扫描模式，选取长度 $850\mu m$，获得该线上各元素的分布随深度的关系，由此可分析镀层为富 Ni 合金层。

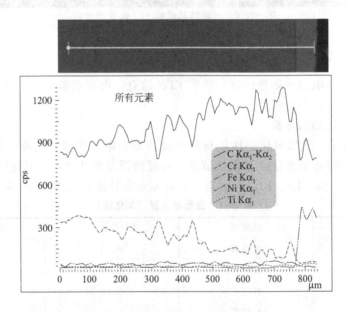

图 20-16 线扫描分析谱图（金属涂层）

（3）面分布分析

通过顺序扫描即可获取区域内各元素的分布。如图 20-17 所示，样品为多相合金，在面扫描模式下，选择扫描区域，即可获得该区域内各元素的分布关系。

分析认为 Cr、Ni、Fe 元素分布不均匀，与形成相有关，Ti 在整个区域内分布较均匀。

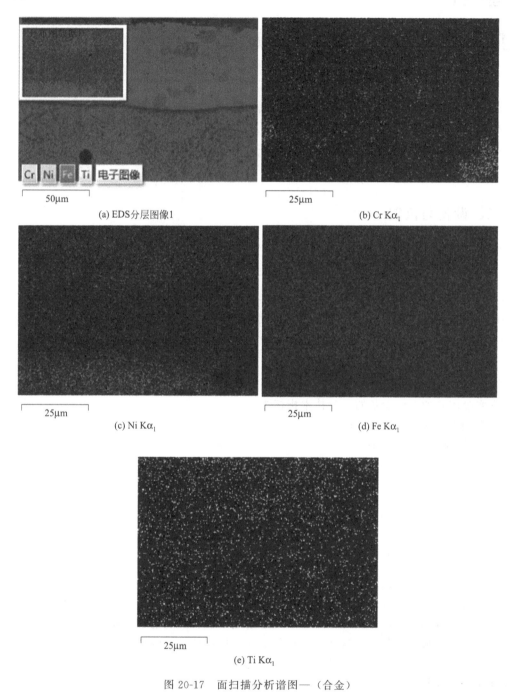

(a) EDS分层图像1

(b) Cr Kα₁

(c) Ni Kα₁

(d) Fe Kα₁

(e) Ti Kα₁

图 20-17 面扫描分析谱图—（合金）

参考文献

郭立伟，朱艳，戴鸿滨. 现代材料分析测试方法 [M]. 北京：北京大学出版社，2019.

实验 21

材料结构的透射电子显微测试与分析

一、实验目的

a. 了解透射电镜（TEM）的构造、成像原理和基本功能；
b. 掌握透射电镜样品的制备方法；
c. 掌握透射电镜形貌及电子衍射分析；
d. 掌握透射电镜高分辨及能谱分析。

二、设备与仪器

1. 基本信息与配置

本实验所用到的设备为 Talos F200X 型高分辨透射电子显微镜，该型号电镜为美国 ThermoFisher 公司推出的最新产品之一，是目前综合性能较为优越的一款高分辨电镜。其主要部件包括照明系统：电子枪和会聚镜；成像系统：物镜、中间镜、投影镜；记录系统：CCD 记录系统；真空系统等。图 21-1 为电镜设备外观图及一般性内部结构示意图。

2. 主要技术指标

本实验用到的电镜设备的主要技术指标为：
a. 信息分辨率：$\leqslant 0.12\text{nm}$；
b. 点分辨率：0.25nm；
c. STEM 分辨率：$\leqslant 0.16\text{nm}$；
d. 物镜球差：1.5mm；
e. 最大倾转角度：$\pm 35°$。

三、背景知识与基本原理

TEM 用聚焦电子束作照明源，适用于对电子束透明的薄膜试样，以透过试样的透射电子束或衍射电子束所形成的图像，来分析试样内部的显微组织结构。样品在高能电子束照射下，电子束与样品中的原子相互作用后形成透射电子、背散射电子。此外，还激活原子内层电子，使样品释放不同信号，这些信号携带了原子内部信息。收集、测定和分析从样品局部区域发出来的这些信号，并给出样品内局部信息的理论和技术，以及在材料科学、凝聚态物理、化学和生命科学中的应用，构成了电子显微学的全部内容。透射电镜是实现电子显微学研究的重要工具。

1. 电子与样品的相互作用

电子显微分析的核心在于电子与物质（样品）的相互作用。当高能电子束与薄样品发生相互作用后，会产生二次信号。图 21-2 为电子与薄样品相互作用产生二次信号的示意图。

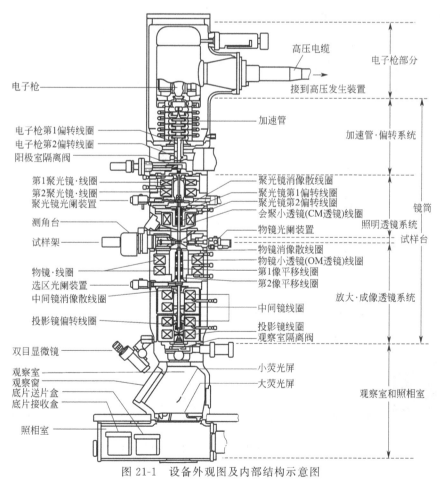

图 21-1　设备外观图及内部结构示意图

这些信号经过收集和处理，可以得到关于材料化学成分甚至结构的重要信息，成为材料分析的重要手段。因为样品较薄，所以许多电子不与试样发生相互作用而直接穿过试样，这样的电子称之为透射电子。透射电子没有发生能量的改变，传播方向不发生变化。其他电子则与样品中的原子核及核外电子发生相互作用，称之为散射电子。散射分为两种：弹性散射（elastic scattering）和非弹性散射（inelastic scattering）。发生弹性散射的电子方向发生改变但能量不变，因而电子速度大小也不变。弹性散射是电子衍射的基础。发生非弹性散射的电子，其能量和速度都发生变化。

在非弹性散射中存在着一系列的激发过程，比如内壳层电子激发、等离子体激发、声子激发等。将这些发生非弹性散射的透射电子展开成谱就是电子能量损失谱（electron energy-loss spectrometry，EELS）。将产生的 X 射线按能量展开成谱，就是 X 射线能量色散谱（energy-dispersive X-ray spectroscopy，EDS 或 EDXS）。这两种方法是分析型电镜（AEM）中最常用的谱分析方法。

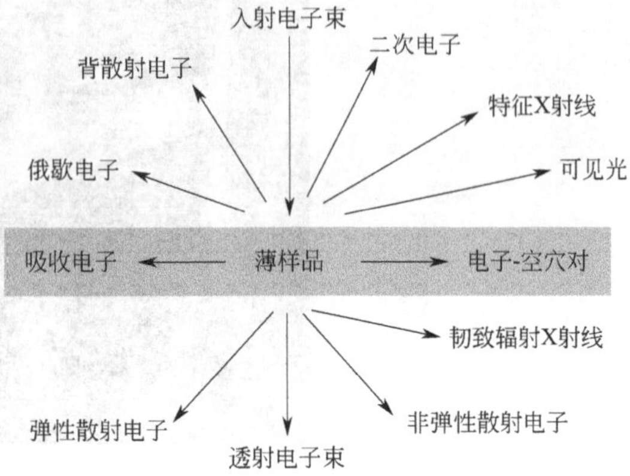

图 21-2　透射电镜中电子与薄样品的相互作用示意图

2. 衍射与成像基本光路图

电镜有两种最基本的操作模式：衍射模式和成像模式。图 21-3 分别为衍射模式和成像模式下的基本光路图。在衍射模式下，物镜的后焦面作为中间镜的物平面；在成像模式下，物镜的像平面作为中间镜的物平面。在操作

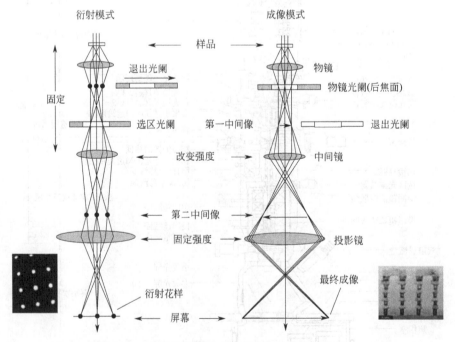

图 21-3　电镜中衍射模式和成像模式的基本光路图

上非常方便，只要按下相应的按钮就可以切换到相应的光路上。

3. 高分辨成像原理

高分辨电子显微术的成像机制即相位衬度（phase contrast）理论。设想一个很薄的样品，当电子束穿过它时，电子束的能量损失可以忽略不计，而改变的只是其相位，那么这一样品就被称为相位物体（phase-object）。

忽略相对论修正，电子束波长公式为：

$$\lambda = h/(2m_0 eE)^{1/2}, \lambda' = h/\{2m_0 e[E + \varphi_0(r)]\}^{1/2} \tag{21-1}$$

式中，λ 为真空中的电子波长；h 是 Planck 常数；m_0 是电子静质量；E 是加速电压。当电子通过样品，受样品中电势能的影响时，电子波长为 λ'，其中 $\varphi_0(r)$ 为样品中电势能的分布函数。

通过样品的电子束与在真空中传播的电子束的相位差为：

$$\alpha = 2\pi \int_0^t \left(\frac{1}{\lambda'} - \frac{1}{\lambda}\right) dz \approx (\pi/\lambda E) \int_0^t \varphi_0(r) dz = \sigma \varphi_p(r)$$

$$E \gg \varphi_0(r) \tag{21-2}$$

式中，$\varphi_p(r)$ 是沿电子束方向的投影势（projection potential）；$\sigma = \pi/\lambda E$ 是一个对于特定电压的常数。

设入射束为平面波，则透射函数（transmission function）为：

$$\Psi(r) = \exp[-i\sigma\varphi_p(r)] \tag{21-3}$$

在后焦面上的衍射函数（diffraction function）为：

$$\Phi(\boldsymbol{H}) = F[\Psi(r)] \tag{21-4}$$

式中，H 是衍射面上的一个矢量，而 F、F^{-1} 是 Fourier 变换子、逆变换子。

在完整透镜假设下，成像过程不会造成图像失真。按照 Abell 成像理论，在正焦条件下像平面上的像函数可表示为：

$$\Psi(\boldsymbol{r}) = F^{-1}[\Phi(\boldsymbol{H})] = F^{-1}\{F[\Psi(r)]\} = \Psi(mr) \tag{21-5}$$

其强度为：

$$I(r) = |\Psi(r)|^2 = |\exp(-i\sigma\varphi_p(mr))|^2 = 1 \tag{21-6}$$

所以，对于一个正焦的理想透镜而言，我们无法在像平面上看到相位物体的任何衬度。实际的物镜都是不完整的，会对透射函数加以调制，调制过程可用一个变换函数（transfer function）A（$\boldsymbol{H}$）来表示，其结果是对电镜的分辨率造成影响，具体在这里不再赘述，详情可以参考相关文献。图 21-4 为高分辨成像光路示意图，可以看出所有在后焦面上的衍射束都参与了成像，说明相位衬度理论是一个多束成像理论。

四、实验样品

透射电镜样品制备的总体要求：

① 供 TEM 分析的样品必须对电子束是透明的，通常样品观察区域的厚度以控制在约 $100 \sim 200$nm 为宜。

② 所制得的样品还必须具有代表性，以真实反映所分析材料的某些特征。因此，样品制备时不可影响这些特征，如已产生影响则必须知道影响的方式和程度。如凹坑造成的应力等，都会对材料结构造成影响。

③ 为保证所制备的样品真实反映材料的内部真实结构，要求样品是新制备的，制备好

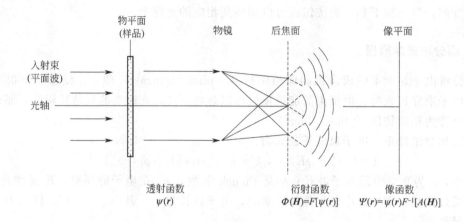

图 21-4　高分辨成像光路示意图

的样品最好能够尽快进行透射电镜观察，否则会造成样品的氧化或污染，影响观察。

本实验重点介绍粉末样品的制备方法。具体步骤为：将粉末放在无水乙醇溶液里，用超声波振荡均匀后滴在微栅支持膜上（图 21-5），干燥（可以用加热仪或烤灯，温度不宜超过60℃）后进行透射电镜观察。调整粉末与无水乙醇的比例，保证制备出的样品具有良好的分散性和均匀性。

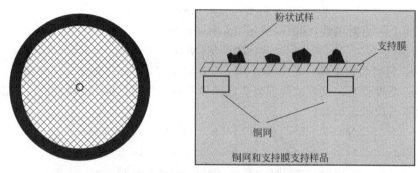

图 21-5　铜网及样品在支持膜上的示意图

五、实验步骤

1. 准备工作

（1）检查仪器是否运行正常

① 查看样品台的指示灯（正常情况指示灯不亮）。

② 检查空调、冷却水机、空气压缩机、不间断电源及其他相关设备仪表的工作状况，确保其正常运行。

③ 检查实验器材（样品杆、镊子等）是否有损坏。

④ 检查仪器使用日志。

（2）登录用户界面（User Interface）

① 在登录界面输入用户名和密码（一般为已登录好，不用操作该步骤）。

② 启动主程序 Microscope Software Launcher 软件（一般是开启状态），点击 ▶ 按钮

（如果关闭时，该按钮可用，为绿色），如图 21-6 所示。

③ 再次检查仪器是否处于正常状况。

a. 确认 Col. Valves Closed 按钮处于关闭状态（黄色）。

b. 查看真空和液氮量是否正常，在 TEM User Interface 软件中，在 Setup→Vacuum 界面中设置：Accelerator（1）；Column（<10）；Detection Unit（<30）；Bulfer tank（56 以上会自动启动 Empty Bulfer，也可手动点击 Empty Bulfer）的压力指示条应该都是绿色才为正常；液氮量（Nitrogen level）需要保证大于 20％（图 21-7）。

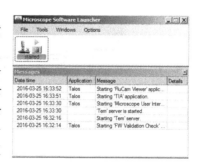

图 21-6　Microscope Software Launcher 界面

c. 查看高压是否正常，在 TEM User Interface 软件中，在 Setup→ HighTension 界面中：在正常情况下，High Tension 指示条为黄色（图 21-8），高压指示值为 200kV（高压平时一直加到 200kV）。FEG Control（Expert）界面中，Operate 是黄色的（灯丝开启状态，图 21-9）。

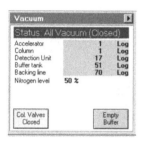  

图 21-7　Vacuum 界面　　　　图 21-8　High Tension 界面　　　　图 21-9　FEG Control 界面

d. 查看样品台位置是否正常，是否归零（图 21-10）。

2. 装样品并插入样品杆

样品杆有两种类型，单倾：只能在 A 方向倾转（不带数据线）；双倾：在 A、B 两个方向都能倾转（带数据线）。如不需倾转样品，请选择单倾样品杆。

X:	-0.68 μm	
Y:	0.00 μm A:	0.01 deg
Z:	0.03 μm B:	0.00 deg

图 21-10　样品台位置界面

（1）单倾样品杆

① 选择单倾样品杆，取下前端套筒。

② 确认样品杆尖端以及夹具是清洁干燥的。

③ 保持一只手顶在样品杆的末端（一般在左边），确保它不会移出套管。

④ 将工具针（套管支持架上左手边孔中）插入夹子前面的孔中，然后提起夹子到最大可能的角度（图 21-11）。

⑤ 将样品正面朝下，放在样品杆尖端圆形的凹槽处。

⑥ 用工具针把夹子小心地降到样品之上，并确保样品保持在正确位置。样品夹子必须小心地放低，否则，会损伤样品和夹子。

⑦ 将样品杆旋转 180°，轻敲套管，确保样品不会掉落。

（2）双倾样品杆

① 选择双倾样品杆，取下前端套筒。

② 确认样品杆尖端以及夹具是清洁干燥的。

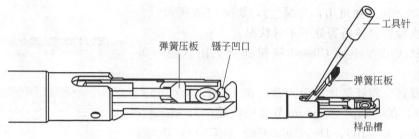

图 21-11　单倾杆示意图

③ 保持一只手顶在样品杆的末端，确保它不会移出套管。

④ 在工具盒中取出三脚样品固定夹及垫圈，放在干净的培养皿中。

⑤ 将样品正面朝下，放在样品杆圆形的凹槽处，并确保样品保持在正确位置。

⑥ 小心地将垫圈放在样品上。

⑦ 小心地将三脚样品固定夹扣在垫圈上。

⑧ 将样品杆旋转 180°，轻敲套管，确保样品不会掉落。

（3）进样

① 再次确认样品的 x、y、z、A、B 五个坐标近似为零。如果不为零，点击 Search 面板下 Holder 进行归零（或在仪器右侧面板上进行样品归零操作）。

② 确认样品台的红灯熄灭（如果红灯是亮的，应点击 Holder，这时红灯就会熄灭）。

③ 手拿样品杆，将限位突针对准 Close 标线（约 5 点钟方向），沿轴线平行将样品杆小心插入，向内滑动样品杆直到遇到阻力。样品预抽室开始预抽，样品台的红灯亮，预抽开始（共计 180s）。

④ 此时，样品杆不能旋转。若样品杆能够旋转，说明样品杆没有进到位，应慢慢把样品杆向左、右稍微转动直到完全进到位。

⑤ 此时，在 TEM User Interface 界面中，Column Valves Closed 不可点击，同时会显示出预抽倒计时。

⑥ 如果是单倾杆，选择 Single tilt 样品杆类型，按回车确认；若是双倾杆，则在 Tecnai User Interface 软件中选择 Double tilt 样品杆类型并确认，然后连接 B 方向倾转控制电缆并确认。

⑦ 预抽时间结束后，样品台红灯熄灭，此时就可以进样了（注意预抽结束后 20s 内必须插入样品杆）。

⑧ 手握样品杆末端，绕轴逆时针旋转样品杆约 120°，将样品杆的销钉对准样品台的圆孔。

⑨ 必须握紧样品杆末端（此时真空对样品杆有较强的吸力作用），使样品杆在真空吸力作用下慢慢滑入电镜，要送到底（要轻拿轻送，不要用力扭转，避免样品杆撞击样品台，装好后轻敲样品杆后座，确保到位）。进样的同时注意观察真空值（尤其是 Column 不能高于 10）。

3. 实验操作过程

（1）再次检查高压、真空和灯丝状态

开始操作之前，在 TEM User Interface 软件→Setup 中，确定 FEG Control 的 Operate 钮为黄色（灯丝一直出于开启状态），高压为 200kV，各真空值正常。

（2）开启阀门

① 以上各项检查正常后，可开启阀门。

② 开启阀门：点击 Col. Valves Closed 按钮，使其变灰。此时 Status 显示 Ready。

③ 开启阀门后在荧光屏上可看见光斑。

（3）设置共心高度

① 移动样品找到样品观察区域。

② 按右操作面板上的 Eucentric Focus 按钮（保证样品中心轴位置不变）。

③ 调节 Z 轴高度，有两种方式：一种是调节 Intensity（逆时针聚光，顺时针散光），使光斑汇聚到屏幕中心一点，调 Z 轴使影像聚焦到衬度最小（即中心光斑点没有光晕，一般情况此操作使 Z 轴数值为负值）；另一种是找到较明显的样品位置，按下左侧面板 L1，使样品杆转动，调 Z 轴使样品移动幅度最小。

（4）调节聚光镜像散

① 用 Intensity 调节光强度。

② 若发现光斑不是同心收缩（即光斑不圆），则需要调节聚光镜像散。

③ 点 Tune—Stigmator—Condenser 按钮，使之变为黄色。

④ 用多功能键（MF）将光斑调圆。

⑤ 调好后点击 None 确定。

（5）调节 Rotation Center

① 调节 Mag. 将放大倍数增至 SA125k×。

② 调节 Intensity，将光散开铺满整屏，调 Focus，将样品图像调节到比较清楚。

③ 在 UI 界面点 Tune—Direct Alignments—Rotation Center。

④ 调节（MF），使小屏的图像不晃动，仅仅是心脏似的收缩。

⑤ 调整好后点 Done。

（6）调节物镜像散

① 拍摄高分辨像时，需要调节物镜像散。

② 在样品的附近选择一块非晶区域，Mag. 放大倍数调到 SA250k× 以上。

③ 打开小屏，调 Focus，使能够看到图像。

④ 打开 Ceta Camera（时刻关注 CCD 信号强度，最高不高于 8000，一般小于 4000 为宜），收起屏幕（R1），在右侧电脑屏上看到图像。

⑤ 打开 TIA 软件下的 FFT/IFFT 后点击 FFT。

⑥ 调 Focus，使 FFT 中非晶环的圆环消失（光晕全白，正焦状态）。这时稍稍逆时针转一点儿，调到欠焦状态，出现非晶圆环。

⑦ 点 Tune—Stigmator—Objective 按钮，使之变为黄色。

⑧ 调节 Mul. X 和 Y（多功能钮），将 FFT 中的非晶圆环调圆。

⑨ 调好后点击 None 确定。

（7）形貌观察及照片获得（非 HRTEM）

① 通过移动样品选择感兴趣的区域。

② 用 Mag. 旋钮选择合适的放大倍数，并将光发散至满屏。

③ 用 Focus 按钮选择合适的步长（一般小于 4）。

④ 粗调至样品衬度最小。

⑤ 按 R1（或左侧屏幕中去掉"Insert Screen"），将大荧光屏抬起。

⑥ 点击 Search 进行图像扫描。

⑦ 细调 Focus 至最佳聚焦值。

⑧ 点击 Acquire 进行拍照。

⑨ 拍照后按 R1（或左侧屏幕中去掉"Insert Screen"），在荧光屏上寻找下一拍照区域。

4. 实验结束操作

① 实验完毕，先将放大倍数缩小至 5200× 以下，并将光发散。

② 关闭阀门：点击 Col. Valves Closed 按钮，按钮由灰变黄。此时 Status 显示 All Vacuum（Closed）。

③ 样品杆回位：点击 Search—Stage，右拉菜单，Control 下的 Holder 进行样品杆归零，此时 Stage 中的蓝色十字位于圆盘中心位置。

④ 取出样品杆。

a. 在确认阀门已经关闭，样品台已经归零之后，可以拔出样品杆。

b. 若发现样品台的红灯亮起，不能拔样品杆。

c. 顺着轴向外拔出样品杆到有阻力为止（注意力度不要太大）。

d. 绕轴顺时针转到头，约 120°。

e. 顺着轴保持水平地从样品台中拔出样品杆（手拖住样品杆的后杆部，勿使样品杆前端在彻底拔除时撞到样品室），如是双倾杆，则需先拔掉电缆插头。

5. 使用 Ceta 相机注意事项

Ceta camera 开启前，确定亮度、曝光时间等；Ceta camera 开启后，不要再调 Intensity 和 Mag.，要先把 Ceta camera 关闭再调两者。

① 使用 Ceta camera 观察图像的过程中，如需改变放大倍数，必须先将荧光屏放下，调好后再抬屏观察（防止改变倍数过程中电子束会聚或偏移）。

② 拍摄衍射图片时，一定要小心再小心，最强处强度不能超过 8000，曝光时间约 0.5s 以下。

六、案例分析

1. $SrTiO_3$ 氧化物多层薄膜的成分及结构分析

为了得到 $SrTiO_3$ 氧化物及多层氧化物薄膜的成分信息，首先将电镜从 TEM 模式切换到 STEM 模式，并选择 HAADF 探头，在 STEM-HAADF 模式下调整 Z 高度和 Focus，获得一张清晰的界面形貌像。在 Velox 软件中，在 SI 中选择 Dell time 为 2 μs，选择 100 frames 叠加，分别在元素周期表中选择 Sr、Ti、Ru、Bi、Mn 元素，设置完成后点击 SI，进行 EDS 采集。氧元素因为所有的膜中都含有，分布均匀，在这里不再列出。

图 21-12 为 $SrTiO_3$ 氧化物多层膜的形貌像及其能谱分析，可以看出最外层的膜含有 Bi 和 Mn，中间层含有 Sr 和 Ru，而基体主要含 Sr 和 Ti。根据实际的分析需要，为直观起见，还可以将代表不同元素的颜色进行复合处理，如图 21-13（a）为将图 21-12 中的所有颜色进行复合得到的效果图。为进一步确定薄膜的晶体结构，还需对薄膜进行电子衍射分析。实验结果证明最外层为 $BiMnO_3$，中间层为 $SrRuO_3$，基体为 $SrTiO_3$，且具有相同的简单立方晶体结构，图 21-13（b）为 $SrTiO_3$ 基体沿着 [001] 晶带轴的选区电子衍射图。在 [001] 晶带轴下，可以获得 STEM-HAADF 高分辨照片，得到原子占位信息，如图 21-13（c）所示。

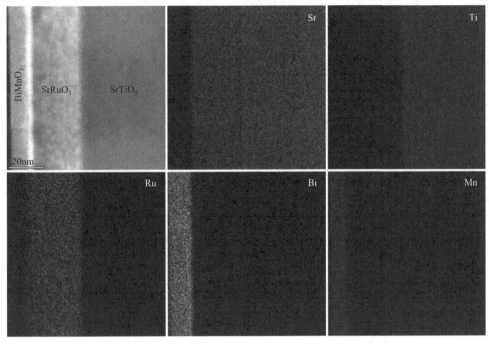

图 21-12　$SrTiO_3$ 氧化物多层膜的形貌像及其能谱分析

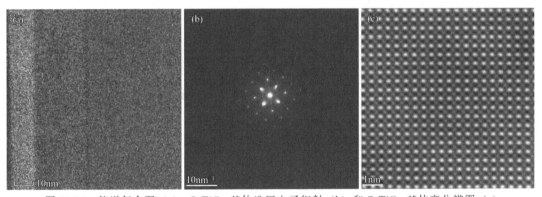

图 21-13　能谱复合图（a），$SrTiO_3$ 基体选区电子衍射（b）和 $SrTiO_3$ 基体高分辨图（c）

2. BN 样品的 EELS 定性分析

由于轻元素的散射能力较差，在用 EDS 进行成分分析的时候往往会带来较大的误差。电子能量损失谱（EELS）则很好地弥补了这一不足。EELS 分析的是非弹性散射电子。非弹性散射的发生是由于入射电子与某能级的电子相撞，该电子吸收能量后被激发到其他能级上。将透射电子束导入区分电子的高分辨电子谱仪，从而产生散射强度为高速电子动能减小值函数的电子能量损失谱。

图 21-14 是一个典型的电子能量损失谱，可以看出其能量区间约为 1000eV。可以根据能量损失大小的不同，将电子能量损失谱分成三部分：①零损失峰（zero-loss peak）。零损失峰表示没有能量损失，包括受到弹性散射的向前传播的电子和引起声子激发的电子（声子激发的能量为 10～100meV），其能量损失小于实验分辨率。零损失峰中还包括没有发生散射而直接透过样品的电子。通过零损失峰过滤的能量过滤像或衍射花样，能够减小噪声和多

次散射的影响。②低能损失区（low-loss region）。低能损失区电子能量损失小于 50 eV。在这个区域内包含了由外层电子非弹性散射所引起的一个或多个峰。一般情况下，主峰对应于导带电子或价电子的集体振荡；其能量与价电子的密度紧密相连，它的宽度则反映了单电子跃迁的衰减效应。在有些情况下，带间跃迁将会以峰或以精细结构的振荡形式加在等离子峰之上而直接显现在低能损失谱中。因此，等离子峰原则上可以用来进行物相鉴定。而且低能损失还包含了介电常数、自由电子密度和键合等信息。③高能损失区（high-loss region），也叫核心损失区（core-loss region），指的是能量损失大于 50 eV 的区域。高能损失区主要来自原子内层电子激发到更高的能级轨道，所以可以反映出原子特征能量。由于内层电子的激发而呈现出电离边，在电离阈值上方 50eV 范围内以峰或强度振荡的形式存在的精细结构，叫作近边精细结构（ELNES），这些结构中大多数反映被激发原子周围的原子的影响。尽管电离边精细结构随能量损失增加，振幅减小，但如果在几百 eV 能量范围内没有其他的电离边，则在该能量范围内可观测到强度的振荡，即广延能量损失精细结构（EXELFS）。EXELFS 反映出电离原子的位置以及紧邻原子的信息，因而主要的一个应用，是用于研究非晶态材料和短程有序材料的原子径向分布函数和配位数。

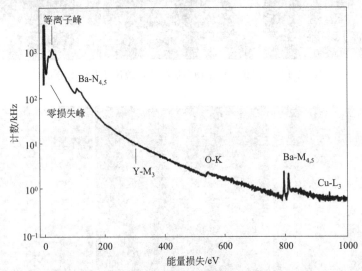

图 21-14　高温超导体（$YBa_2Cu_3O_7$）的电子能量损失谱

纵坐标计数采用对数标度，图中展示了零损失峰和等离子峰以及来自每种元素的电离边

值得注意的是 EELS 的信号一般高于 EDX 信号，尤其是对于碳等轻元素，信号强度可以超出几百倍。由于原子序数越小，散射截面越大，EELS 的突出优势在于：对于低原子序数元素和 L_{23} 边在 30～700eV 的中等原子序数元素，具有更高的灵敏度。另外，近边结构可以用来鉴别晶体结构，比如从 EELS 中可以很容易分辨出金刚石、石墨和非晶碳，而仅从 EDX 谱中无法将其加以区分。但是 EELS 也有不足的地方，比如背底相对较高，要求样品必须很薄以减少多重散射的影响等。

EELS 可以在不同的模式下进行采集。在 TEM 模式下放大到合适的倍数，此时找到感兴趣的样品区域采集一张图片。图 21-15（a）为 BN 的 TEM 形貌像。找到微栅的空隙处，放大倍数，稍微聚光然后抬屏，打开 DM 软件，在 Tune EELS 下点 Focus→Full Tune 进行校正，可以多校正几次。完成后切换到 STEM 模式，调整好图像后采集一张图片。图 21-15（b）为对应的 HAADF 形貌像，Energy 中选择 B-K，曝光时间选择为 auto，Capture→Frames 中输入 50，参数设置好后将光斑移动到合适的样品处，一般选择样品的边缘远离微栅处，然后点 Capture 进行采集，得到的 EELS 谱如图 21-16 所示，可以清晰地看到 B-K（188eV）峰和 N-K（401eV）峰。对 EELS 峰进行处理，选择合适的能量宽度进行扣背底，还可以对元素进行定量分析。

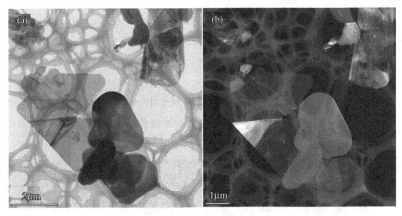

图 21-15　BN 的 TEM 像（a）及 HAADF 像（b）

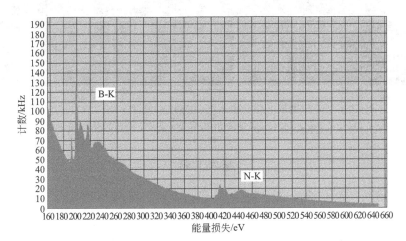

图 21-16　BN 的电子能量损失谱

3. Li$_{1.2}$Ni$_{0.2}$Mn$_{0.6}$O$_2$（LNMO）正极材料三维重构分析

在电镜中看到的图像往往是三维图像在二维方向上的投影，这就在一定程度上影响了人们对所观察样品形貌及成分的认识和判断。三维重构分析可以帮助我们在不同方向分析材料的结构特征，是分析纳米材料结构和性能的有效手段。三维重构所用到的样品杆为 Fischione 3D 重构样品杆，一般的实验过程为：

（1）采集图像

利用 Wobbler 调整 Z 值，使样品位置变化幅度最小，并固定 Z 值不变。在 STEM Tomography 软件中进行曝光时间、聚焦、漂移校正等参数的设置。设置倾转角度及步长（如从−70°到+70°每隔 2°采集一张图片），设置探头和 EDS 能谱，开始采集后软件会自动跟踪样品，并按设置好的程序自动对焦照相完成能谱采集等过程，完成后自动转到下一个角度。

（2）数据处理

对采集好的图像用 Inspect 3D 软件进行处理，对采集过程中出现错误的数据进行调整或删除；校正数据并通过计算得到三维数据。

（3）可视化处理

将三维数据利用 Avizo 软件进行三维可视化处理，获得不同角度的形貌和能谱图及三维动画。

$Li_{1.2}Ni_{0.2}Mn_{0.6}O_2$（LNMO）层状正极材料的可逆比容量可以达到 $250mA \cdot h/g$。该案例分析的是利用共沉淀法制备的 LNMO 材料，对单一的 LNMO 颗粒进行能谱分析，可以看出 Ni 元素的分布不均匀，在颗粒的一些表面和晶界处偏聚。为确定样品在其他方向是否存在同样的现象，对该颗粒进行大角度倾转，得到在不同角度下的形貌及能谱图，如图 21-17 所示。通过三维重构，实现样品的大角度倾转，同样可以看出，Ni 元素分布在特定的表面位置及晶界处 [图 21-17(f)]，说明在材料制备过程中可能导致 Ni 元素的偏聚，这与 Ni 的扩散机制有关。

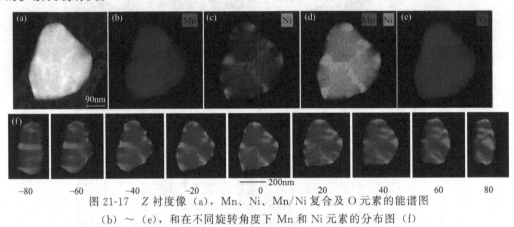

图 21-17　Z 衬度像（a），Mn、Ni、Mn/Ni 复合及 O 元素的能谱图（b）～（e），和在不同旋转角度下 Mn 和 Ni 元素的分布图（f）

参考文献

[1] Williams D B，Carter C B. Transmission Electron Microscopy：A Textbook for Materials Science [M]. 2nd ed. Berlin：Springer，2009.

[2] 进藤，大辅，及川，哲夫 [日]. 材料评价的分析电子显微方法 [M]. 刘安生译. 北京：冶金工业出版社，2001.

[3] Egerton R. Electron Energy-Loss Spectroscopy in the Electron Microscopy [M]. 3rd ed. Berlin：Springer，2011.

[4] Gu M，Belharouak I，Genc A，et al. Conflicting Roles of Nickel in Controlling Cathode Performance in Lithium Ion Batteries [J]. Nano Letters，2012，12. 5186-5191.

实验 22

电子探针的形貌观察与成分定量分析

一、实验目的

a. 掌握显微形貌分析；

b. 掌握微区成分定量分析；

c. 掌握微区成分线分析；

d. 掌握微区成分面分析。

二、设备与仪器

1. 基本信息和配置

本实验的主要设备为 JXA-8230 型电子探针显微分析仪（日本电子），主要部件包括腔体（电子光学系统、光学显微镜、试样室和真空系统）、波谱仪、冷却水系统、数据收集和处理系统。设备概览如图 22-1 所示。

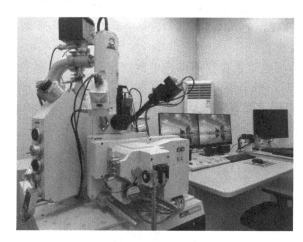

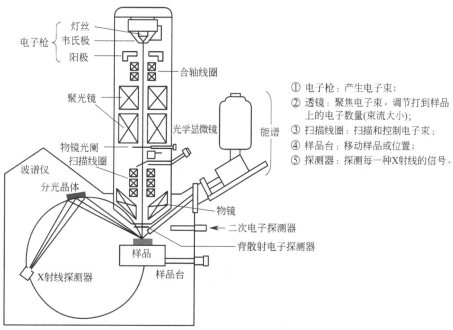

① 电子枪：产生电子束；
② 透镜：聚焦电子束。调节打到样品上的电子数量(束流大小)；
③ 扫描线圈：扫描和控制电子束；
④ 样品台：移动样品或位置；
⑤ 探测器：探测每一种X射线的信号。

图 22-1 设备概览图和结构示意图

2. 主要技术指标

a. 测元素范围 B(5)～U(92)，分析精度优于 1%；

b. 空间分辨率大于 0.1μm，图像放大倍率 40～300000 倍，最大样品尺寸 100mm×

100mm×50mm；

    c. 加速电压 0.2～30kV（以 0.1kV 为步长）；

    d. 电流范围 10^{-12}～10^{-5}A，束流电流稳定度 5%/h，±0.3%/12h（W）；

    e. 工作环境温度为 20～22℃，湿度 40%～45% HR。

三、背景知识与基本原理

    电子探针设备中的波谱仪采用波长色散方法来分析元素。波谱仪利用一块已知晶面间距的单晶体（分光晶体），通过实验测得衍射角 θ，根据布拉格公式 $2d\sin\theta=n\lambda$ 获得 X 射线的波长，从而确定材料中存在什么元素。

    分光晶体及弯晶的聚焦原理：与电子束作用的试样中激发出的 X 射线具有某种特征波长，特征波长 X 射线照射到晶体时，只有满足布拉格方程，才能得到较强的衍射束，如图 22-2 所示。若在面向衍射束的方向上安装接收器，就可以记录不同波长的 X 射线。图中右方的平面晶体称为分光晶体，它可以使不同波长的 X 射线分散并展开出来。但这种平面分光晶体收集单波长 X 射线的效率非常低。

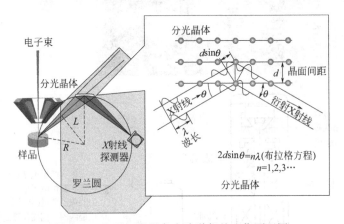

图 22-2　电子探针设备中波谱仪的工作原理图

    如果把平面分光晶体作适当的弯曲，做成弯的分光晶体，并使 X 射线源、弯晶表面和探测器窗口位于同一个圆（称为罗兰圆）上，就可以达到使衍射束聚焦的目的，如图 22-3

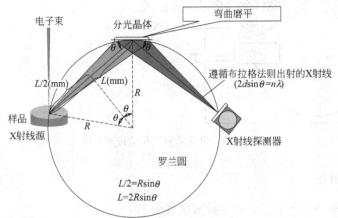

图 22-3　将电子探针中的分光晶体弯曲（并磨平），使 X 射线源、晶体和探测器在罗兰圆上（聚焦）

所示。这时，整个分光晶体只收集到一种波长的 X 射线，使这种单波长的 X 射线衍射强度大大提高。

根据几何关系，可以将从样品中激发的特征 X 射线转化为 L 值（L 值为光源到晶体的距离），如图 22-4 所示。这样某种元素的特征 X 射线以不同晶体的 L 值来标识。据此，可以对样品所含的成分进行鉴定。图 22-4(b) 为 Si、Ti、Al、Cu 等元素在不同晶体上对应的 L 值。

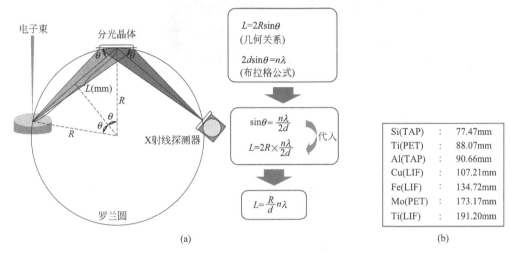

图 22-4 特征 X 射线波长与 L 值的转换关系图 (a) 和
Si、Ti、Al、Cu 等元素在不同晶体上对应的 L 值 (b)

四、实验试样和试样要求

实验试样为金属或氧化物固体样品，在电子束照射和低气压（真空）下稳定、导电（或者喷导电的材料），具有合适的尺寸以嵌入样品座。定量分析中样品要平坦不倾斜，不能是磁性材料。典型的实验试样如图 22-5 所示。

图 22-5 实验试样

五、实验步骤

1. 开机

① 打开冷却水，如图 22-6 所示，确保水干净，水压在 0.1～0.2MPa 之间，温度 20℃

左右无报警，红灯不亮，按一下绿色按钮。

图 22-6　打开冷却水系统

② 打开计算机。

③ 双击 JEOL EPMA 进入用户登录界面，如图 22-7 所示，选择合适的用户名并输入密码，按 Start 进入系统。

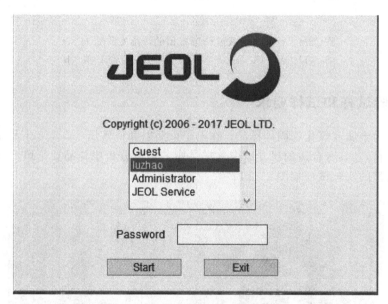

图 22-7　登录 JEOL EPMA 用户界面

2. 取放样品

① 点 Spec Exchange，确保 EXCHANGE 灯由灭变亮，如图 22-8 所示。

② 拉开定位销，把杆拉水平，白点向上，前推到底，左转到底，拉回到底。长按 VENT 3s 以上，灯不闪，如图 22-9 所示。

③ 打开交换样品室门，放入新样品，样品台放在中间，阙口放在 T 字头上，放上样品后注意 O 形圈，金属锁扣好，如图 22-10 所示。

④ 抽真空，长按 VENT 3s 以上，灯不闪（尽量使用软件中的按钮）。

⑤ 看软件示意图，阀门打开，再确认 EXCH POSN 亮，HLDR 灯灭，前推到底，右转

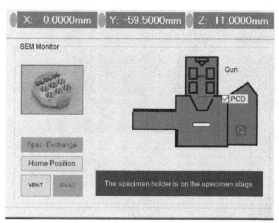

图 22-8 装入样品前样品室的状态图

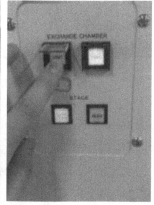

图 22-9 打开交换样品室示意图

图 22-10 装入样品示意图

到底，拉回到底，左拉开定位销，杆放下，选择对应的样品台类型，如图 22-11 所示。

⑥ 点 Home Position，如图 22-12 所示。

3. 测试与分析

完成相关功能的测试与分析，详见"六、测试与结果分析"。

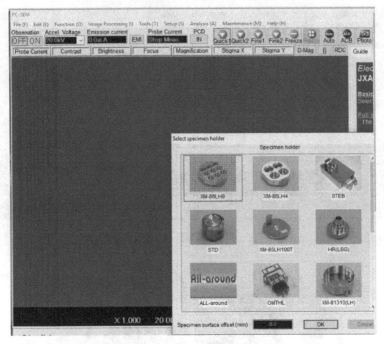

图 22-11 选择对应样品台示意图

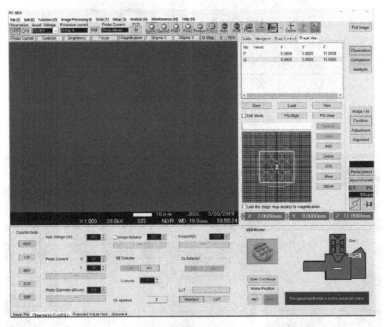

图 22-12 将样品台移动至 Home Position 示意图

4. 关机

① 点击 Observation OFF（钨丝灯）。

② 确保 HT 灯熄灭。

③ 选择 File-Exit 退出 EPMA 软件。

④ 点击 Exit 退出用户登录界面。

⑤ 关闭计算机。

⑥ 按主面板上 OPE POWER—OFF。

⑦ 关闭水箱：按一下红色按钮，即 Run 的开关。

六、测试与结果分析

1. 显微形貌观察

① 打开加速电压：Observation 点击 ON。

② 使 PCD 处于 IN 状态，即让电子束打到样品上，如图 22-13 所示。

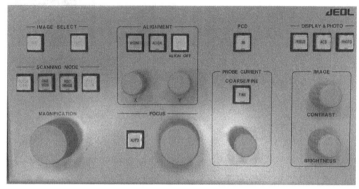

图 22-13　操作键盘上的各个键

③ 在操作键盘上选择 FINE VIEW，以及 RDC IMAGE（PCD IN）。

④ 调节亮度和对比度使图片清晰，如图 22-14 所示。注意：在调节图像时我们遵循的原则是低倍聚焦、高倍调像散。在每一个倍数下高倍消像散、低倍聚焦，调至需要的倍数清晰为止。

⑤ 点 Photo。

⑥ 点 File-Save as 保存图像。

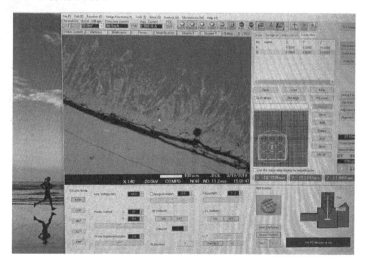

图 22-14　调整焦距和对比度后的样品形貌

2. 定性分析（元素种类和含量半定量分析）

① 输入 Project Name 按回车，如图 22-15 所示。在软件里输入后都需要回车。

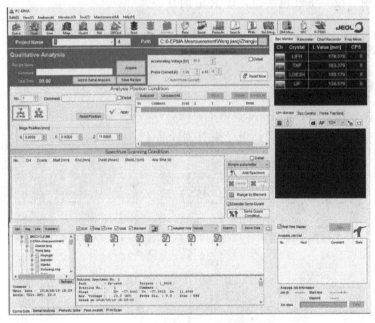

图 22-15　半定量分析控制界面

② Path 中选择文件保存路径。

③ 在 Electron Optics Condition 里的 Control of acceleration voltage 前和 Control of beam current 前打钩，如图 22-16 所示。

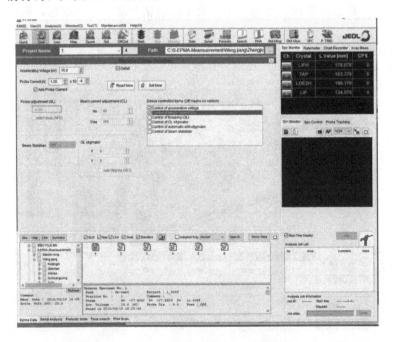

图 22-16　设置电流、电压界面

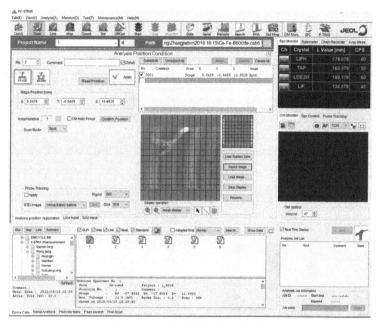

图 22-17　确定测试位置示意图

④ 设置电压、电流，在电流下的 Auto Probe Current 前小方框中打钩，然后在 Analysis Position Condition 里，在 SEM 一侧找到需要分析的区域，旋调节十字叉丝的旋钮，十字叉丝清晰，是调图像的第一步，按 AF 或手动调整十字叉丝清晰，按 JOG 确保十字叉丝仍然清晰。

⑤ 点击 Apply，如图 22-17 所示。

⑥ 在 Spectrum Scanning Condition 里设置好 Channel/Crystal/Start/End/Dwell/Step，全元素定性分析，如图 22-18 所示。

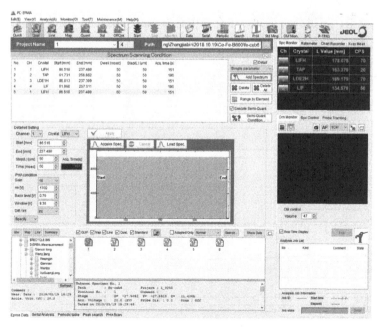

图 22-18　设置晶体参数示意图

说明：点 Add Spectrum，假设探针一共配备有四道谱仪，八块晶体，则点八次，每个晶体的 Start、End 覆盖 B(5)～U(92) 的 L 值（如表 22-1 所示），因此可以进行全元素分析。

表 22-1　探针中各个晶体覆盖的 L 值范围

CH	晶体	Start/mm	End/mm	Dwell/ms	Step/μm	Acquire/s
1	LIF	65	255	100	50	384
1	PETJ	65	255	100	50	384
2	TAP	65	255	100	50	384
2	LDE2	65	255	200	100	384
3	LIFH	90	235	100	50	294
3	PETH	90	235	100	50	294
4	LDEB	65	255	200	100	384
4	LDE1	255	200	100	384	65

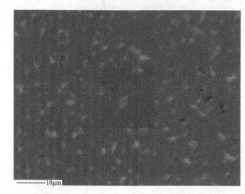

图 22-19　确定测试位置与范围示意图

⑦ 点击 Acquire，进行当前分析或者点 Add to Serial Analysis，进行序列分析，开始点击 Start。

⑧ 案例分析。合金的成分对合金性能有重要的影响，现有一种合金所含的元素种类未知，需要确定该合金含有哪些元素。

首先，我们需要确定所测合金的区域范围（该范围应跨过不同的相区），如图 22-19 所示，根据上述步骤，把所有晶体都用上并设置好每块晶体的参数，然后进行测试。

其次，对每块晶体的测试结果进行汇总，由于每块晶体所覆盖的 L 值（或者说元素特征 X 射线波长）不同，每块晶体扫描到的元素种类不尽相同，例如图 22-20 为图 22-19 中样品被选区域不同晶体的扫描结果，通过分析可知，该合金中含有 Nd、Pr、Fe、Cu、Ti、Co、O 元素。

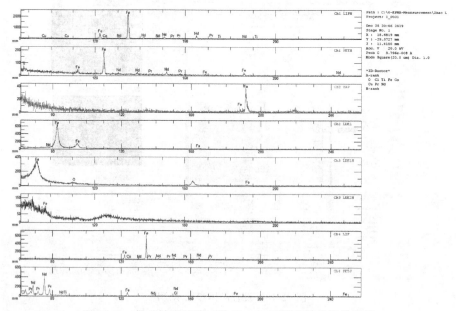

图 22-20　样品被选区域（图 22-19）不同晶体的扫描结果

3. 元素线分布扫描

① 输入 Project Name，选择路径 Path，然后输入样品 Comment。

② Electron Optics Condition 设置步骤同定性分析。

③ 在 Analysis Position Condition 中，采用 STAGE 模式时，Dwell Time 默认为 500ms（可更改），Pixel 默认为 256（可更改），Size 默认为 $1\mu m$（可更改），Accumulation 默认为 1（可更改）。点击 cursor 和 ruler，使十字叉丝对应区域的中心点，ruler 分别对应线扫描的起点和终点，如图 22-21 所示。

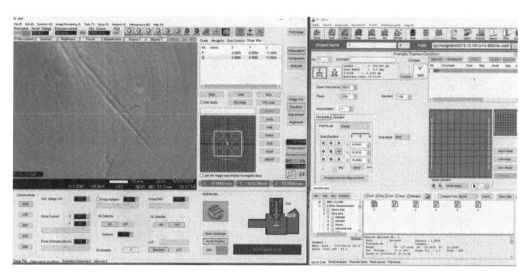

图 22-21　线性扫描参数设置界面示意图

④ 点 Direction，设置 Point to set center，调节中心点十字叉丝清晰，点 Register present stage position，确定 Scan rotation（比如向右），然后点 Two points，系统自动确定起始点和终点，用鼠标分别点击起点和终点，并调节十字叉丝清晰，如图 22-22 所示。

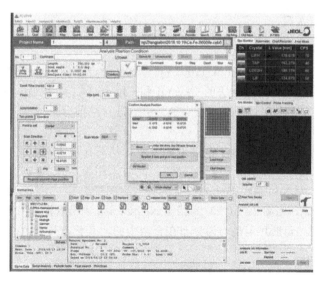

图 22-22　线性扫描范围参数设置示意图

⑤ 点击 Register present stage position，然后点击下方的计算按钮，系统根据定步长或定点数的设定来自动计算扫描长度。点击 Confirm，再点击 "Register Z axis and go to next-position"，确定 Center、Start、End 三个点的 Z 轴后，点击小图标，点击 Apply。

⑥ 采用 Beam 模式时：Dwell Time 默认为 500ms，Pixel 默认为 256，Accumulation 默认为 1。选择感兴趣的点（中心点），调节十字叉丝清晰，Magnification 中输入实际的放大倍数，Direction 根据实际情况选择（比如向右）。点 Register present stage position 记录当前点位置信息，点 Confirm 再次确认十字叉丝，点 Apply。

⑦ 在 Analysis Element Condition 中点 Periodic Table。

⑧ 选择感兴趣的元素，如图 22-23 所示。

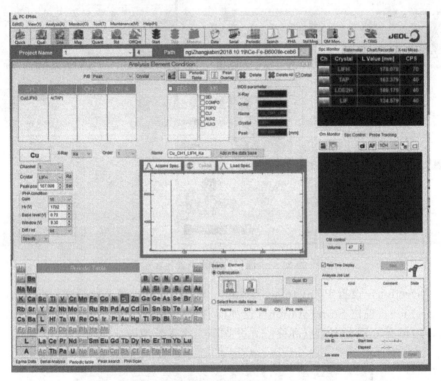

图 22-23　元素选择界面

⑨ 点 Element，选择 Select from data base，双击最合适的 crystal-X 射线-peak position 的理论值，或者重新寻峰，设置合适的 Crystal 和 Channel 以及 X-ray，Peak seach 结束后，点击 Rd，将寻峰的 L 值读入 Peak pos，点 Acquire 进行当前分析或者 Add to serial analysis 进行序列分析，点击 Start。

⑩ 案例分析。若某两种原子量非常接近的元素，从对比度上很难将它们区别开来，要知道它们在合金中某个方向上的分布情况（趋势），此时采用半定量的线扫手动是一个很好的选择。例如图 22-24(a) 为 Nd-La-Fe-B 永磁合金的背散射图样，其并不能区分出稀土 Nd 和 La 元素在合金中的分布情况，而图 22-24(b) 为稀土 Nd 和 La 元素沿着图 22-24(a) 中实线的分布情况，可以看出 Nd 和 La 元素并不是均匀分布在合金中的，其分布具有此消彼长的特征。

4. 元素面分布扫描

① 输入 Project Name，选择路径 Path，输入样品的 Comment。Electron Optics Condi-

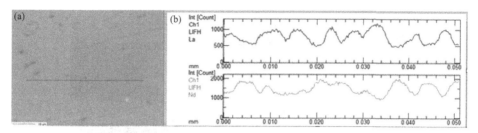

图 22-24 选择线扫范围（a）和扫描范围中 Nd 和 La 元素的分布情况（b）

tion 设置步骤如前所述。

② 在 Analysis Position Condition 中，选 STAGE 模式，点击图形右上角的图标 ruler，如图 22-25 所示。

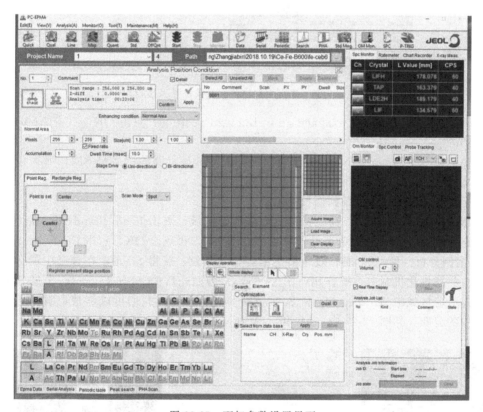

图 22-25 面扫参数设置界面

如图 22-26 所示，点 Point Reg·，调整中心点十字叉丝清晰后，点 Register present stage position，设置 Point to set 和 Scan Mode，可以设置为 Spot，也可以设置为 Circle probe diameter，默认为 $1\mu m$。设置 Pixel（$x \times y$），若在 Fixed ratio 前打钩，则 $x = y$；去掉钩，则扫描区域的 x 可以不等于 y。Accumulation 默认为 1（可更改），Dwell Time 默认为 10.0ms，点击 Confirm，确认扫描区域 A、B、C、D 顶点及 Centre 中心点的 Z 轴，即使每个位置的十字叉丝清晰，点 OK，点击 Apply，点击 Acquire Image。

若采用 BEAM 模式：当 Pixel 采用 256×256，则表示 Scan range square area，当 Pixel 采用 256×192，则表示 Scan range rectangle area，Accumulation 默认为 1，Dwell Time 默认为 10.0ms，把屏幕中心点十字叉丝调清晰，点 Register present stage position，点

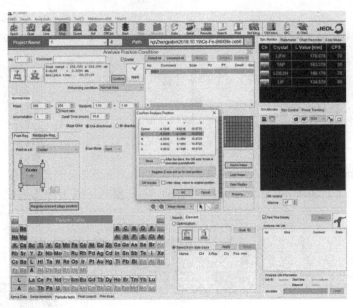

图 22-26　确定面扫描范围参数设置示意图

Confirm，然后点 Register Z axis and go to the next position，点击 OK，点击 Apply，点击 Acquire Image。

③ Analysis Element Condition 步骤同线扫描，若显示屏的图像是 SEI，那么在 SEI 前划钩，Mode 选 Absolute value，点击 Read。

④ 点击 Acquire，可以得到面扫描结果。

⑤ 将 level 转换为浓度。选中要转换为浓度的区域，点击 From Standard，在弹出的对话框中点 Search Standard，单击标样名称，点击 OK，再点击 OK，点击 Concentration。

⑥ 案例分析。稀土 Sc 能有效地细化铝合金的晶粒，获得 Sc 元素在合金中的分布，对分析合金晶粒细化机制有重要作用。图 22-27(a) 为抛光后的 Al-Si-Mg-Sc 合金的背散射图样，通过对应区域中 Al、Si、Mg 和 Sc 元素分别进行扫描，我们可以清楚地看到各个元素在合金中的分布，如图 22-27 中（b）和（c）所示（仅展示 Al 和 Sc 元素的分布）。

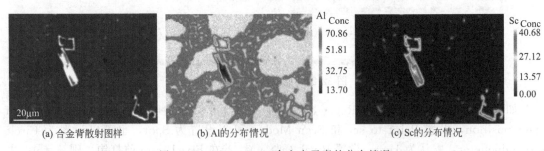

(a) 合金背散射图样　　　　　(b) Al 的分布情况　　　　　(c) Sc 的分布情况

图 22-27　Al-Si-Mg-Sc 合金中元素的分布情况

5. 定量分析

① 输入 Project Name，选择保存数据路径 Path。

② Electron Optics Condition 设置步骤同定性分析。

③ 在 Quantitative Analysis Condition 中 Correction method—Material 选择 oxide（氧化

物）或者 metal（非氧化物），Correction 选择 ZAF，如图 22-28 所示。

④ 设置 Analysis Position Condition：选择 STAGE 模式或 BEAM 模式，Accumulation 默认值为 1，选择感兴趣的点，调整十字叉丝至清晰，点 Read Position，点 Apply，然后点击 Acquire Image 即可获得测试点对应的图像，如图 22-29 所示。

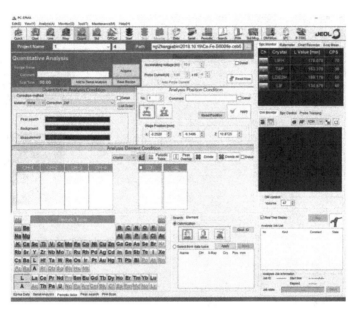

图 22-28　定点定量分析参数设置界面

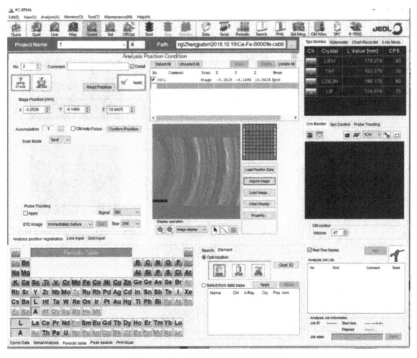

图 22-29　定点分析位置的设置

⑤ Analysis Element Condition，点 Periodic Table，选择感兴趣的元素，在 standard calSTD 右侧有三个点的方框，点击 epma data，选择合适的标样，点 OK，如图 22-30 所示。

⑥ 双击标样名称，可以查看标样情况。

⑦ 点 acquire 进行当前分析或者点击 add to serial analysis 进行多个分析，点击 start，开始进行测试并获得测试结果，如图 22-31 所示。

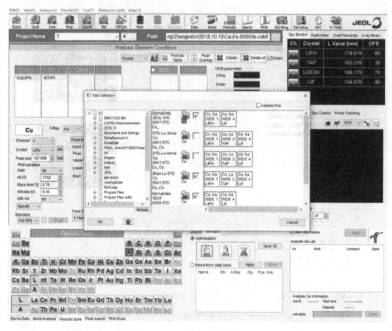

图 22-30　定点分析标样的选择

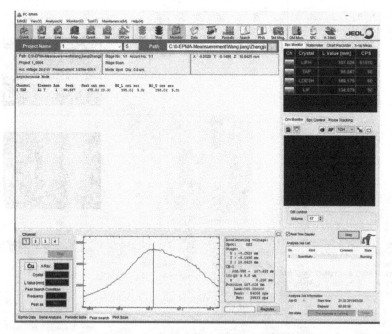

图 22-31　定点分析运行过程示意图

⑧ 案例分析。电子探针最重要的应用之一是准确定量地获得某一个位置的成分。例如合金 $Al_{70.0}Si_{24.5}Y_{5.5}$（原子比）在 500℃退火 30d 后的背散射电子图样如图 22-32(a) 所示，

现要知道该合金的相平衡关系。根据定点定量分析步骤，可对三种不同衬度的物相进行成分分析，测试结果表明，位置 1、2、3 [如图 22-32（b）所示] 对应的成分分别为 $Al_{40.87}Si_{39.21}Y_{19.92}$、$Al_{0.27}Si_{99.73}Y_{0.00}$、$Al_{98.69}Si_{1.31}Y_{0.00}$，因此可以断定该合金的相平衡关系为 $Al_2Si_2Y+(Si)+(Al)$，或者说该合金由 Al_2Si_2Y、(Si)、(Al) 三个相组成。

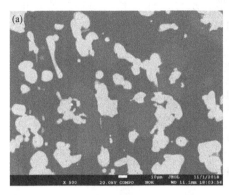 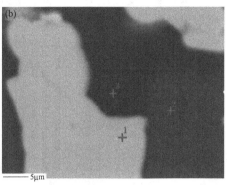

图 22-32　合金 $Al_{70.0}Si_{24.5}Y_{5.5}$（原子比）在 500℃退火 30d 后的背散射电子图样（a），
位置 1、2、3 对应的 EPMA

参 考 文 献

[1]　曾毅，吴伟，高建华. 扫描电镜和电子探针的基础及应用 [M]. 上海：上海科学技术出版社，2009.

[2]　Lu Z，Zhang L J，Wang J，et al，Understanding of strengthening and toughening mechanisms for Sc-modified Al-Si-(Mg) series casting alloys designed by computational thermodynamics [J]. Journal of Alloys and Compounds，2019，805：415-425.

[3]　Wei Q，Lu Z，Wang J，et al，Experimental Investigation of Phase Equilibria in the La-Fe-B System at 600 and 800℃ [J]. Journal of Phase Equilibria and Diffusion，2020，41：35-43.

实验 23

热分析仪的相转变测试与分析

一、实验目的

　　a. 掌握热重的测量；
　　b. 掌握物相反应温度的测定；
　　c. 掌握物相反应热流的测定。

二、设备与仪器

1. 基本配置

本实验使用的设备是一台同时完成样品重量（TGA）和热流（DSC）测量的 SDT-Q600

型同步热分析仪（Simultaneous Thermal Analysis，美国 TA 仪器公司）。其主要部件包括加热炉体、热电偶支架［铂/铂铑-（R 型）］、稳压电源系统（UPS）、气氛控制系统、数据收集和处理系统。设备概览如图 23-1 所示。SDT-Q600 能够提供样品熔点、固相转变临界点、居里温度、玻璃化转变温度、结晶温度、结晶时间、结晶度、融化热、反应热、材料热稳定性、材料氧化诱导期、反应动力学、裂解动力学、水分、挥发和吸附物质的含量等多种信息，广泛应用于材料、物理及化学等领域的研究。

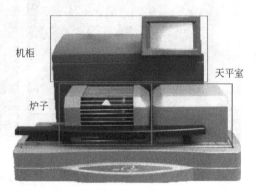

图 23-1　SDT-Q600 实物图与主要构成部件

2. 主要技术指标

① 结构设计：水平式炉子及天平；
② 天平设计：双臂双天平设计（膨胀自动补偿）；
③ 最大样品容量：200mg；
④ 温度范围：室温～1500℃，加热速率：0.1～30℃/min；
⑤ 热电偶：铂/铂铑（R 型）；
⑥ 天平灵敏度：0.1μg，DTA 灵敏度：0.001℃，量热精度：±2%。

三、背景知识与基本原理

1. DSC 基本原理

差示扫描量热法（differential scanning calorimetry，DSC）是一种在程序控制温度下，测量输给样品与参比物的功率差与温度的一种技术，表征所有与热效应有关的物理变化和化学变化。根据所用测量方法的不同，可分为热流型 DSC 和功率补偿型 DSC，本实验只介绍热流型 DSC，其原理图如图 23-2 所示。

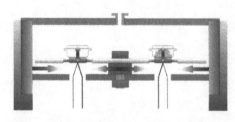

图 23-2　热流型 DSC 原理图

在给予样品和参比物相同的功率下，测定样品和参比物两端的温差 ΔT，然后根据热流方程，将 ΔT（温差）换算成 ΔQ（热量差）作为信号的输出。由于样品热效应引起参比物与样品之间的热流不平衡，传感器绝对对称，$R_s = R_r = R$，则有：

$$\Delta Q = \lambda A \frac{\Delta T}{R} \tag{23-1}$$

由于热阻的存在，参比物与样品之间的温度差（ΔT）与热流差成一定的比例关系。将 ΔT 对时间积分，可得到热焓：

$$\Delta H = K \int_0^t \Delta T dt \tag{23-2}$$

其中 K 与温度、热阻、材料性质等因素有关。这样，通过测试 ΔT 信号，就可以建立 ΔH 与 ΔT 之间的联系。

2. DSC 温度校正

温度校正的是由于坩埚导热性能、所使用气氛的导热性能以及长时间使用后热电偶的老化程度等因素，热电偶测量到的温度与样品实际温度之间的偏离。

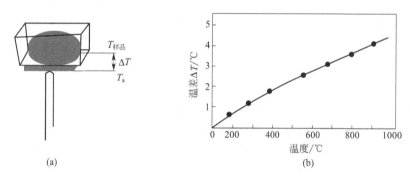

图 23-3　DSC 中样品实际温度与热电偶温度存在 ΔT 的偏差（a）；
采用标准物质获得的校正曲线（b）

如图 23-3（a）所示，在实际测量过程中，样品实际温度 $T_{样品}$ 总是与热电偶探测到的温度 T_a 存在 ΔT 的偏差。因此，在实际测试过程中，应当把热电偶探测到的温度 T_a 扣除 ΔT（修正），才能得到样品的实际温度 $T_{样品}$。在实际操作中，首先对标准物质（高纯单质）进行 DSC 测试，然后获得标准物质实测熔点与其被国际公认熔点的偏差，把该偏差当作该熔点温度下的标准偏差。温度偏差通常会随着温度的增加而增加，但并非是严格的线性关系。通过测量多个标准物质不同的熔点，就可以获得一条 ΔT 对 T 的关系拟合曲线，如图 23-3（b）所示，从而在测试不同样品时，在该校正曲线上找到相应的温度偏差并扣除，即可获得样品的实际温度。随着加热、冷却速率的不同，校正曲线是不同的。所以，为了仪器能对样品在不同加热/冷却速率条件下进行测试，还需获得不同加热/冷却速率下的校正曲线。另外实际样品测试与校正曲线原则上都应在相同的气氛环境中进行。

3. 灵敏度校正

在 DSC 测量过程中，当样品发生热效应时，仪器直接测量得到的是参比热电偶与样品热电偶之间的信号差，单位为 μV，其对时间的积分再除以样品质量，单位为 $\mu Vs/mg$；而实际物理意义上的热效应（热焓）单位为 J/g，相当于热流功率对时间的积分再除以样品质量（mWs/mg）。灵敏度校正的意义，就是找到热电偶信号与热流功率之间的换算关系，即灵敏度系数 $\mu V/mW$。通过对某一已知熔点与熔融热焓的标准物质进行 DSC 测试，将熔融段的实测信号积分面积 $\mu Vs/mg$ 除以熔融热焓 mWs/mg，就能够得到在该熔点温度下的灵

敏度系数 $\mu V/mW$。由于灵敏度系数是一个随温度变化的值，在不同的温度下该系数并不相同。因此需要对多个不同熔点的标准物质分别进行熔点测试，得到大致涵盖仪器测量温度范围的多个温度点下的灵敏度系数，再将一系列系数值在 $\mu V/mW \sim T$ 曲线图上绘点并作曲线拟合，就能得到一条灵敏度校正曲线，如图 23-4 所示。

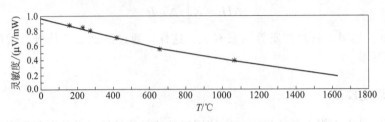

图 23-4　DSC 的灵敏度校正曲线

在实际的测量过程中对于任意温度下的原始信号 μV，在该曲线上找到相应的灵敏度系数 $\mu V/mW$，就能够将其换算为热流功率 mW，如果再进行积分面积计算并除以样品质量，就能够得到热焓值 J/g。

4. TGA 原理

热重分析法（thermogravimetric analysis，TGA）是在程序温度控制下，测量物质的质量随温度变化的一种实验技术。一般有静态法和动态法两种类型。静态法是在恒温下测定物质质量变化与温度的关系，将试样在各给定温度加热至恒重，该法用来研究固相物质热分解的反应速率和测定反应速率常数。动态法是在程序升温下测定物质质量变化与温度的关系，采用连续升温连续称重的方式。

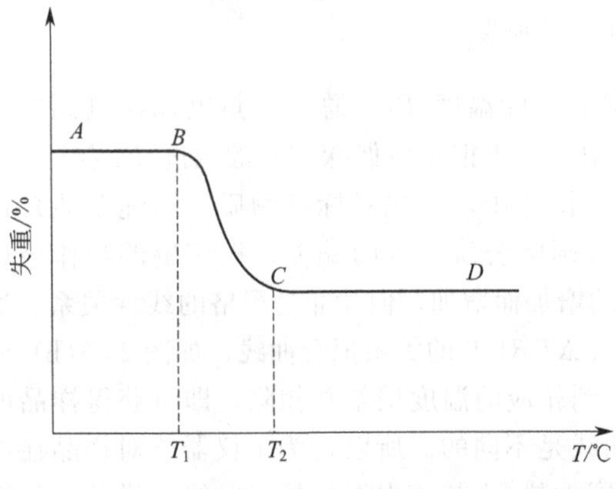

由热重分析记录的质量变化对温度的关系曲线称为热重曲线（TGA 曲线），$w = f(T)$，式中，w 为质量，也可以用质量变化率表示；T 为温度，也常用时间表示。TGA 曲线以质量为纵坐标，从上向下表示质量减少；以温度或时间为横坐标，自左向右表示增加。图 23-5 为有气体生成的热分解反应 $E(s) \longrightarrow F(s) + G(g)$ 的热重曲线。图中 T_1 为反应的起始温度，即累积质量变化达到热天平可检测的温度；T_2 为终止温度，即累积质量变化达到最大值时的温度；热重曲线上质量基本不变的部分称为基线或平台。若试样初始质量为 w_0，失重后试样质量为 w_1，测得失重百分数为：

图 23-5　TGA 曲线

$$失重 = \frac{w_o - w_1}{w_o} \times 100\% \tag{23-3}$$

物质在加热过程中会在某温度下发生分解、脱水、氧化、还原和升华等一系列的物理化学变化而发生质量变化，发生质量变化的温度及质量变化百分数因物质的结构和组成而异，因此可以利用物质的热重曲线来研究物质的热变化过程，推测反应机理及产物。

SDT-Q600 支架采用"水平双臂双天平"结构，给出的质量信号为样品臂和参比臂的质量信号差。事实上，二者都会自动扣除天平臂的热膨胀和浮力效应。因此，相对于单臂梁的设计，其结果漂移更小，质量测试的精度和准确度也更高。SDT-Q600采用"水平吹扫气路"设计，并配有数字式质量流量控制器及气体自动切换器，精确控制流量的吹扫气体水平流过加热炉体，经过样品和参比盘后，最后流出炉腔。此设计保证了更好的基线稳定性和较小的浮力效应，可防止气体回流，能将分解物质有效带出样品区。

5. 影响 DSC/TGA 曲线的因素

（1）升温速率 v

v 过大，会产生热滞后现象严重，导致 TGA 曲线上起始温度 T_1 和终止温度 T_2 偏高，且不利于中间产物的检出，但是不影响试样的失重量；DSC 曲线基线飘移严重，分辨率较低，但是测试时间短。一般升温速率不超过 20℃/min。

（2）试样

试样的粒度和质量及装样的均匀性对分析也会产生影响。

（3）稀释剂

稀释剂指在试样中加入一种与试样不发生任何反应的惰性物质（通常是参比物），使得试样与参比物的热容接近，有助于改善基线的稳定性，提高检测的灵敏度，但同时会降低峰的面积。

（4）气氛与压力

试样周围的气氛对试样本身的反应有较大影响，试样的分解产物可能与气流反应，也可能被气流带走。同一试样在不同的气氛和压力下分解过程不同，其 TGA-DSC 曲线也会变化。因此通常采用动态惰性气氛，如 N_2、Ar 等。

四、实验试样

DSC 测试的试样原则上要求样品与坩埚底部要紧密接触，块状样品应切成薄片或碎粒，对于粉末样品应使其在坩埚底部平铺成一薄层，对于有大量气体产物生成的反应，可适当疏松堆积。另外，样品不能与坩埚以及热电偶发生反应。样品量不应超过坩埚容积的三分之二，常用的坩埚如图 23-6 所示。

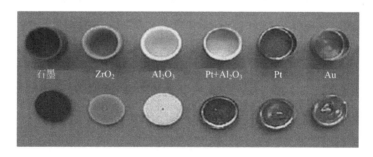

图 23-6　DSC 常用的坩埚类型（材料）

五、　SDT 控制软件

① 在主窗口上，主要有信号显示区、待测和完毕实验显示区、测试参数区以及实时图谱显示区等，如图 23-7 所示。

② Procedure 主要是编辑实验方法。点击 Edit 可以进入实验方法编辑窗口。通过 New 可建立

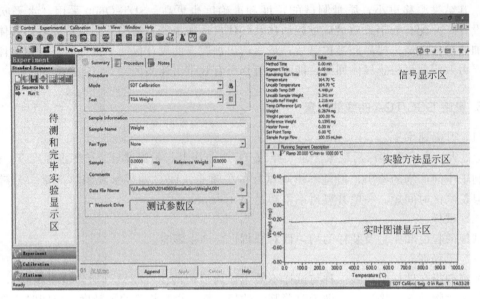

图 23-7 SDT-Q600 控制软件

新的实验方法。如果该方法后续会使用到，可点击 Save 保存，实验的时候点击 Open 打开。

③ 点击 Advanced 可以设置数据采样间隔，点击 Post Test，设置实验结束后炉体打开或关闭状态，如图 23-8 所示。

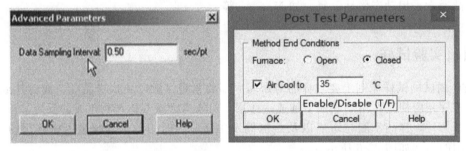

图 23-8 数据采样间隔窗口及实验结束后炉体状态设置窗口

④ Note 窗口设置好气体流量后在信号栏里确认，默认样品吹扫为 100mL/min，如图 23-9 所示。

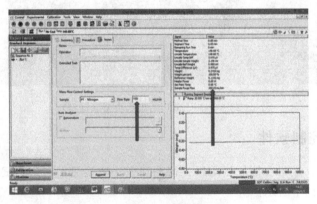

图 23-9 样品吹扫气流量设置窗口

⑤ 在 Tools→Instrument Preferences … 下可以调出气体种类设定窗口，如图 23-10 所示。

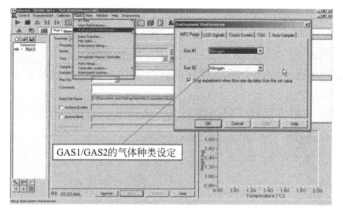

图 23-10　气体种类设定窗口

⑥ 温度设置窗口，一般一个完整的 SDT 实验，需要包括起始温度、升温速率、结束温度。

Equilibrate：设置一个开始温度，炉体会从当前温度快速升温或者降温到设定温度并且稳定，当仪器检查炉体温度稳定到设定值后，程序自动转入下一步。如果实验从室温开始，可以不设置起始温度。Ramp：设定升温（降温）速率和实验结束温度。当结束温度低于开始温度时，Ramp 为一个降温实验。Isothermal：设置一个恒温过程，以前一步结束温度恒温。

六、实验操作

1. 开机与装样

① 开 UPS 电源。需先将连接 UPS 的墙上空开打开，然后按 UPS 电源的开机按键，左右的 LED 灯亮，说明 UPS 开机正常，有断电保护功能（图 23-11）。然后开仪器电源。

② 开高纯氮气，出口压力小于 20psi，约 0.14MPa。开 SDT 电源，开关在仪器背后右下。仪器通过约 2min 自检后，触摸屏显示到屏幕［如图 23-12(a) 所示］，即仪器开启成功。打开连接计算机，输入用户名和密码。运行桌面 TA Instrument Explorer，然后双击 Explorer 里面的 SDT-Q600 图标，如图 23-12(b) 所示。

图 23-11　UPS 电源

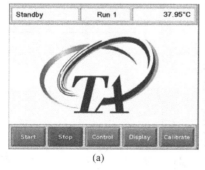

(a)

(b)

图 23-12　SDT-Q600 触摸屏开机正常显示图及其在计算机上的控制软件图标

2. 样品测试

① 首先准备好两个干净的类型相同（同种材质、同样容量）的空样品盘。铺上少许氧化铝粉末（工具盒内带有960034.901），如果已具备，忽略此步。

② 点击控制软件中的"Control"下拉菜单中"Furnace"下的"Open"，仪器炉子将会打开。使用随仪器配的镊子将两个样品盘分别放置在样品杆（靠近操作者）和参比杆上。然后点击"Close"，关闭炉子。

③ 在软件上设置好相关参数，包括样品名、文件名、实验方法等（图23-13）。

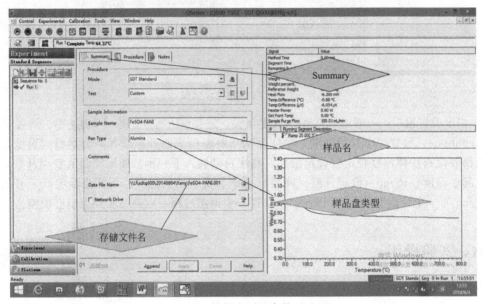

图 23-13　软件中测试参数显示区

④ 点击开始按钮开始实验（图23-14）。

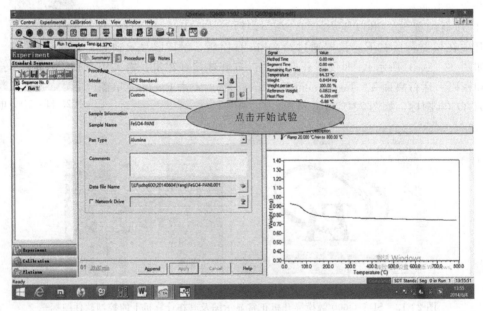

图 23-14　开始测试按钮

3. 关机

① 等炉体温度回到室温，关闭软件、电脑。

② 关闭仪器。点击 Control→Shutdown Instrument→Start，如图 23-15 所示。

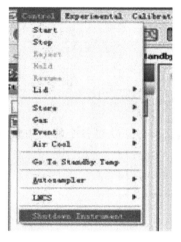
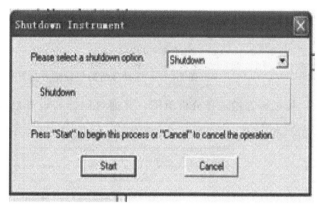

图 23-15　关闭仪器软件控制键

③ 等 SDT-Q600 前面板上触摸屏显示可以安全关机。

④ 关闭仪器背后的电源开关。

⑤ 退出 SDT 程序，关闭主机电源，关闭 UPS。

⑥ 关闭气体减压阀和主阀门。

七、数据分析

测试完毕后，保存数据文件中会同时出现 Time（min）、Temperature（℃）、Weight（mg）、Heat Flow（mW）及其 Temperature Difference（℃）的信号。因此数据分析可以分解为 TGA 部分和 DSC 部分，现以草酸钙样品分析为例作一简介。

1. TGA 分析

① 打开分析软件，打开测试样品实验文件。

② 选择 TG signals 及信号单位（图 23-16）。

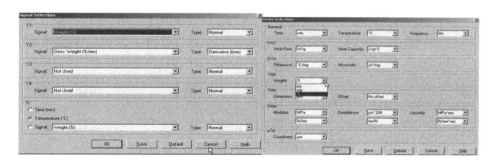

图 23-16　选择 TG signals 及信号单位窗口

③ 选择分析的目标轴并选择重量变化（图 23-17）。

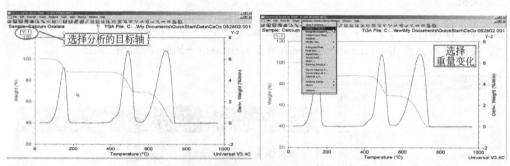

图 23-17 选择分析的目标轴并选择重量变化界面

④ 按鼠标左键选择分析范围，并通过鼠标右键开启确认窗口，获得各个峰的失重等信息（图 23-18）。

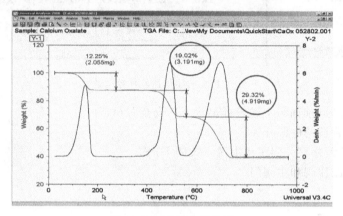

图 23-18 选择分析范围

⑤ 切换到 Residue，可以分析残余量（图 23-19）。

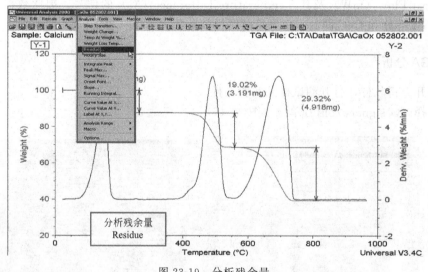

图 23-19 分析残余量

⑥ 切换到"Temp At Weight ％"可分析某个重量损失特性百分比的温度点（当然还可

以手动移动选择区域的范围，即按鼠标右键 & 选 Manual），如图 23-20 所示。

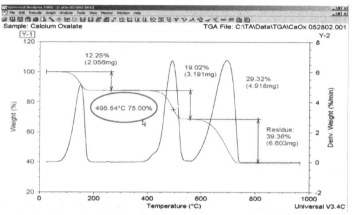

图 23-20　分析某个重量损失特性百分比的温度点

⑦ 切换到 Signal Max 可分析波峰温度点（图 23-21）。

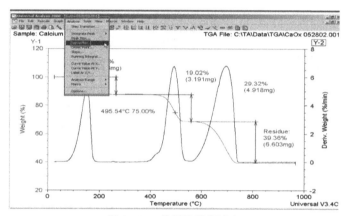

图 23-21　分析波峰温度点

⑧ 输出实验结果。

2. DSC 分析

① 选择信号，"Y-2"轴选择 Heat Flow 信号（图 23-22）。

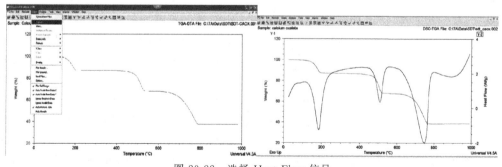

图 23-22　选择 Heat Flow 信号

② 把两个十字移动到峰的前后平滑处，空白处按右键，选择 Accept Limits（图 23-23）。

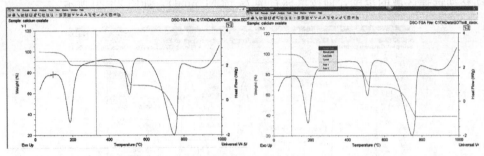

图 23-23　选择 Accept Limits

③ 重复上述步骤，即可得到所有起始和顶点温度（图 23-24）。

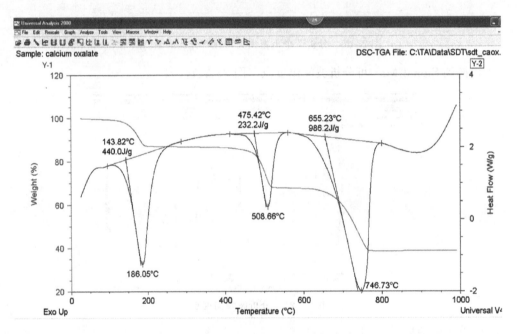

图 23-24　所有起始和顶点温度

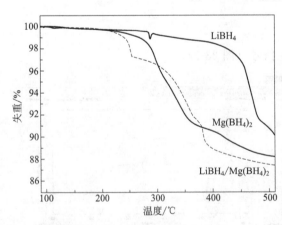

图 23-25　在升温速率为 5℃/min 下，
LiBH$_4$/Mg（BH$_4$）$_2$、LiBH$_4$ 及
Mg（BH$_4$）$_2$ 球磨样品吸氢后的 TGA 曲线

3. 典型案例

案例一：氢气作为一种无污染的能源材料，在新能源汽车等领域具有广阔的应用前景。然而如何有效地将氢气储存起来仍然是国际上的难点问题。寻找一种既具有高的储氢密度，又能在 90℃ 以下快速地将氢气释放出来的储氢材料，是目前国际上研究的热点。LiBH$_4$ 和 Mg（BH$_4$）$_2$ 具有大的储氢密度，但其放氢温度较高，从而制约了它们的实际应用。通过 TGA 技术能有效地研究它们的吸放氢行为。如图 23-25 所示，将两者混合后其放氢温度得到了明显改善（通过观察其失重起点

及失重量）。

案例二：铝合金中高温稳定化合物的热力学稳定性，及冷却过程反应行为对合金力学性能具有重要的影响，通过 DSC 技术可有效研究化合物的形成温度。图 23-26 为 $Al_{64.75}Ce_{3.30}Mg_{31.95}$ 合金的 DSC 曲线，结合电子探针分析（EPMA），可以有效了解 $Al_{13}CeMg_6$ 化合物的反应行为，即在 492℃通过包晶反应形成。

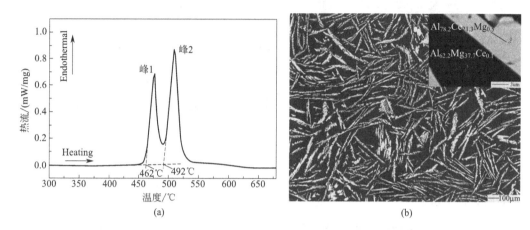

图 23-26 $Al_{64.75}Ce_{3.30}Mg_{31.95}$ 合金退火 40d 后的
DSC 曲线（a）和合金的电子背散射图片（b）

参 考 文 献

［1］ Fang Z Z，Kang X D，Wang P，et al. Unexpected dehydrogenation behavior of LiBH₄/Mg（BH₄）₂ mixture associated with the in situ formation of dual-cation borohydride［J］. Journal of Alloys and Compounds，2010，491：L1-L4.

［2］ Lu Z，Zhang L. Thermal stability and crystal structure of high-temperature compound Al₁₃CeMg₆［J］. Intermetallics，2017，88：73-76.

实验 24

X 射线光电子能谱分析

一、实验目的

a. 了解 X 射线光电子能谱（XPS）的仪器结构及应用；

b. 掌握 XPS 的工作原理及操作过程；

c. 掌握 XPS 的定性分析、定量分析、谱图解析方法与评价。

二、设备与仪器

本实验的主要设备为 ESCALAB 250Xi 型 X 射线光电子能谱仪（美国 ThermoFisher）。

XPS仪器结构比较复杂，设备概览如图 24-1(a) 所示，图 24-1(b) 为设备构造示意图。X 射线光电子能谱仪由进样室、超高真空系统、X 射线光源、离子源、能量分析系统及计算机数据采集和处理系统等组成。

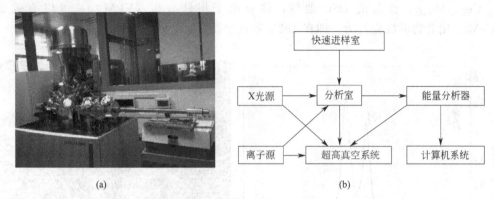

图 24-1　X 射线光电子能谱仪及设备构造示意图

1. 超高真空系统

超高真空系统是 X 射线光电子能谱仪的重要部件。XPS 是一种表面分析技术，信号仅来自样品表层约 10nm 深度，如果分析室的真空度不够，样品表面极易被真空中的残余气体分子所覆盖，真空度越低，气体分子覆盖表层的时间越短。如在 10^{-4}Pa 的真空环境下，几秒就可盖满一个单层形成污染，从而也将影响测试结果的准确性。同时，由于光电子的信号和能量都非常弱，如果真空度不够，光电子很容易与真空中的残余气体分子发生碰撞而损失能量，甚至完全被湮灭，最后不能到达能量分析器。在 X 射线光电子能谱仪中，为了使分析室达到 $3×10^{-8}$Pa 的超高真空度，一般采用多级真空系统。前级泵一般采用机械泵，极限真空度约 10^{-2}Pa；中间过渡采用分子泵，可获得高真空，极限真空度可达 10^{-8}Pa；分析室配备有钛升华泵，可获得超高真空，极限真空度能达到 10^{-9}Pa。

2. 快速进样室

X 射线光电子能谱仪通常配备快速进样室，快速进样室与分析室之间采用阀门隔开，目的是在不破坏分析室超高真空的情况下进行快速进样。快速进样室的体积较小，以便能在 $5\sim10$min 内达到 10^{-3}Pa 的高真空。有一些谱仪，在快速进样室添加相应的功能附件，可对样品进行加热、刻蚀等预处理操作。

3. X 射线光源

XPS 谱仪一般配有单色化和双阳极靶光源。常用的 X 射线光源有铝靶和镁靶，Al Kα 的光子能量为 1486.6eV，Mg Kα 的光子能量为 1253.6eV。没经单色化的 Al Kα 的 X 射线的线宽可达到 0.8eV，而经单色化处理以后，极限线宽可降至 0.16eV，并消除 X 射线中的杂线和韧致辐射。线宽越窄则谱仪的分辨率越高，但经单色化处理后，X 射线的强度大幅度下降。

4. 离子源

离子源可以对样品进行表面清洁和刻蚀。在 XPS 谱仪中，常采用 Ar 离子源。Ar 离子源又可分为固定式和扫描式。固定式 Ar 离子源由于不能进行扫描剥离，对样品表面刻蚀的均匀性较差，仅用作表面清洁。对于进行深度分析用的离子源，一般采用扫描式 Ar 离子源。Ar 离子刻蚀也存在一定的副效应，如最高价态的氧化物特别易于被还原、表面粗糙度增加、样品表层重构（聚合物的组成变化明显）、污染系统。

5. 能量分析器

X 射线光电子的能量分析器有两种类型：半球型能量分析器和筒镜型能量分析器。半球型能量分析器由于具有对光电子的传输效率高和能量分辨率好等特点，而备受青睐；筒镜型能量分析器由于对俄歇电子的传输效率高，主要用在俄歇电子能谱仪（AES）上。对于一些多功能电子能谱仪，考虑到 XPS 和 AES 的共用性和使用的侧重点，选用能量分析器主要依据以哪一种分析方法为主。以 XPS 为主的采用半球型能量分析器，而以 AES 为主的则采用筒镜型能量分析器。

6. 计算机系统

由于 XPS 的数据采集和控制十分复杂，均采用计算机系统来控制谱仪和采集数据。由于 XPS 数据的复杂性，谱图的处理也是一个重要部分。如元素的自动标识、半定量计算、谱峰的拟合和去卷积等。

三、背景知识与基本原理

X 射线光电子能谱测试基于光电效应，如图 24-2 所示。

当一束光子辐照到样品表面时，光子可以被样品中某一元素的原子轨道上的电子所吸收，使得该电子脱离原子核的束缚，以一定的动能从原子内部发射出来，变成自由的光电子，而原子本身则变成一个激发态的离子。在光电离过程中，存在关系式（24-1）。

$$E_k = h\nu - E_b - \Phi_s \qquad (24-1)$$

式中，E_k 为出射的光电子动能；$h\nu$ 为 X 射线源光子的能量；E_b 为特定原子轨道的结合能；Φ_s 为谱仪的功函。谱仪的功函主要由谱仪材料和状态决定，对同一台谱仪基本是一个常数，与样品无关，其平均值为 3~4eV。在 XPS 分析中，由于采用的 X 射线激发源的能量较高，不仅可以激发出原子价轨道中的价电子，还可以激发出芯能级上的内层轨道电子，其出射光电子的能量仅与入射光子的能量及

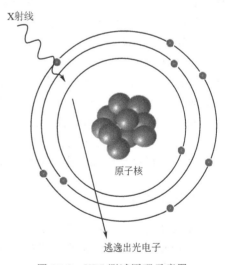

图 24-2　XPS 测试原理示意图

原子轨道结合能有关。因此，对于特定的单色激发源和特定的原子轨道，其光电子的能量是特征的。当固定激发源能量时，其光电子的能量仅与元素的种类和所电离激发的原子轨道有关。因此，可以根据光电子的结合能定性分析物质的元素种类。在普通的 XPS 谱仪中，一般采用 Mg Kα 和 Al Kα X 射线作为激发源，光子的能量足够促使除氢、氦以外的所有元素发生光电离，产生特征光电子。由此可见，XPS 技术是一种可以对所有元素进行一次全分

析的方法，这对于未知物的定性分析是非常有效的。经 X 射线辐照后，从样品表面出射的光电子的强度与样品中该原子的浓度有线性关系，因此可以进行元素的半定量分析。光电子的强度不仅与原子的浓度有关，还与光电子的平均自由程、样品的表面光洁度、元素所处的化学状态、X 射线源强度以及仪器的状态有关。因此，XPS 技术一般不能给出所分析元素的绝对含量，仅能提供各元素的相对含量。由于元素的灵敏度因子不仅与元素种类有关，还与元素在物质中的存在状态、仪器的状态有一定的关系，不经校准测得的相对含量也会存在很大的误差。还须指出的是，XPS 是一种表面灵敏的分析方法，具有很高的表面检测灵敏度，但对于体相检测，灵敏度仅为 0.1% 左右。XPS 表面采样深度为 $5.0 \sim 10.0$ nm，它提供的仅是表面的元素含量，而它的具体采样深度与材料性质、光电子的能量有关，也同样与表面和分析器的角度有关。

虽然出射的光电子的结合能主要由元素的种类和激发轨道所决定，但由于原子外层电子的屏蔽效应，芯能级轨道上的电子的结合能在不同的化学环境中是不一样的，有一些微小的差异。这种结合能上的微小差异就是元素的化学位移，它取决于元素在样品中所处的化学环境。一般，元素获得额外电子时，化学价为负，该元素的结合能降低。反之，当该元素失去电子时，化学价为正，XPS 的结合能增加。利用这种化学位移可以分析元素在该物种中的化学价态和存在形式。元素的化学价态分析是 XPS 分析的最重要应用之一。

四、实验试样

1. 试样要求

① 样品不吸水，在超高真空环境中及 X 光照射下不分解、不释放气体，无磁性、毒性及放射性。如样品潮湿，需经真空干燥箱预先烘干；对于含有挥发性物质如 I、S 等样品，在样品进入真空系统前必须清除掉挥发性物质，一般可以采用对样品加热或用溶剂清洗等方法。在处理样品时，应该保证样品中的成分不发生化学变化。

② 由于光电子带有负电荷，在微弱的磁场作用下，可以发生偏转。当样品具有磁性时，由样品表面出射的光电子就会在磁场的作用下偏离接收角，最后不能到达分析器，从而得不到正确的 XPS 谱。此外，当样品的磁性很强时，还可能存在使分析器头及样品架磁化的危险。因此，绝对禁止带有磁性的样品进入分析室。

③ 薄膜及块状样品尺寸不超过 10mm(长)×10mm(宽)×3mm(高)。

④ 粉末样品要压成薄片，尺寸不超过 10mm(长)×10mm(宽)×3mm(高)。

2. 试样制备

图 24-3 为制备样品所需要的工具，制样步骤为：

① 用浸有无水乙醇的无尘纸擦拭所要使用的工具和样品台；

② 剪取一块铝箔（建议 1.5cm×3cm），剪取一块双面胶（建议 5mm×5mm），并将其贴在铝箔内侧（抛光面）；

③ 用药匙将样品均匀覆盖于双面胶表面；

④ 用镊子将铝箔对折，把样品放置于压片模具中央进行压片（建议：压力 1MPa，时间 10s）；

⑤ 揭开铝箔，吹扫样品，除去表面未粘贴牢固的粉末；

⑥ 样品剪切（尽量剪取样品中心位置，且尽量避免工具触碰样品表面）；

双面绝缘胶带

无粉乳胶手套

压片机

铝箔

无尘纸

剪刀、镊子、药匙、洗耳球

无水乙醇

图 24-3　制样所需工具

⑦ 在样品台表面粘贴适宜大小的绝缘双面胶，并将剪好的样品固定在绝缘双面胶上，图 24-4 为制备好的样品。

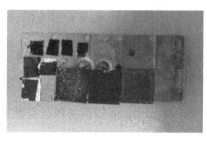

图 24-4　试样实物图

五、测试步骤及数据处理

1. 放样准备

① 将样品放入进样室中，待真空度优于 5.0×10^{-7} mbar（1bar＝10^5Pa），打开 V1 阀门，将样品传送进入分析室。

② 检查分析室的真空度，优于 2.0×10^{-8} mbar 后方可进行后续操作。

2. 设置测试程序树

① 打开 Avantage 软件。

② 设置实验树：File—New Experiment，对实验进行命名及存储路径设置。

③ 开中和枪：Instrument—Flood Gun Control（standard）—Apply，等待几分钟至稳定。

④ 插入光源：Insert—Source—X-ray Gun—Mono 500μm，可根据需要变换光斑大小。

⑤ 手动确认样品位置：点击 Optical View，寻找样品，通过操作上下左右前后箭头调节样品位置，进行人工粗略对焦。

⑥ 自动寻高。插入分析点：Insert—Point—单击命名，点击 Position—Define Point—Read—Apply，勾选 Auto-height。记录当前的 Z 值，运行中上方绿色运行按钮，进行自动寻高。运行结束后，观察当前的 Z 值，是否与原 Z 值差在 300μm 以内。如果是，点击 Read。如果不是，继续重复该运行过程，直到两次差值在 300μm 以内。寻高结束后，将 Auto-height 的对钩去掉。

⑦ 采集 Survey 和 C1s 谱图：Spectrum—Multi spectrum，点击 C，勾选 Survey，点击左上方的运行按钮，扫描 C 谱（1 次）和全谱。

注：Survey 谱图用于测定样品中元素类别及大致含量，用于后续高分辨窄扫谱图的采集参数设定（采集遍数，元素间是否存在谱峰重叠的确认等）。C1s 谱图用于观察仪器状态：一般非碳材料样品表面会含有一定的污染碳，通过观察测得的 C1s 峰位、峰形以确保仪器处于正常状态。

⑧ 自动识峰：点击正上方的 Survey ID automatically 按钮，将全部数据进行自动寻峰处理。

⑨ 高分辨窄扫谱图采集：根据全谱所寻的峰，点击 Spectrum—Multi spectrum，添加所有元素（包括 C），点击 OK。单击各元素，在左下方进行窄扫条件设置（扫描次数、扫描范围、步长）。

⑩ 重复步骤⑤～⑨，对所有样品设置测试参数。

⑪ 执行实验以及查看实验结果：在实验执行前，再重新确认一遍实验树，哪些实验要做，将不需要做的按空格键 Disabled（如 Survey），确认无误后，选中 XPS Gun，点击开始按钮，执行实验。

3. 程序关闭

关闭程序有两种方法。

① 手动关枪：待实验做完后，点击 Instruments，找到 Flood Gun—X-Ray，点击 Shut Down。

② 自动关枪：可在做实验前，在实验树中，与插入 X 光源同级别层次后插入 Gun Shut Down，将 Ion Gun 的钩去掉，保留其他钩，在执行实验时，采用全部执行的操作。

4. Avantage 软件主界面及数据处理步骤

Avantage 软件主界面及常用数据处理工具如图 24-5 和图 24-6 所示。数据处理步骤主要包括：

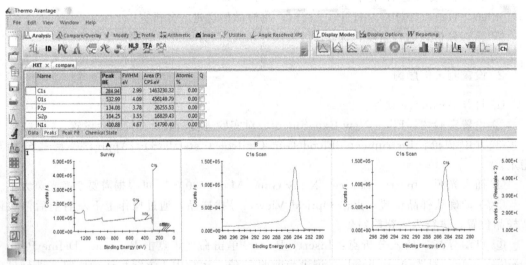

图 24-5　Avantage 软件主界面

① 扣背底：选中谱图，点击 Peak Add，一般背底扣除方法选择 Smart，调整扣背底范围，点击 Add。

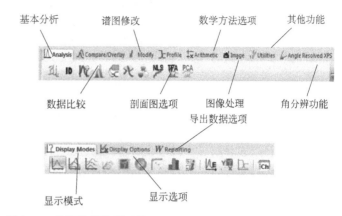

图 24-6 常用数据处理工具

注：对于信噪比差的谱图，起止范围一般选择较为平坦的位置，起止位置既不能选在背底峰顶也不能选在谷底。

② 分峰拟合：对信噪比较差或有谱峰重叠的谱图，点击 Peak fitting—Add fitted peak，对 s 轨道的元素选择 Add Single Peak，对 p、d、f 轨道选择 Add Doublet，点击 Fit Peaks—Fit This Level（需要适当进行手动调整拟合峰位、高度、L/G 比、半高宽）。此外，对非对称峰形可采用 NLSSF 法拟合。

③ 荷电校准：选中所有谱图，点击 Charge Shift，根据 C-C 峰位置设置荷电校准的数值（一般污染 C 以 284.8eV 为标准）。

④ 数据导出（将数据以 Excel/Word/Power Point 形式导出）：

a. 导出至 Excel/Word：Reporting—Report to MS Excel/ Report to Word—Report Options，对数据进行命名及存储位置设置，选择导出。

b. 导出至 Power Point：选中全谱，Reporting—Report Style Name—Image Large（可在 Report Options—Graph Sizes/Fonts 中设置图片宽度和高度）—Report to clipboard—粘贴在目标位置；选中窄谱，Reporting—Report Style Name—Image Small（可在 Report Options—Graph Sizes/Fonts 中设置图片宽度和高度）—Report to Clipboard—粘贴在目标位置。

六、 典型案例分析

1. 案例一 元素识别与半定量分析

铜是与人类关系非常密切的有色金属，被广泛地应用于电气、轻工、机械制造、建筑工业、国防工业等领域。若将纯铜片暴露于大气一段时间后，则其表面会覆盖一层气体分子，造成表面的碳污染。

图 24-7(a) 为铜片暴露空气约半年的 XPS 全谱图，点击寻峰按钮 ![btn]，可获得定性及定量分析结果，即此样品表面含有 C、O、Cu 元素，其大致相对含量（质量分数）分别为 78.38％、10.20％、11.42％。从图中可看到 C1s 和 O1s 的光电子峰较强，而 Cu2p 的光电子峰较微弱，这是表面的碳污染导致的。图 24-7(b) 为 XPS 窄扫描谱图，点击扣背底按钮 ![btn]，可获得窄扫描谱图的定量结果，其 C、Cu、O 相对含量（质量分数）分别为 75.88％、13.56％、10.56％，与全谱图基本一致。

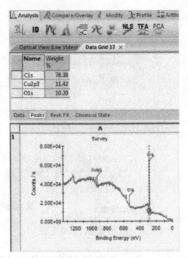

(a) 全谱图

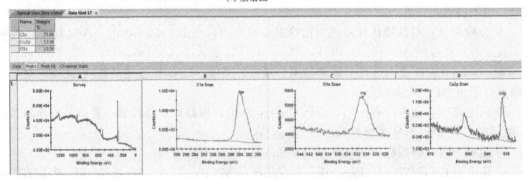

(b) 窄扫描谱图

图 24-7 暴露空气约半年的铜片表面 XPS 谱图

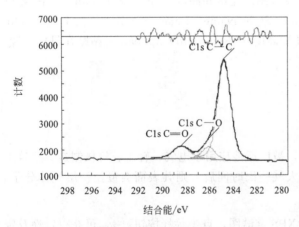

图 24-8 三种常见 C 元素化学态的 XPS 谱图

2. 案例二 元素价态分析

聚合物中 C 常以 C—C、C—O、C=O 的化学状态存在，Cu 常见的化学价态有 0、+1、+2 价，采用 XPS 谱图来区分这些价态。

从图 24-8 中可看出 C—C、C—O、C=O 的 C1s 光电子峰位分别在 284.8eV、286eV、288.5eV，由于这三种化学态所键合元素的种类及电负性的不同，C1s 光电子峰位置不同，以此为判据可得知大部分元素的化学态。通常认为位移随该元素化合价的升高而增加，同一周期主族元素符合上述规律，但过渡金属元素则不然，如 Cu 等，且位移量与同该原子相结合的原子的电负性之和有一定的线性关系。

由图 24-9 中可看出，曲线 1 为 +2 价铜的 XPS 谱图，$Cu2p_{3/2}$ 峰位在 933.1eV。曲线 2 为 +1 价铜的 XPS 谱图，$Cu2p_{3/2}$ 峰位在 932.7eV，曲线 3 为 0 价铜的 XPS 谱图，$Cu2p_{3/2}$

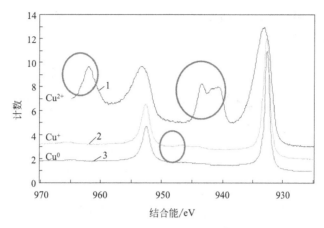

图 24-9　三种不同 Cu 价态的 XPS 谱图

峰位在 932.6eV，尽管三种价态的 2p3 峰位稍有不同，但只有 0.1～0.4eV 的差异，难以区分，而 Cu^{2+} 有着明显的卫星峰（圆圈部分），且半高宽较宽，Cu^+ 的卫星峰只有一个较弱的鼓包，半高宽明显减小，金属态 0 价铜则没有卫星峰出现，半高宽较窄，故这类谱图可以依据卫星峰等伴峰，来判定其化学价态。

3. 案例三　表面功函数分析

紫外光电子能谱（UPS）是研究固体表面价带谱、功函数的重要手段之一，适用于分析表面均匀洁净的导体，以及导电性好的半导体薄膜材料。常采用惰性气体放电灯（如 He 共振灯），其在超高真空环境下（约 10^{-8}mbar）通过直流放电或微波放电使惰性气体电离，产生带有特征性的橘色的等离子体，主要包含 He Ⅰ 共振线（波长为 584Å，光子能量为 21.22eV）和 He Ⅱ 共振线（波长为 304Å，光子能量为 40.8eV），其中，He Ⅰ 线的单色性好（自然线宽约 5meV）、强度高、连续本底低，是目前常用的激发源。样品表面功函数是 He Ⅰ 线的能量与标定的 UPS 谱二次电子

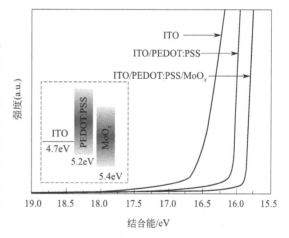

图 24-10　ITO、ITO/PEDOT：PSS 和 ITO/PEDOT：PSS/MoO_x 的 UPS 谱

虚线框中为根据 UPS 谱计算出的三者的表面功函数

截止边的差值。根据图 24-10 所示的 UPS 谱，在 ITO 上镀 PEDOT：PSS 和 PEDOT：PSS/MoO_x 后，截止边向低结合能方向移动，表明样品表面功函数增加。双层 PEDOT：PSS/MoO_x 的功函数比单层 PEDOT：PSS 具有更高的表面功函数，有利于改善多层结构半导体器件中载流子的注入与传输，为提高器件性能创造了条件。需要说明的是，样品表面功函数对周围环境和样品制备过程中的工艺条件十分敏感，如样品暴露于空气等，往往导致所测得的功函数低于原位条件下制备的样品或理论计算值。

4. 案例四　XPS 的深度剖析

XPS 深度剖析功能多用于研究多层成分结构样品沿深度方向的成分变化，例如图 24-11

为 Si 衬底沉积 GaP 薄膜试样，用 Ar 离子轰击 480min 所得结果，Ga 和 P 元素的含量在刻蚀约 200min 时开使下降，同时 Si 元素含量急剧上升。

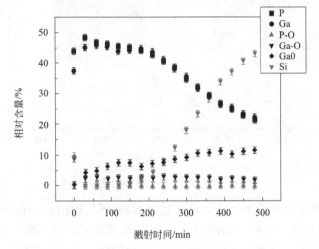

图 24-11　Si 衬底沉积 GaP 薄膜试样的深度剖析图

参 考 文 献

[1] Zhang X，You F，Liu S，et al. Exceeding 4% external quantum efficiency in ultraviolet organic light-emitting diode using PEDOT：PSS/MoO$_x$ double-stacked hole injection layer [J]. Applied Physics Letters，2017，110：043301.

[2] Romanyuka O，Gordeeva I，Paszukb A，et al. GaP/Si(001) interface study by XPS in combination with Ar gas cluster ion beam sputtering [J]. Applied Surface Science，2020，514：145903.

实验 25

原子力显微镜的表面形貌观察与分析

一、实验目的

a. 熟悉原子力显微镜（AFM）的构造与原理；

b. 掌握 AFM 的探针安装与激光调试；

c. 掌握利用 AFM 测试薄膜的表面形貌及表面电势；

d. 学会利用 Gywddion 软件对 AFM 图像进行处理；

e. 掌握薄膜粗糙度、表面功函数的分析与评价。

二、设备与仪器

1. 仪器简介

原子力显微镜也称为扫描力显微镜（AFM），是一种纳米级高分辨的扫描探针显微术，是由 IBM 苏黎士研究实验室的比宁（G. Binning）、魁特（C. Quate）和格勃（C. Gerber）于 1986 年发明的（图 25-1）。AFM 测量的是探针顶端原子与样品原子间的相互作用力——即当两个原子离得很近使电子云发生重叠时产生的泡利（Pauli）排斥力。工作时计算机控制探针在样品表面进行扫描，根据探针与样品表面物质的原子间的作用力强弱成像。AFM 相对于光学显微以及电子扫描显微镜（SEM），具有更为优异的显微性能和更多样的测试模式。最大的优势在于该显微技术可以呈现三维显微，这是其他显微技术不具备的。同时相对于 SEM，它可以真实地还原表面原始状态。因为 SEM 手段测试时，为了提升分辨率，须在薄膜表面镀一层导电金膜，因此得到的其实是金膜覆盖后的形貌。表 25-1 列出了几种常规显微分析手段的对照。

图 25-1　世界上第一台原子力显微镜和发明人之一比宁

表 25-1　几种常见显微术性能对比

显微术	光学显微镜	SEM	AFM
工作条件	大气环境、液体、真空	真空	大气环境、液体、真空
XY 分辨率	约 500nm	5nm	1~10nm
Z 分辨率	N/A	N/A	0.1nm
样品要求	非全透明样品	导电表面	表面起伏小于 $10\mu m$

2. 基本配置

本实验设备为德国布鲁克生产的原子力显微镜（型号为 MultiMode 8，简称 MM8），包含：原子力显微系统控制箱、显微系统以及控制计算机，设备概览如图 25-2 所示。

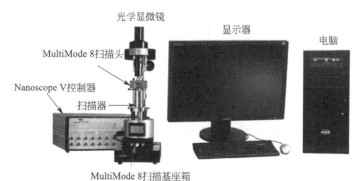

图 25-2　布鲁克 MultiMode 8 原子力显微镜

（1）控制计算机

MM8 的控制计算机使用 Windows 7 64 位操作系统，运行 Nanoscope 9 版的控制软件。

（2）Nanoscope V 控制器

MM8 使用 Nanoscope V（NSV）控制器。控制器用于连接显微镜主机以及电脑，控制系统的扫描过程。

（3）MultiMode 8 扫描基座箱

MM8 的扫描基座箱（Base）如图 25-3 所示。扫描基座箱上有马达控制、模式切换开关以及一个显示屏，它用于支撑扫描器、粗略地调整探针与样品间的距离、切换主要扫描模式以及显示 SUM、Vertical 和 Horizontal 信号。

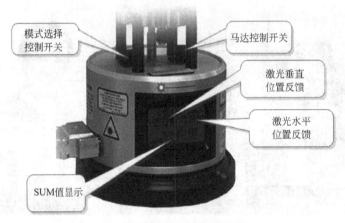

图 25-3　扫描基座箱的结构图

（4）MultiMode 8 扫描头

MM8 的扫描头（Head）如图 25-4 所示。扫描头上主要集成了激光光源和检测系统，并作为探针夹的支架。扫描头上有调节激光、探测器位置以及探针扫描位置的调节旋钮。

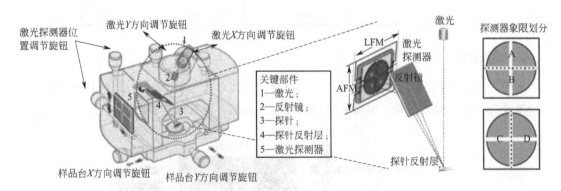

图 25-4　扫描头的结构及光路示意图

（5）扫描器

MM8 使用管式扫描器，可实现高精度的横向和纵向伸缩，用来扫描获得样品的三维形貌。

（6）光学辅助系统

MM8 的光学辅助系统用来观察样品，找到合适的测试区域，并确定探针和样品之间的相对位置，以便优化进针过程。

（7）探针夹

MM8 有很多种探针夹，适用于不同的成像模式。探针夹的主要作用是夹紧探针，提供激励探针悬臂振动的压电陶瓷片，以及给探针加电压。

3. 主要技术指标

a. 扫描范围：$125\mu\text{m}\times125\mu\text{m}\times5\mu\text{m}$；

b. 表面形貌横向分辨率：$1\sim5\text{nm}$；

c. 纵向分辨率：0.1nm；

d. 噪声：垂直（Z）方向上的振幅$<0.03\text{nm}$（带防震系统的测量值）；

e. 测试温度和条件：室温，空气；

f. 扫描模式：智能扫描模式，轻敲/接触模式等。轻敲模式较为常用。

三、背景知识与基本原理

AFM 的两个关键部件是探针（probe）和扫描器（scanner），当探针和样品接近到一定程度时，如果有一个足够灵敏且随探针-样品距离单调变化的物理量 $P=P(z)$，那么该物理量可以用于反馈系统（feedback system），通过扫描管的移动来控制探针-样品间的距离，从而描绘材料的表面性质。以形貌成像为例，为了得到表面的形貌信息，扫描管控制探针针尖在距离样品表面足够近的范围内移动，探测两者之间的相互作用。在作用范围内，探针产生信号来表示随着探针-样品距离的不同相互作用的大小，这个信号称为探测信号（detector signal）。为了使探测信号与实际作用相联系，需要预先设定参考阈值（setpoint）。当扫描管移动使得探针进入成像区域中时，系统检测探测信号并与阈值比较，当两者相等时，开始扫描过程。扫描管控制探针在样品表面上方精确地按照预设的轨迹运动，当探针遇到表面形貌变化时，探针和样品间的相互作用发生变化，导致探测信号改变，因此与阈值产生一个差值，叫作误差信号（error signal）。SPM 使用 Z 向反馈来保证探针能够精确跟踪表面形貌的起伏。Z 向反馈回路连续不断地将探测信号和阈值相比较，如果两者不等，则在扫描管上施加一定的电压来增大或减小探针与样品之间的距离，使误差信号归零。同时，软件系统利用所施加的电压信号来生成 SPM 图像。具体到轻敲模式 AFM，可以把整个扫描过程表述为：系统以悬臂振幅作为反馈信号，扫描开始时，悬臂的振幅等于阈值，当探针扫描到样品形貌变化时，振幅发生改变，探测信号偏离了阈值而产生了误差信号。系统通过 PID 控制器消除误差信号，引起扫描管的运动，从而记录下样品的形貌。整个 AFM 系统的工作原理如图 25-5 所示。

四、实验试样

圆片样品尺寸：直径$\leqslant10\text{mm}$，厚度$\leqslant5\text{mm}$；方片样品尺寸：长宽均$\leqslant10\text{mm}$，厚度$\leqslant5\text{mm}$。表面起伏度最好$\leqslant1\mu\text{m}$。

五、实验步骤

AFM 可以进行表面形貌、表面电势、铁电畴观察等多种测试模式，但是常用的为薄膜

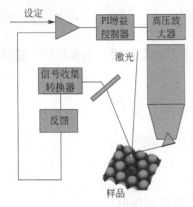

图 25-5　AFM 的工作原理示意图

微观形貌测试和表面电势测试，这两种测试均为轻敲模式，下面以轻敲模式为例简述操作步骤。

1. 开机

a. 确认实际电压与系统设定的工作电压相符合，确认所有的线缆都已正确连接，确保操作环境符合要求，且防震台处于正常工作状态；

b. 打开计算机主机、显示器和光源；

c. 打开控制器。

注意：对于运行 Windows XP 的系统，开机顺序必须是先打开计算机主机，再打开控制器。

2. 安装样品和探针

a. 安装样品：如图 25-6(a) 所示，将固定在铁片上的样品放入带有磁性的样品台中心，使其吸住铁片和样品。注意调节样品台高度，通常应使样品的上表面不明显高于扫描头上的支点顶部，以防止安装探针夹具（Holder）时探针直接压到样品表面而损坏探针。

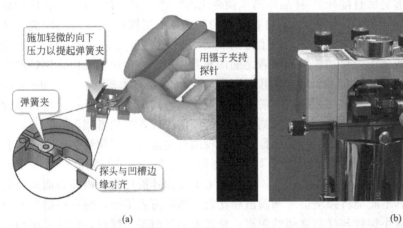

图 25-6　安装探针示意图

b. 安装探针：将探针安装在探针夹具上，注意探针夹具根据需要选择。安装时，把探针夹具翻转放在桌面上，轻轻下压，使里面凹槽内的金属片微微上翘。随后装入探针，并松手使金属片压紧探针。安装完探针后［图 25-6(b)］，将探针夹具卡在扫描头突出的支点上摆放平稳，然后拧紧扫描头背面的固定旋钮。

3. 启动软件

a. 双击桌面 Nanoscope 软件图标；

b. 进入实验选择界面，根据实验方案进行选择，第一步选择实验方案，第二步选择实验环境，第三步选择实验具体操作模式；

c. 上述步骤结束后，单击界面右下方图标"Load Experiment"，进入具体实验设置界面。

4. 调节激光

a. 在软件中左侧点击"Setup"，找到图像窗口；

b. 调节光学显微镜镜头位置，自上而下调节可分别看清探针、样品；

c. 聚焦到针尖下的样品表面，使样品成像清晰；

d. 将基座右侧的"Up/Down"开关拨到"Down"，使探针逐渐接近样品表面，待悬臂基本清晰（一定不能完全清晰）后停止；

e. 使用基座上的位置调节旋钮调节显微镜视场，找到激光光斑；

f. 使用扫描头上部两个方向的激光调节旋钮，将激光光斑打在悬臂前端。

5. 调节四象限检测器

a. 调整扫描头后部反光镜，使 SUM 值最大；

b. 将基座左侧的模式选择键打到"TM AFM"上，此时基座前面左上角的指示灯显示绿色；

c. 调整扫描头上部的两个四象限旋钮，使基座前面 LCD 显示屏上的 VERT 显示为 0，HORZ 显示为 0。

6. 寻峰

a. 点击软件左侧的"Setup"；

b. 选择"Manual tune"；

c. 进入界面后输入 Start Frequency 和 End Frequency 的值（输入值为所选用探针的探针盒上的参数 f_0 的范围）；

d. 单击"Auto Tune"选项，等待找到共振峰后点击"Zero Phase"；

e. 点击"Exit"退出。

7. 初始化扫描参数

将参数进行初始化设置，如图 25-7 所示，并按以下步骤进行操作。

a. 将"Scan Size"设置为 0；

b. 将"Scan Angle"设置为 0；

c. 将"X offset"和"Y offset"设置为 0。

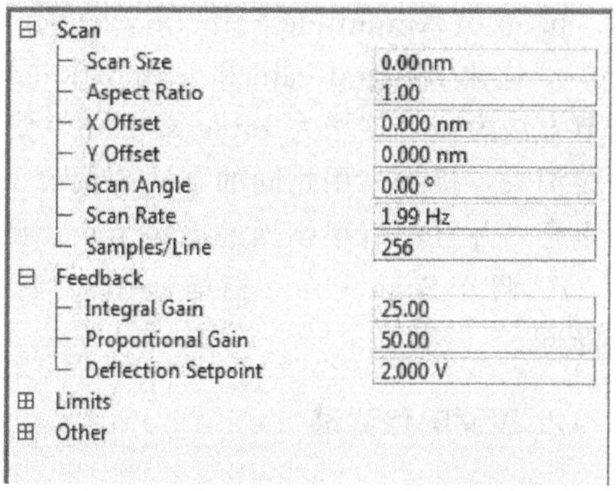

⊟ Scan	
├ Scan Size	0.00nm
├ Aspect Ratio	1.00
├ X Offset	0.000 nm
├ Y Offset	0.000 nm
├ Scan Angle	0.00 °
├ Scan Rate	1.99 Hz
└ Samples/Line	256
⊟ Feedback	
├ Integral Gain	25.00
├ Proportional Gain	50.00
└ Deflection Setpoint	2.000 V
⊞ Limits	
⊞ Other	

图 25-7　进针前参数的初始化设置

8. 进针

a. 使用扫描头下部两个旋钮移动扫描头位置，使探针位于样品上所要测量的区域；

b. 点击左侧的"Engage"，等待探针到达样品表面。

9. 测试与分析

进行相关功能的测试与分析，详见"六、测试与结果分析"。

10. 保存图像

点击软件菜单中 Capture 存图，Capture File 设置拍照存储路径，注意在扫描结束前保存。

11. 退针

a. 点击 Withdraw 停止扫描并使探针远离样品表面，可以多次点击 Withdraw；

b. 将"Up/Down"开关拨到"Up"使探针远离样品表面后取出探针夹具，随后取下样品。

12. 关机

a. 关闭软件界面；

b. 关闭控制器；

c. 关闭计算机、显示器和光源。

六、 测试与结果分析

1. 形貌测试

安装的 AFM 探针型号选为 RTESPA。在启动软件过程中，选择 Taping Model，如图 25-8 所示。

a. 设置合适的扫描范围，如：$10\mu m \times 10\mu m$。观察 Chanel 1（Data Type：Height）中 Trace 和 Retrace 两条曲线的重合情况。

b. 减小 Amplitude Setpoint，直到两条扫描线基本反映同样的形貌特征。

c. 优化 Integral gain 和 Proportional gain。为了使增益与样品表面的状态相符，一般的调节方法为：直接增大 Integral gain，使反馈曲线开始振荡，然后减小 Integral gain，直到振荡消失，接下来用相同的办法来调节 Proportional gain。通过调节增益来使两条扫描线基本重合，并且没有很剧烈的振荡为止；此时 Amplitude error 通道值最小。

d. 调节 Scan rate（扫描速率）。随着 Scan size（扫描范围）的增大，扫描速率须相应降低。

2. 表面电势测试

进行本测试项目前，安装的 AFM 探针型号选为 MESP/SCAN-PIT。在启动软件过程中，应依次选择 Electrical & Magnetic，Electrical & Magnetic Lift Modes，Surface Potential（AM-KPFM），点击 Load Experiment，如图 25-9 所示。然后在基本界面的 Probe Setup 目录下选择点击 Load probe，进行 Probe select 多种探针选择，选取 MESP/SCAN-PIT 探针。完成进针步骤后，先完成形貌测试。

形貌扫描完毕后，先打开 Scan 中的 Interleave Mode 为 Lift，并把 Lift scan height 设置为 60～140nm（其高度选取取决于样品的凹凸度，凹凸度大的选择值就大）。一般陶瓷样品选择 100 nm。

点击 Set Phase（图 25-10）和 Potential Feedback 图标，让其处于 On 状态。探针开始

进行表面电势扫描，此时可出现电势图像。

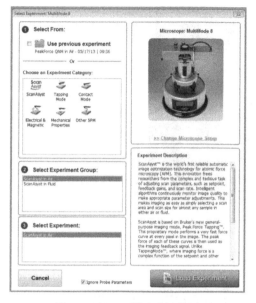 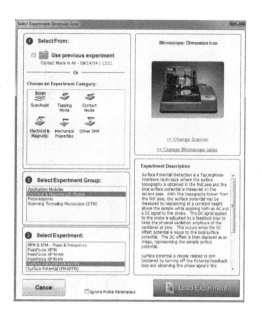

图 25-8　AFM 测试进入界面　　　　　　图 25-9　表面电势启动软件选择

图 25-10　Set Phase 图标

七、案例分析

1. 案例一：薄膜形貌及晶粒大小分析

表面形貌及表面粗糙度对光电子器件性能起着重要的作用，致密平滑的薄膜表面有利于获得高的界面接触，有利于器件中载流子的传输，抑制界面载流子积累及复合。对钙钛矿薄膜 MAPbI$_3$ 的薄膜形貌及晶粒大小进行分析。设置扫描范围为 $3\mu m \times 3\mu m$。Scan rate 设置为 0.7Hz。保存原始文件后利用 Gwyddion 软件进行分析处理。

① 打开源文件。打开 Gwyddion 软件，从"File"菜单中找到对应的 AFM 源文件"*.flt"格式或是"*.mi"格式，点击打开，如图 25-11 所示。

② 图像拉平处理。图像在扫描时可能样品不是完全水平放置，造成图像出现从一边到另一边慢慢变暗的情况，这时可以酌情对图像进行拉平处理。点击如图 25-12(a) 所示的按钮，即可以得到如图 25-12(b) 所示的图像。

③ 图像去背景平滑处理。研究微观形貌，有时需要得到具体的晶粒情况，并不关心表面起伏。此时，我们可以对图像进行平滑处理。具体操作为：点击如图 25-13(a) 所示的按钮，即可得到去背景平滑的图像，如图 25-13(b) 所示。

④ 三维图像的获得。为了更为直观地观察 AFM 测试所得到的三维形貌，可以点击如图 25-14(a) 所示的按钮，得到如图 25-14(b) 所示的三维图像。

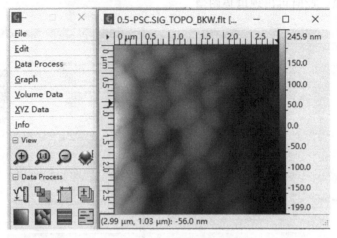

图 25-11　AFM 文件打开界面

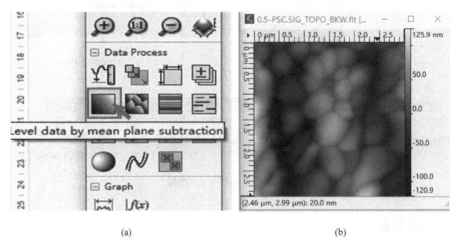

(a)　　　　　　　　　　　　　　　　(b)

图 25-12　图像拉平处理

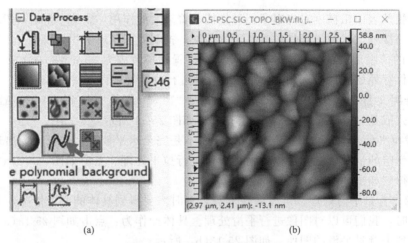

(a)　　　　　　　　　　　　　　　　(b)

图 25-13　图像去背景平滑处理

⑤ 粗糙度的获得。AFM 形貌测试相比 SEM 或透射电子显微镜（TEM）的最大特点，

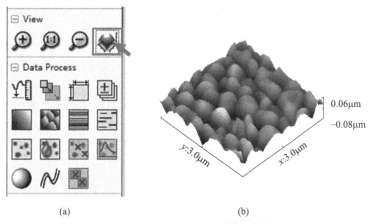

(a)　　　　　　　　　　　　(b)

图 25-14　三维 AFM 图像的获得

是可以直接获得薄膜形貌的粗糙度，通常用均方根粗糙度（RMS）来表示，代表了薄膜表面的起伏程度。点击如图 25-15(a) 所示的按钮，即可获得如图 25-15(b) 所示的具体粗糙度数据，以及薄膜表面的其他性质。

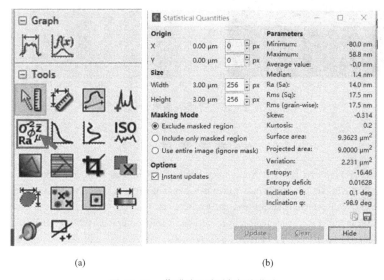

(a)　　　　　　　　　　　　(b)

图 25-15　薄膜表面粗糙度的获取

由以上数据分析可以发现，制备的钙钛矿薄膜表面十分致密，晶粒大小约为 500 nm 左右。粗糙度起伏较小，有利于后续制备高质量的钙钛矿薄膜太阳能电池器件。

2. 案例二：ITO 透明电极功函数的测试

表面功函数对于光电子器件界面能级匹配至关重要，合适的能级匹配有利于电子在器件中的高效输运。然而表面功函数与很多因素有关，准确无损地测试表面功函数，对于高效光电子器件的构筑至关重要。现基于 AFM 分析 MoO_x 薄膜对 ITO 透明电极功函数的改善情况。

测试过程中，参数设置窗口中把 Interleave Mode 设为 Lift，Lift Scan Height 设为 $50\sim$ 100nm 之间。过大的 Lift Scan Height 会使信号降低；过小的 Lift Scan Height 有可能探针在抬起后仍然会敲到样品表面造成假象。通道 3 的 Data Type 设为 Amplitude 2，Scan 类型

设为 Interleave，RT Plane Fit 和 OL Plane Fit 都设为 None。观察振幅是否接近于零（一般振幅小于 50mV），振幅接近于零说明反馈回路在正常工作。通道 4 的 Data Type 设为 Potential，Scan 类型设为 Interleave，RT Plane Fit 和 OL Plane Fit 都设为 None。Potential 图得到的数值是探针和样品之间的电势差 V_{CPD}。为了确定针尖的电势，采用高定向热解石墨 HOPG 作为参照。

扫描后，将电势 AFM 图采用案例一的分析方式得到如图 25-16 所示的一系列数据。样品表面的功函数＝－（HOPG 的表面电势－样品的表面电势＋4.6eV）。因此本案例获得的 MoO_x 的功函数约为－5.04eV。一般 ITO 的功函数约为－4.6eV，所以在 ITO 上镀 MoO_x 层提升了表面电势，适合用作阳极修饰层，提高从 ITO 到更高价带能级或 HOMO 能级的空穴输运能力，从而改善器件性能。

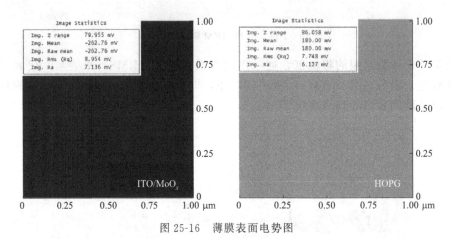

图 25-16　薄膜表面电势图

参 考 文 献

［1］ Morita S，Giessibl F J，Meyer E，et al. Noncontact Atomic Force Microscopy. Berlin：Springer，2015.

［2］ Shao Y，Fang Y，Li T，et al. Grain boundary dominated ion migration in polycrystalline organic-inorganic halide perovskite films ［J］. Energy & Environmental Science，2016，9：1752.

［3］ Xu C，Cai P，Zhang X，et al. A wide temperature tolerance，solution-processed MoO_x interface layer for efficient and stable organic solar cells ［J］. Solar Energy Materials & Solar Cells，2017，159：136-142.

实验 26

拉曼光谱分析

一、实验目的

a. 了解拉曼（Raman）光谱的特点和原理；

b. 掌握 Raman 光谱定性分析方法；

c. 掌握 Raman 光谱定量分析方法；

d. 掌握显微成像 Raman 光谱分析。

二、设备与仪器

1. 基本信息和配置

本实验的主要设备为 HORIBA LabRAM HR Evolution（法国 HORIBA 科学仪器实业部），主要部件包括激光探测器（325 nm、532 nm 和 785 nm）、多级激光功率衰减片、CCD 探测器、光纤探头和开放式显微镜等，LabSpec6 软件集拉曼光谱数据采集和分析于一体。设备概览及构造示意图如图 26-1 所示。

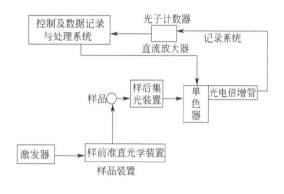

图 26-1　设备概览及构造示意图

2. 主要技术指标

a. 光谱范围：$50 \sim 9000\ \mathrm{cm}^{-1}$；

b. 焦距：800 mm；

c. 最低波数：$10\ \mathrm{cm}^{-1}$；

d. 光谱分辨率：$\leqslant 0.35\ \mathrm{cm}^{-1}$；

e. 空间分辨率：横向 $1\ \mu\mathrm{m}$，纵向 $2\ \mu\mathrm{m}$。

三、背景知识与基本原理

拉曼光谱是一种散射光谱。拉曼光谱分析法是基于印度科学家 C. V. Raman 所发现的拉曼散射效应，对与入射光频率不同的散射光谱进行分析，以得到分子振动和转动方面的信息，并应用于分子结构研究的一种分析方法。

拉曼散射是分子对光子的一种非弹性散射效应。当用一定频率（$\nu_{激}$）的激发光照射分子时，一部分散射光的频率（$\nu_{散}$）和入射光的频率相等。这种散射是分子对光子的一种弹性散射，没有能量交换，该散射称为瑞利散射。还有一部分散射光的频率和激发光的频率不等，这种散射称为拉曼（Raman）散射，如图 26-2 所示。Raman 散射的概率极小，最强的 Raman 散射也仅占整个散射光的千分之几，而最弱的甚至小于万分之一。

处于振动基态的分子在光子的作用下，激发到较高的和不稳定的能态（称为虚态），当分子离开不稳定的能态，回到较低能量的振动激发态时，散射光的能量等于激发光的能量减去两振动能级的能量差。即

$$h\nu_{散} = h\nu_{激} - \Delta E \tag{26-1}$$

此时 $\nu_{激} > \nu_{散}$。这是拉曼散射的斯托克斯线（图 26-3）。

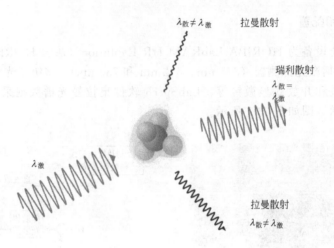

图 26-2 激光散射示意图

如果光子与振动激发态的分子相互作用，被激发到更高的不稳定的能态，当分子离开不稳定的能态，回到振动基态时，散射光的能量等于激发光的能量加上两振动能级的能量差。即：

$$h\nu_{散} = h\nu_{激} + \Delta E \tag{26-2}$$

此时 $\nu_{散} > \nu_{激}$。这是拉曼散射的反斯托克斯线（图 26-3）。

拉曼光谱既可以对材料进行定性分析，也可以进行定量分析，拉曼光谱常包含许多确定的能分辨的拉曼峰，因此拉曼光谱可以区分各种各样的试样，被誉为材料的指纹。可以从拉曼光谱的振动频率、峰位偏移、半峰宽和峰强中得到被测物体的组成、晶体对称性、晶体质量以及物质的总量等信息（图 26-4）。

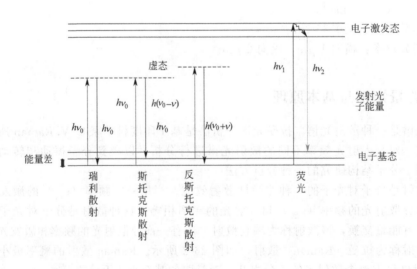

图 26-3 能级示意图

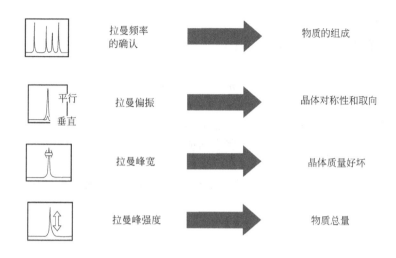

图 26-4 光谱信息

四、实验试样及要求

实验试样无特殊要求，粉体、液体或气体均可以测试。若测试样品为气体，最好进行压缩处理；粉末样品要压平整；液体样品需滴在金属表面再置于载玻片上。样品放置如图 26-5 所示，所有待测样品均需要放在载玻片上测试。

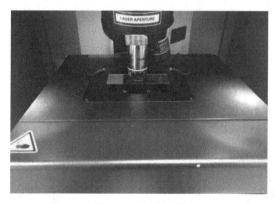

图 26-5 实验试样

五、实验步骤

1. 开机

① 打开稳压电源。
② 依次打开 S3000 电源控制开关、自动平台控制电源，开关位于控制盒的后端。
③ 打开激光控制器电源，开关为控制盒前端的钥匙。
④ 打开控制电脑和操作软件 LabSpec6。
⑤ 15min 后待 CCD 温度降到工作温度（一般为 -60℃）时，"探测器"变为绿色。另外，激光器的稳定时间需 15 min 左右。

2. 放置样品

将样品（以单晶硅片为例）放置在平台上（图 26-5），用夹子固定好。

注意事项：

① 校正时，对于需要用到的波长、光栅，均需要校正；

② 将样品置于载玻片上；

③ 如果样品较厚，注意观察距离，不能损坏物镜；

④ 粉末样品，表面压平整，放在金属表面或者载玻片上；

⑤ 液体样品滴在金属表面，然后放在载玻片上；

⑥ 液体和粉末样品建议用 50× 倍长焦镜头，不建议使用 100× 倍物镜。气体样品建议进行压缩，否则信号较弱。

3. 聚焦

聚焦有显微聚焦、激光光斑聚焦和信号聚焦三种。

（1）显微聚焦

按照 10×→50×→100× 的顺序依次转换物镜。

在 10× 物镜下，调节粗调旋钮（图 26-6），控制样品台的上升与下降，图像清晰后，可旋转操作杆（图 26-7）进行细调，若需要调节亮度，则可通过点击图 26-8 中的按钮进行调节。

说明：照射样品有投射光和透射光两种模式。一般用投射光，透射光使用较少，一般在投射光无法满足要求时才用。投射光强度调节旋钮在样品台左下方，位于粗调旋钮之上（图26-9）。

显微聚焦的目的是调节图像清晰，点击工具栏中的 ◐ 按钮（见图 26-10 方框）进入。显微聚焦结束后，关闭灯光，关闭时缓慢旋转灯光旋钮。

图 26-6　粗调旋钮

图 26-7　操作杆

☀ 26%

图 26-8　亮度调节

图 26-9 投射光强度调节旋钮

图 26-10 显微聚焦

（2）激光光斑聚焦

激光光斑聚焦即调节激光光斑最小，如图 26-11 所示。点击工具栏中的 ▦ 按钮（见图 26-11 方框），将激光强度降至 0.01%。再点击状态栏"激光关闭"打开激光，此时变为"激光打开"。

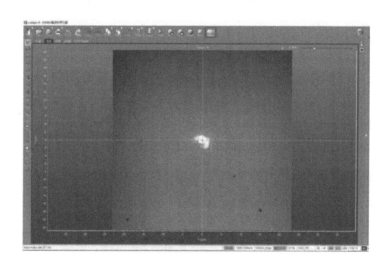

图 26-11 激光光斑聚焦

（3）信号聚焦

信号聚焦即在实时测量模式下，通过调节使得样品信号最强。实际样品中通常不采用。

4. 参数设置

（1）保存设置

点击"采集"—"标签 & 自动保存"（图 26-12），可以设置测试文件的保存位置（图 26-12 方框 1）、项目名称（图 26-12 方框 2）、样品名称（图 26-12 方框 3）、此次测量保存的位置（图 26-12 方框 4）和标题（图 26-12 方框 5）。以图 26-12 为例，则最终保存文件为"F：\A\B\C\D_××"，其中××表示序号，如"F：\A\B\C\D_01"。

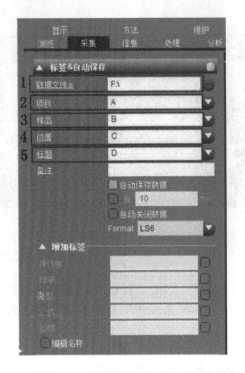

图 26-12　采集-标签 & 自动保存界面

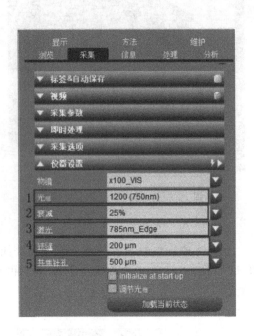

图 26-13　采集-仪器设置界面

（2）激光参数

点击"采集"—"仪器设置"（图 26-13），可以选择光栅（图 26-13 方框 1）、激光功率（图 26-13 方框 2，图 26-13 表示将激光功率衰减为原来的 25％）、激光波长（图 26-13 方框 3）、狭缝宽度（图 26-13 方框 4）和共焦针孔大小（图 26-13 方框 5）。光栅、激光功率（光强）和激光波长也可在状态栏中调节，如图 26-14 所示。

图 26-14　状态栏调节方法

① 光栅。785nm 激光可选择 600、1200、1800 三个刻度，532 nm 激光可选择 600、1200、1800、2400 四个刻度。数值越大，分辨率越高，但信号强度越小。常用 1200、1800。

② 激光功率。数值越大，信号强度越大。一般从小向大调节，以免烧坏样品。矿物类样品，对高光不敏感，可以到 100％功率；碳材料，不建议用高功率，一般 10％以下。

③激光波长。波长越短，信号强度越大，但可能荧光信号越强。选择原则：

a. 避开荧光干扰，荧光峰会随着激光光源的改变而改变位置，拉曼峰则不会；

b. 信号强度尽可能高。

所以在无荧光干扰的情况下，一般选择 532 nm 波长。

④ 狭缝宽度。宽度越大，信号强度越大，但分辨率越小。

⑤ 共焦针孔。可选择 100/300/500。数值越大，信号强度越大，但分辨率越小。

（3）中心波长设置

点击"采集"—"采集参数"（图 26-15），可以设置光谱仪中心波长（图 26-15 方框 1）、光谱范围（图 26-15 方框 2）、采集时间（图 26-15 方框 3）、累计次数（图 26-15 方框 4）和 RTD（实时测量）时间（图 26-15 方框 5）。

光谱仪中心：设置实时测量模式下的光谱范围；

光谱范围：设置测量时的光谱范围；

采集时间：设置测量时的采集时间，数值越大，分辨率越高；

累计次数：设置测量时的测量次数，最终测量结果取所有测量结果的综合值；

RTD 时间：设置实时测量模式下的采集时间，数值越大，实时测得的谱图越精细，但等待时间越长。

5. 点扫描

① 点击工具栏中的停止按钮，结束聚焦过程（此过程比较重要，建议不要略过）。在聚焦与测量过程之间切换时，均需点此按钮将当前过程停止。

② 点击工具栏中的采集按钮。

图 26-15 "采集"—"采集参数"界面

图 26-16 "采集"—"成像"界面

6. 面扫描

① 聚焦，参照"3. 聚焦"。

② 点击最左侧竖排工具栏按钮，可选择矩形、圆形、六角形，然后选择需要测量的区域。

③ 设置：点击"采集"—"成像"（图 26-16），勾选"X"（图 26-16 方框 2）、"Y"（图 26-16 方框 1），改变点数或步长可改变选择区域内的测量点数。测量点数通常要大于 1000 才能有较好的分辨率。勾选 SWIFT（图 26-16 方框 3）可加快扫描速率，缩短测量时间。（勾选 SWIFT 时，不能用 Range 模式，即不能勾选"采集"—"采集参数"界面中的光谱范围；只能用于矩形扫描模式，即不能选用圆形或六角形的扫描模式）。

④ 点击工具栏中的面扫采集按钮开始测试。

7. 数据处理

（1）图谱的显示

将鼠标悬停在图 26-17 方框内的按钮上或点击其右上角的小三角，即可出现工具框。图 26-18 中方框 1 的按钮，为单谱图显示；图 26-18 中方框 2 的按钮，为多谱显示；图 26-18 中方框 3 的按钮，为排列显示；图 26-18 中方框 4 的按钮，为等高排列显示。

在某一谱图显示状态下，单击图像右侧的按钮，可以选择不同的谱图显示状态。

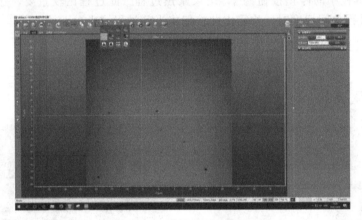

图 26-17　谱图显示工具栏

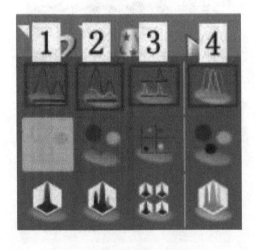

图 26-18　谱图显示工具框

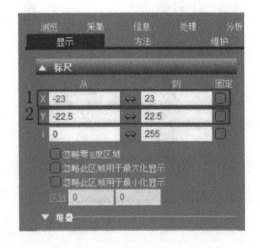

图 26-19　X、Y 轴的范围显示

（2）X、Y 轴的显示

点击"显示"—"标尺"，将固定选项勾选后，修改 X 轴（图 26-19 方框 1）、Y 轴（图

26-19方框2）数据，即可改变 X、Y 轴的范围显示。

　　点击"显示"—"坐标轴"面板，在"单位"栏中可修改 X、Y 轴的单位显示，如图26-20所示。

图 26-20　X、Y 轴的单位显示

图 26-21　"显示"—"颜色 & 文本"界面

（3）光谱数据的显示

　　点击"显示"—"颜色 & 文本"，可改变谱图、坐标轴和背底的颜色，也可修改图例，如图26-21所示。

　　点击"显示"—"光谱"，可改变谱图的显示类型，如图26-22所示。

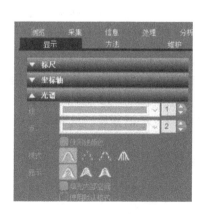

图 26-22　"显示"—"光谱"界面

图 26-23　"显示"—"Notes"界面

点击左侧竖向工具栏"添加窗口标注"按钮，可添加窗口标注。点击"显示"—"Notes"（如图 26-23 所示），输入标注内容，可同时设置边框、背景、字号等属性。

（4）峰位的确定

点击"分析"—"峰形峰位"（图 26-24），点击"寻峰"，即显示峰位。

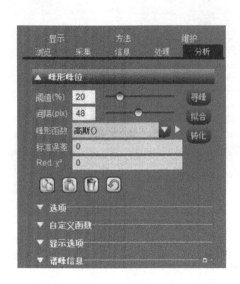

图 26-24 "分析"—"峰形峰位"界面

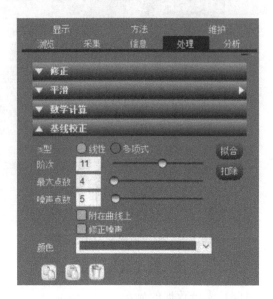

图 26-25 "处理"—"基线校正"界面

阈值：相对于最高峰的比例值。以阈值取 20 为例（图 26-24），表示只标出峰高≥20％最高峰的峰位。

（5）峰形的拟合与转化

点击"分析"—"峰形峰位"（图 26-24），选择合适的峰形函数，然后点击"拟合"，即可完成拟合。点击"转化"即可完成转化。

间隔：每个峰均由一定数量的点构成，间隔表示应该选择由多少个点构成的峰。以间隔取 48 为例（图 26-24），表示只拟合至少由 48 个点所构成的峰。

峰形函数：选择所需拟合的函数。

（6）基线校准

① 点击"处理"—"基线校正"（图 26-25），选择校正类型：线性校正/多项式校正。常用多项式校正。

② 点击左侧工具栏"添加/移除基线点"按钮，然后在图谱中选择基线点。

③ 选择完毕后，先点击"处理"—"基线校正"界面上的"拟合"，再点击"扣除"。

（7）曲线平滑

点击"处理"—"平滑"（图 26-26），可设置平滑类型及平滑程度。此功能慎用，如使用不当，会将原有的峰抹掉。

窗口大小：确定平滑程度，数值越大，平滑程度越大。

类型：选择平滑类型。

（8）数据的偏移

如果在测试前未进行校正，可在测量后重新校正，确定偏移值，然后在图 26-27 的"处理"—"数据校正"—"平移光谱"中输入偏移值，对数据进行校正。例如：如果测得值为

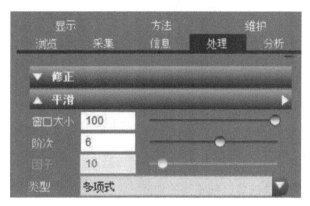

图 26-26 "处理"—"平滑"界面

$518.7\ \mathrm{cm}^{-1}$，与标准值 $520.7\ \mathrm{cm}^{-1}$ 差 $2\ \mathrm{cm}^{-1}$，则输入 2，即输入值＝标准值－测量值。

8. 数据保存

（1）导出图片

点击工具栏中复制按钮 右上方的小三角，依次选中"图片"—"复制到文件"，如图 26-28 所示。

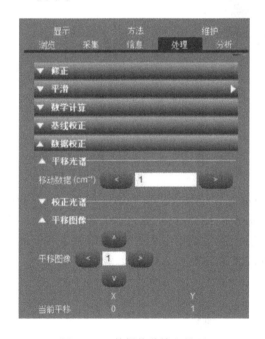

图 26-27 数据偏移输入界面

图 26-28 导出图片

（2）导出"＊.txt"

点击工具栏中的数据保存按钮 ，然后将文件保存为"＊.txt"。

（3）打印

点击工具栏中的打印按钮 ，然后将文件保存为 PDF 格式。

9. 关闭仪器

① 关闭激光（注意：前面打开的 S3000 电源控制开关和自动平台控制电源不需要关闭，一般处于常开状态）；

② 关闭软件；

③ 关闭电脑。

六、案例分析

1. 根据拉曼光谱的峰位信息区别不同的物质

① 金红石和锐钛矿成分均为 TiO_2，拥有相同的化学组成，属于 TiO_2 的不同晶型，锐钛矿的特征是在 142 cm^{-1} 左右有强峰，而金红石中此峰会消失或呈现很弱的状态，如图 26-29 所示。利用拉曼光谱可以鉴别成分相同、但晶型不同的物质。

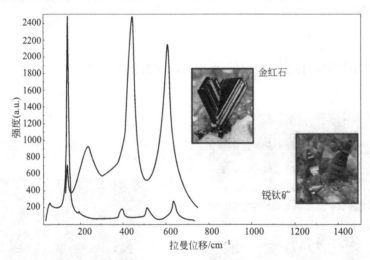

图 26-29　矿石结构鉴别

② 对属于同系物但结构不同的两种物质，拉曼光谱也可以进行分辨。例如，甲醇的结构式为 CH_3—OH，是高效液相色谱比较常用的流动相，和它结构相似的乙醇比甲醇多一个 CH_2，是酒的主要成分，还可用于灭菌处理，工业上经常会用甲醇冒充乙醇制酒，拉曼光谱可快速鉴别甲醇和乙醇（图 26-30），达到识别真假酒的目的。

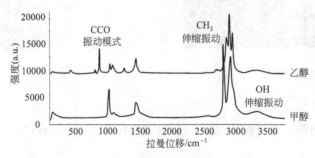

图 26-30　真假酒鉴别

2. 根据拉曼光谱的半峰宽区别物质的不同结晶度

拉曼光谱中包含很多信息，除了峰位信息外，拉曼峰的半峰宽也可以区别晶体与非晶体。晶体材料的拉曼峰尖锐、强度高，而非晶材料的拉曼峰大多很宽并且强度较低，部分结晶材料的拉曼峰强和半峰宽介于二者之间。因此，可以根据拉曼峰的半峰宽，判断同一种材料的结晶度。PET 光纤的纺成速度不同，会对其结晶度有明显的影响。如图 26-31 所示，由不同的 $C=O$ 羰基半峰宽，可以区别不同速度纺成的 PET 光纤的结晶度。

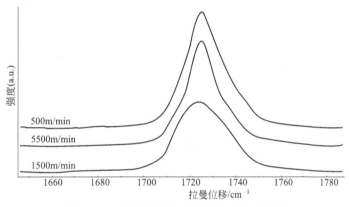

图 26-31　拉曼光谱用于区别物质的结晶度

3. 根据拉曼光谱的峰位移测定由温度所致的晶格结构变化

拉曼光谱的峰位移也可以反映物质晶格结构的变化。常温下 $CoFe_2O_4$ 为反尖晶石结构，T 位为 Fe^{3+}，O 位为 CO^{2+}（图 26-32）。温度升高，T 位和 O 位的拉曼峰发生位移，T 位为 Fe^{3+} 和 CO^{3+}，O 位变为 Fe^{2+}，反尖晶石结构逐渐变为正尖晶石结构。

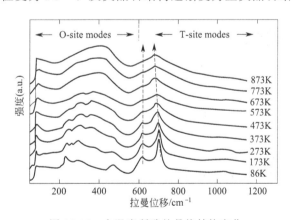

图 26-32　由温度所致的晶格结构变化

4. 根据拉曼光谱的谱峰强度判断物质的相变

光谱强度也可以反映物质结构的变化（图 26-33），对加压前后的蛋白结构进行拉曼光谱测试，可以发现在加压之后，拉曼光谱的强度显著减弱，去氧肌红蛋白结构发生变化，从而影响肉质颜色。

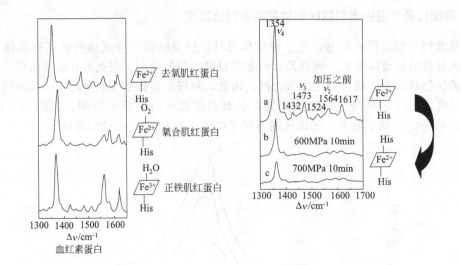

图 26-33　高压加工对蛋白结构的影响

参 考 文 献

张树霖. 拉曼光谱学及其在纳米结构中的应用（上册）——拉曼光谱学基础［M］. 许应瑛，译. 北京：北京大学出版社，2017.

实验 27

核磁共振波谱分析

一、实验目的

a. 了解核磁共振波谱分析的基本原理；
b. 掌握核磁共振氢谱的测定；
c. 掌握核磁共振碳谱的测定；
d. 掌握核磁共振波谱数据的处理与分析。

二、仪器与设备

1. 基本配置

本实验配备的仪器为 Avance Ⅲ HD 500 MHz 核磁共振波谱仪（Bruker），主要组成部分为超导磁体、探头、机柜、空压机以及控制计算机等。设备概览如图 27-1 所示。

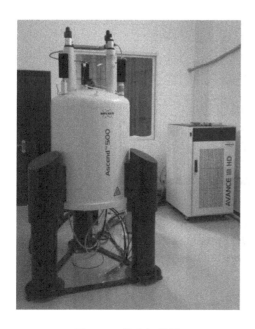

图 27-1　设备概览图

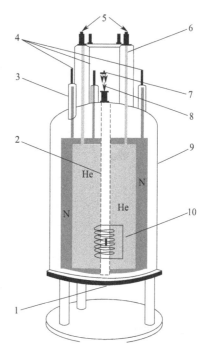

图 27-2　磁体结构示意图

1—探头置入口；2—室温腔管；3—液氦塔；4—液氦端口；
5—液氦端口；6—液氦塔；7—金属塞；
8—样品置入口；9—真空腔；10—磁体

超导磁体是核磁共振波谱仪的主要组成部分之一，它是利用电流产生磁场这一原理所制作的电磁体。磁体中的磁芯包含一个由载流导线盘绕而成的大型螺旋线圈。线圈在超低温情况下产生超导现象，线圈中心具有强静磁场。超导线圈无需任何驱动能量（如电池或电源）即可传输电能，并能够永久持续。磁体由几个部分构成：磁体外层被抽成真空，内表面镀银；液氮腔；沉浸超导线圈的液氦腔。液氦腔通过真空腔与液氮腔实现热隔绝，从而减缓液氦的挥发速度（图 27-2）。

探头的主要作用是放置样品、发射射频信号以激发样品并接收响应信号（图 27-3）。探头固定于磁体底座，其上端位于室温匀场线圈的内部。探头内部的 RF 线圈用于发射和接收信号。同轴电缆将激发信号从机柜放大器传输至探头，再将核磁信号从样品处回传至接收器。

目前，核磁共振波谱仪测试的自动化程度较高，所有操作环节均通过操作台进行控制（图 27-4）。操作员可通过操作台输入命令，控制实验的设计、执行以及数据分析处理。其中，所有与数据采集相关的操作均由安置于机柜内的另一套名为 IPSO（智能脉冲序列管理器）的计算机系统进行控制。

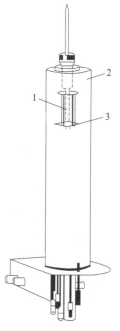

图 27-3　探头结构示意图

1—样品室；2—探头；3—线圈

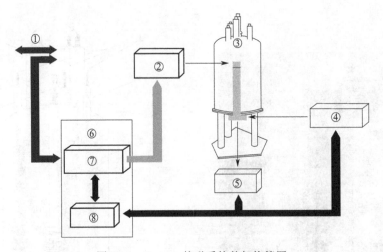

图 27-4　Avance 核磁系统的架构简图
1—网络；2—BSMS、匀场和锁场控制；3—磁体；4—发射器；
5—接收器；6—采样处理器；7—通信控制设备；8—采样控制器

2. 主要技术指标

a. 超屏蔽磁体系统，减震系统；

b. 磁场：11.746T；

c. 频率范围：6～640MHz；

d. 频率精度：<0.005Hz；

e. 相位精度：<0.006°；

f. 衰减及其范围：<0.1dB/90dB；

g. 调幅：>90dB；

h. 相位、频率和幅度变换时间：25ns；

i. 脉冲调制：实时；

j. 模数转换器可以在 10kHz 谱宽内提供大于 21 位的最大动态范围。

三、背景知识与基本原理

1. 背景知识

核磁共振属于吸收（或发射）光谱，检测的是原子核对射频的吸收。检测对象要求具有磁矩，这是产生核磁信号特征的前提条件。

原子核的自旋运动与自旋量子数（I）相关。只有在自旋量子数不为零的情况下，原子核才存在自旋运动现象，从而产生磁矩。原子核与自旋量子数的关系如下：

质量数和原子序数均为偶数，$I=0$，如 ^{12}C、^{18}O、^{32}S 等；

质量数为偶数，原子序数为奇数，I 为整数，如 ^{14}N、^{2}H、^{10}B、^{58}Co 等；

质量数为奇数，I 为半整数，如 ^{1}H、^{13}C、^{15}N、^{31}P、^{19}F 等。

在自旋量子数不为零的情况下，通常又分为两种类型：

① $I=1/2$，电荷均匀分布于原子核表面，这时核磁共振谱线较窄，分辨率高，最适合

核磁共振检测。

② $I > 1/2$，原子核具有四极矩，电荷在原子核表面呈非均匀分布，造成核磁共振谱线较宽，谱峰重叠，影响结果分析。

对于核 ^1H、^{13}C、^{15}N、^{31}P、^{19}F（$I=1/2$），其自旋是量子化的，只有两种状态（磁量子数 m）：

$$m=1/2, -1/2$$

原子核的一个重要参数是磁矩（μ）：

$$\mu=\gamma Ih/2\pi \tag{27-1}$$

式中，h 为普朗克常数；γ 为磁旋比，不同原子核有不同的磁旋比。

原子核需要置于强磁场的环境中，即由超导线圈产生的静磁场。如没有强磁场的影响，原子核在基态下处于无序状态，彼此之间没有能量差，即能态简并。当施加强磁场时，核磁矩取向会与外磁场平行或反平行。取向与外磁场平行的核的数目总是比反平行的核的数目稍多，两者间存在能量差。这个能量差就是每个核吸收的能量，与核磁信号的强度及灵敏度直接相关。

2. 工作原理

典型的核磁共振实验包含三个基本步骤（图 27-5）：将样品置于静磁场中；利用射频脉冲激发样品中的原子核；测量并分析样品发射出的信号频率。样品中的核磁共振活性原子核在不同频率下产生共振，这种频率称为"共振频率"。由于这种频率是原子核受到入射射频脉冲激发时发射出的频率，其值主要取决于原子核类型以及邻近原子环境。因此，通过核磁共振发射出的信号频率，可以推断出样品中原子键合以及原子排列的相关信息。

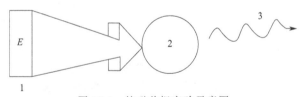

图 27-5　核磁共振实验示意图
1—激发脉冲；2—原子；3—发射出的信号

四、实验步骤

1. 样品准备

首先应确保样品无磁性、无导电性。将样品溶解于相应的氘代溶剂，并转移至样品管中。确保使用高品质的样品管。要求样品管竖直、同心、均匀、管口无破损，样品管壁不可以粘贴胶纸、胶带，管口不可缠绕胶带。

转子紧靠在塑料量规口部，将样品管插入到底即可（手工进样）。若样品量不足，插入深度应以线圈中心处为中心，样品长度上下对称，样品长度仍不应低于线圈长度，否则无法正常匀场（图 27-6）。

2.　开空压机

打开空压机电源开关，空压机开始工作（图 27-7）。然后打开空压机气阀（位于空压机

背面上方，阀把手与出口管平行即为打开，如图 27-8
所示）。

3. 生成新实验

打开"Topspin"软件，在"Start"菜单中点击
"Create Dataset"，在弹出的菜单中设置新实验，填写
实验名、实验号、处理号、存放路径、用户名、实验
参数类型、溶剂名称、谱图标题。选择"OK"生成
新实验（图 27-9～图 27-13）。

4. 手工放置样品

在"Acquire"菜单中点击"Sample"，在弹出的
界面中选择"Turn on sample lift air（ej）"项，当磁
体内腔明显出气时，将量好深度的样品转子放在磁体
内腔出气口处，感觉有气体托住样品时方可松手（图

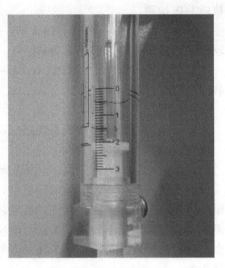

图 27-6　样品管

27-14）；然后在"Acquire"菜单中点击"Sample"，在弹出的界面中选择"Turn off sample
lift air（ij）"项，磁体内腔气路将被缓慢关闭，样品最终落入磁体中，样品状态图标将
会改变。

图 27-7　空压机面板

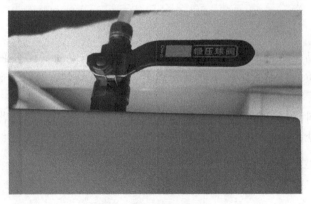

图 27-8　空压机气阀

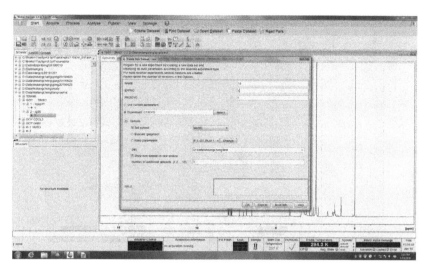

图 27-9 生成新实验窗口

图 27-10 选择氢谱实验类型

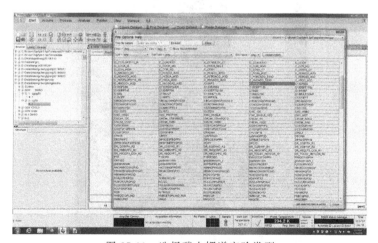

图 27-11 选择碳去耦谱实验类型

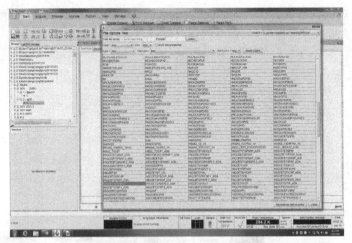

图 27-12　选择 Cosy 谱实验类型

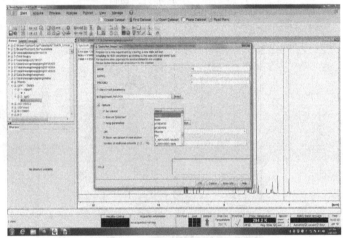

图 27-13　选择相应的氘代溶剂

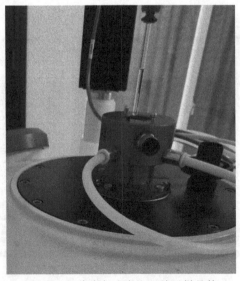

图 27-14　待有气流产生，放置样品管

5. 锁场

在"Acquire"菜单中点击"Lock"，在弹出的界面中选择相应的氘代溶剂。

6. 调谐

在"Acquire"菜单中点击"Tune"，软件将会自动调谐实验设置的通道，其调谐过程如图 27-15 所示。

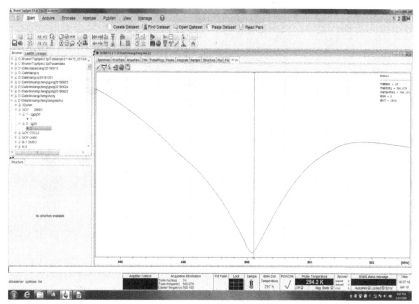

图 27-15 仪器调谐过程

7. 旋转

如果采样需要旋转，可以在"Acquire"菜单中点击"Spin"，在弹出的界面中选择"Turn sample rotation on（ro on）"项，样品将旋转到指定转速，样品状态图标也将随之改变。

8. 匀场

在"Acquire"菜单中点击"Shim"，程序将自动运行 Topshim 匀场。

9. 设置 90 度参数

在"Acquire"菜单中点击"Prosol"，程序会调用该探头的 90 度标准参数。

10. 算增益

在"Acquire"菜单中点击"Gain"，程序会临时采样，以确定信号放大倍数（RG）的值（图 27-16）。

11. 采样

在"Acquire"菜单中点击"Go"，程序将开始采样。在采样过程中可以在"Acqu"窗

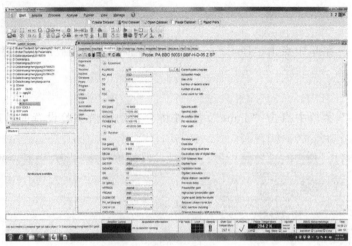

图 27-16　增益值（RG）

口中实时观察采样的累加状况（图 27-17）。

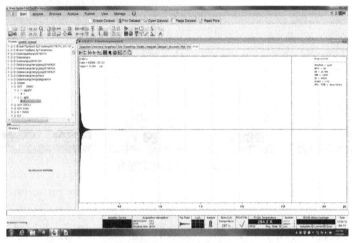

图 27-17　样品采集窗口

12.　谱图变换

在"Process"菜单中点击"Proc. Spectrum"，数据完成傅里叶变换。

13.　调相位

在"Process"菜单中点击"Adust Phase"，数据图形将进入手工调相位的子窗口，调整好 0 阶和 1 阶相位并存盘退出子窗口。

14.　校准化学位移

如果需要校准化学位移，同时样品中含有 TMS，在"Process"菜单中点击"Calib. Axis"右侧的倒三角，在弹出的子菜单中选"Set TMS To 0 ppm（sref）"，程序将会把 TMS 设为 0。如果要用样品中其他的峰定标，则在"Process"菜单中直接点击"Calib. Axis"，数据图形将进入手工校位移的子窗口，之后要存盘退出子窗口。

15. 峰值检测

在"Process"菜单中直接点击"Pick Peaks",数据图形将进入手工标峰的子窗口,之后存盘退出子窗口(图 27-18、图 27-19)。

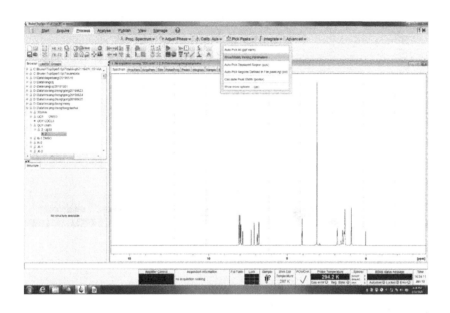

图 27-18 标峰位

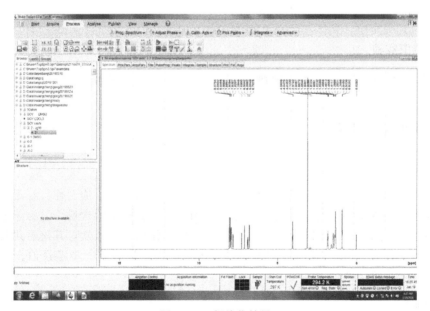

图 27-19 标峰位结果

16. 积分

在"Process"菜单中直接点击"Integrate",数据图形将进入手工积分的子窗口,之后存盘退出子窗口（图 27-20）。

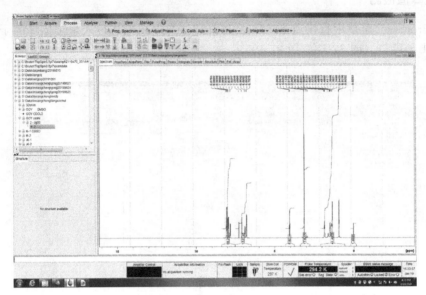

图 27-20　核磁数据积分

17.　画图输出

在"Publish"菜单中直接点击"Plot Layout"右侧的倒三角，数据图形将进入全屏幕排版的子窗口，画图输出之后退出该窗口时，不要存盘！

18.　结束实验

实验结束后，将样品管从磁体中弹出并取走。关闭空压机气阀、空压机电源。

五、典型案例分析

1. 案例一

环氧固化剂以及一些高分子聚合物中常含有不同种类的氨基。伯、仲、叔氨基的含量以及比例影响化合物的性能。过去常用色谱法分析伯、仲、叔氨基的含量，但由于色谱法的分离能力有限，分析结果不理想。伯、仲、叔氨基在溶剂作用下为铵盐，其核磁共振氢谱可明显区分（图 27-21）。利用谱峰的面积可以进行定量分析，从而进一步考察伯、仲、叔氨基的含量对材料性能的影响。

2. 案例二

锂硫电池具有容量大、安全性好、价格低等优点，成为当前的研究热点。硫与 1，3-二异丙烯基苯形成共聚物，通过核磁共振碳谱，研究不同连接位点的硫链长度对电池循环性能的影响。从图 27-22 可以看出，连接位点受到不同长度硫链的影响，其碳谱峰发生位移变化从而得到区分。通过进一步实验发现，硫链长度的增加能够增强锂硫电池的电化学循环性

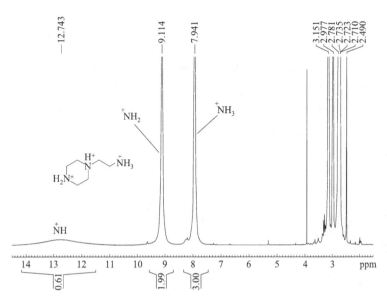

图 27-21　聚合物中氨基的核磁共振氢谱

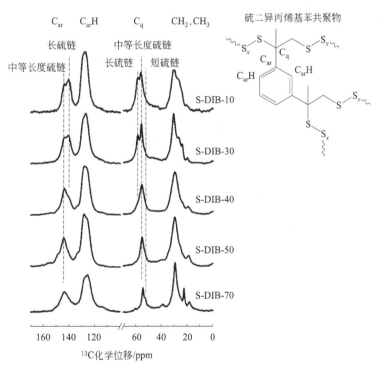

图 27-22　硫与 1，3-二异丙烯基苯的共聚物的核磁共振碳谱

下标 ar 代表芳香环上非质子化的碳原子；下标 q 代表芳香环上取代基的 α 碳原子；

S-DIB-10、S-DIB-30、S-DIB-40、S-DIB-50、S-DIB-70 分别代表芳香环上每个取代基含有 1、3、4、5、7 个硫原子

能。核磁共振波谱分析将电池的性能与阴极材料的结构进行准确关联，有助于电极材料的有效筛选。

3. 案例三

G-四链体是由富含串联重复鸟嘌呤（G）的 DNA 或 RNA 折叠形成的高级结构，与癌症疾病密切相关。如能揭示 G-四链体折叠构象的变化机制，将有助于抗癌药物的开发。将鸟嘌呤碱基上的羰基以光裂解基团封堵，得到单一折叠构象的 G-四链体。光照移除封堵基团，G-四链体的折叠构象以自然状态发生变化。通过时间分辨核磁共振检测，获取 G-四链体折叠构象变化的动力学数据（图 27-23）。以 64 个独立测试数据进行平均值计算，并通过数据拟合得到相应的动力学数据。

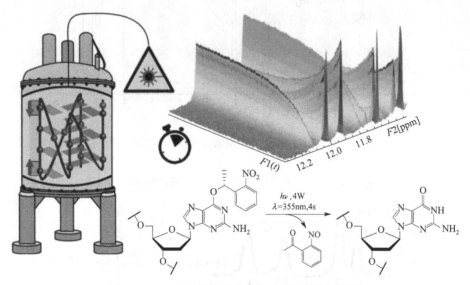

图 27-23　G-四链体折叠构象变化的核磁共振分析

参考文献

［1］宁永成. 有机化合物结构鉴定与有机波谱学［M］. 北京：科学出版社，2018.

［2］Liu Q，Zhu M. Determination of molar ratio of primary secondary and tertiary amines in polymers by applying derivatization and NMR spectroscopy［J］. Polymer Testing，2016，56，174-179.

［3］Hoefling A，Nguyen D T，Partovi-Azar P，et al. Mechanism for the Stable Performance of Sulfur-Copolymer Cathode in Lithium － Sulfur Battery Studied by Solid-State NMR Spectroscopy［J］. Chemistry of Materials，2018，30：2915-2923.

［4］Grün J T，Hennecker C，Klötzner D-P，et al. Conformational Dynamics of Strand Register Shifts in DNA G-Quadruplexes［J］. Journal of the American Chemical Society，2020，142：264-273.

实验 28

材料物性测量系统的电磁热分析

一、实验目的

a. 电学物理量（如电阻率、磁电阻等）的测量与分析；

b. 磁学物理量（如直流磁化率、交流磁化率等）的测量与分析；

c. 热学物理量（如比热容、热导率等）的测量与分析。

二、设备与仪器

1. 基本信息和配置

物性测量系统（Physical Property Measurement System，PPMS，美国 Quantum Design 公司）的基本系统按功能可以分为以下几个部分：温度控制、磁场控制、直流电学测量和 PPMS 控制软件系统。基本系统的硬件包括样品室、液氦杜瓦瓶、温控流阻、超导磁体及电源、真空泵、计算机和电子控制系统等。基本系统提供了低温和强磁场的测量环境，以及用于对整个 PPMS 系统进行控制和对系统状态进行查询诊断的软硬件控制中心。设备概览如图 28-1 所示。

图 28-1　设备概览图

2. 主要技术指标

a. 温度范围：1.9～400 K，温度扫描速率：0.01～8K/min；磁场范围 ±9 T；变场速率：最大 200 Oe/s。

b. 直流磁化率，最大可测磁矩：750 emu，精确度：$<5\times10^{-6}$ emu/T。

c. 交流磁化率，交流驱动频率：10～10kHz，交流场幅值：0.002～15Oe，测量灵敏度：2×10^{-8} emu。

d. 比热容，测量灵敏度：10 nJ/K 在 2K 时。

三、工作原理

1. 温度控制

① 液氦通道双流阻专利设计精确连续控制液氦流量，保证系统可以在 4.2 K 以下实现无限长时间的连续低温测量，并且可平滑通过 4.2 K 液氦相变点。

② 带有两个夹层的样品室配合液氦通道双流阻，可以精确地控制样品室内的温度，而样品室底部约 20cm 的部分用高导热性的无氧铜制造，保证样品处于温度稳定的大环境中。

③ 高级温度控制算法，与传统的温控仪 PID 算法不同，PPMS 系统采用了复杂而精准

的温度控制算法。系统同时测量样品室上不同位置的 3 个温度计（1 个铂金温度计、2 个 Cernox 温度计）用于监控样品室内的温度梯度分布，同时控制液氦流量，夹层真空度和 2 个线绕加热器，使得系统能够快速精确地控制样品所在区域内的温度变化，并能实现样品温度无限长时间的稳定。

④ 样品托专利设计（图 28-2）。使用专利设计的样品托替代传统的样品杆，既方便了样品的安装，又减少了外界环境对样品的影响（漏热更少），使样品的温度更稳定。不同样品的测量应使用不同的样品托。

图 28-2　样品托实物图

2. 磁场控制

PPMS 系统的磁场是通过对浸泡在液氦里的超导磁体励磁获得的，励磁电源为先进的卡皮察双极性电源。由它们构成的磁场控制系统有以下特点：磁场具有很高的均匀度，在 5.5cm（长）× 1cm（直径）的圆柱空间内，均匀度达到 0.01%（9T 磁体）；低噪声、高效率的双极性磁体电源，具有卓越的电流平滑过零性质；使用高温超导材料制造的磁体电流引线，极大地降低了在励磁过程中的液氦损耗。

3. 电阻（率）的测量

一般来讲，在某一温度与磁场下，如果通过一段导体两端的电压和通过该导体的电流成正比，那么该电压和电流的比值即是该导体的电阻。

对于 1MΩ 以下的电阻，一般用标准四线法测量。其优点是可以消除接触电阻对测量的影响，其电极结构如图 28-3 所示。在长方形样品上做四个电极，两端是电流电极，中间是电压电极。

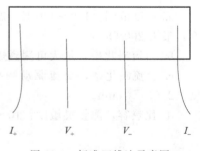

图 28-3　标准四线法示意图

对于 1MΩ 以上的电阻，一般用两线法做电极，用恒压法测量电阻。即对待测样品施加一个恒定的电压，然后测量经过样品的电流，用电压除以电流得到电阻。

4. 振动样品磁强计（PPMS-VSM）测量原理

振动样品磁强计（vibrating sample magnetometer，VSM）的测量原理是：样品放置在探测线圈内，以固定频率做往复振动，根据法拉第电磁感应定律，探测线圈会感应出一个同频率的电压信号，通过获取该电压信号，同时根据该电压信号和样品磁矩的线性关系，可以得到样品磁矩大小。

与传统的电磁铁 VSM 相比，PPMS-VSM 在很多方面具有优越性。由于 PPMS 系统的磁场是沿竖直方向的，样品振动方向和磁场方向是平行的。而传统的电磁铁 VSM 样品振动方向与磁场方向是垂直的，因此从原理上就比传统的电磁铁 VSM 精度要高。除此之外，PPMS-VSM 还有很多独特的特征：

① 背景磁场由 PPMS 系统主机的超导磁体提供，目前最高可达 16 T。而传统的 VSM 采用电磁铁，最高磁场小于 3 T，并且在进行变温测量时，由于需要加变温腔，最大可加磁场仅能达到 1 T 左右。

② 由于 PPMS 上的磁体均匀度高达 0.01%，且均匀区长 5.5cm，样品在振动时几乎感受不到磁场的变化，磁场的噪声非常小。这是使用电磁铁的传统 VSM 无法比拟的。

③ PPMS-VSM 采用长程电磁力驱动马达，没有任何机械传动，从而避免了机械磨损和振动噪声。同时采用光学编码定位技术，样品位置和信号精度远非传统的电磁铁 VSM 可比。得益于 PPMS 系统的温度控制技术，PPMS-VSM 的温控精度要远远高于传统的电磁铁 VSM。

这些特点使得 PPMS-VSM 有极高的测量灵敏度，是目前世界上测量精度最高的 VSM，能够真正达到 10^{-7} emu 测量精度。

5. 比热容的测量

该设备的比热容测量通常用热弛豫法。当样品处于一个有稳定漏热的环境时，样品温度随时间变化与加热功率及环境漏热功率的关系为：

$$C_p \frac{dT}{dt} = Q - \kappa(T - T_0) \tag{28-1}$$

式中，C_p 为定压比热容；Q 为加热功率；κ 为热导率；T 为样品当前温度；T_0 为环境温度。首先对样品以恒定功率加热，样品温度一开始和环境温度一致，加热后样品温度开始上升，一定时间后，样品对环境的漏热和加热功率相同，此时温度稳定，可以得到 $\kappa = \frac{Q}{T - T_0}$。然后停止加热，测量样品温度随时间的变化曲线，停止加热后 Q 为 0，解微分方程（28-1）得：

$$T = T_0 + (T_i - T_0) \cdot \exp\left(-\frac{K}{C_p}t\right) \tag{28-2}$$

式中，T_i 为初始温度；T_0 为最后平衡温度；K 为样品台与环境的热导率；C_p 为样品台及样品的比热容总和。利用式（28-2）对数据进行拟合，可以得到 $\frac{K}{C_p}$，进而可以得到 C_p。

四、实验试样和试样要求

根据测量的物理量，实验试样一般为块体或者粉末样品。典型的实验试样如图 28-4 所示。

五、实验步骤

1. 以磁性测量为例

① 如果之前有做非磁性方面的测量，需要在工具栏中点击 Utilities—Activate Option—

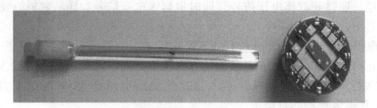

图 28-4　实验试样

Deactivate，退激活之前测量所用的选件。如果之前没做任何测量，可不做上述步骤。将系统温度设定到 300K，磁场设为 0，等温度和磁场达到并稳定 20min 后，点击 Vent/Seal，给样品腔充氦气。

②　取下密封样品腔的盲板，利用取样工具将前次测量所用的 PUCK 或线圈等取出，然后依次放入 VSM Pick-up 线圈、塑料中空导引杆和 VSM 振动马达，最后扣紧卡箍。

③　将放大器和驱动马达的线缆分别接在样品腔 GreyLemo 口和 VSM 马达上。

④　工具栏中点击 Utilities—Activate Option 然后在左边选中 VSM 再点击 Activate，如图 28-5 所示。激活后出现如图 28-6 所示 VSM Control Center 界面。

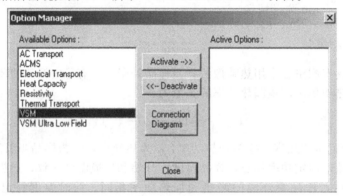

图 28-5　激活界面

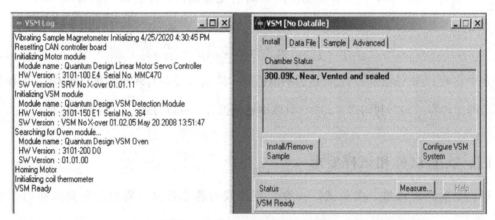

图 28-6　VSM Control Center 界面

⑤　将调整好位置的样品牢牢固定在样品杆上，然后接在碳纤维长杆的底部。

⑥　装样，点击 Install/Remove Sample，在温度为 300K、磁场为 0 时，取下 VSM 马达顶部的黑色圆盖，缓慢放入碳纤维长杆直至磁锁吸住其顶部。按提示逐步操作。注意，当 Open Chamber（图 28-7）后，密切注意 MultiVu 下面显示的样品腔气压状态，Purged-

Venting-Flooding，一旦出现 Flooding，立即关腔！即点击 Chamber 界面上的 Seal，否则氦气大量排掉。

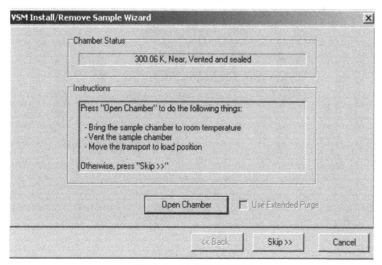

图 28-7 开样品腔界面

在出现的界面（图 28-8）中选择 Standard，然后点击 Next，在出现的界面（图 28-9）上点 Next。

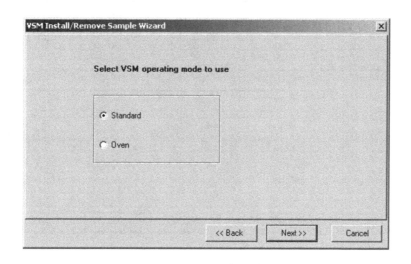

图 28-8 高、低温选择界面

⑦ 填写数据文件名和位置以及样品信息。在图 28-9 中点击 Next 之后，出现如图 28-10 所示界面，点击 Browse，给出存储数据的位置、文件名，然后点击图 28-10 中的 Next。

⑧ 确定 Offset 位置。可能需要加磁场增强信号，视情况而定。先加一个小的磁场（视样品情况而定，比如 100 Oe），然后点击图 28-11 中的 Scan for Sample Offset，点 Next。

⑨ 关腔，点击图 28-12 中的 Close Chamber。自动清洗样品腔三次。

⑩ 编辑程序进行相关测量。例如，测量零场冷和场冷下的磁化强度随温度的变化关系，参考图 28-13 中给出的测量程序进行编译，然后进行测量。

⑪ 测量结束后温度和磁场分别设至 300K 和零场，稳定 60min 后按 Install/Remove

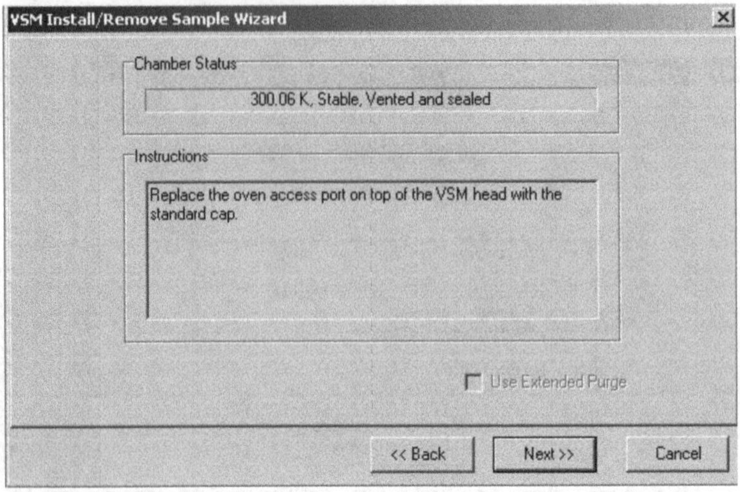

图 28-9　放高温选件界面

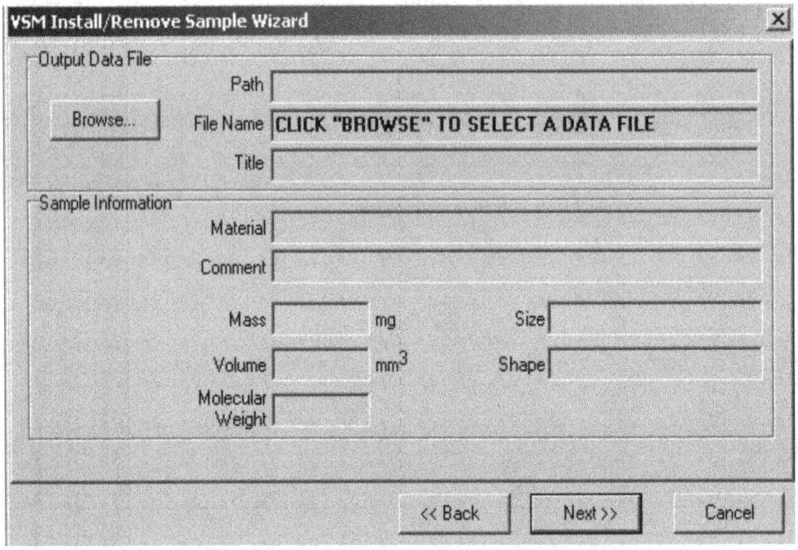

图 28-10　确定数据存储路径界面

Sample 提示逐步取出样品。

⑫退激活 VSM，然后拔出两根线缆。再依次取下 VSM 振动马达、塑料中空导引杆和 VSM Pick-up 线圈。然后盖上盲板，扣紧卡箍，点击 Purge/Seal。

2. 以电性测量（直流电阻率）为例

① 样品上做好电极再粘在或焊在 PUCK 的测量通道上，记住通道编号。

② 工具栏中点击 Utilities—Activate Option—Deactivate，退激活前次测量所用的选件。将系统温度设定到 300K，磁场设为 0，等温度和磁场达到并稳定 20min 后，点击 Vent/

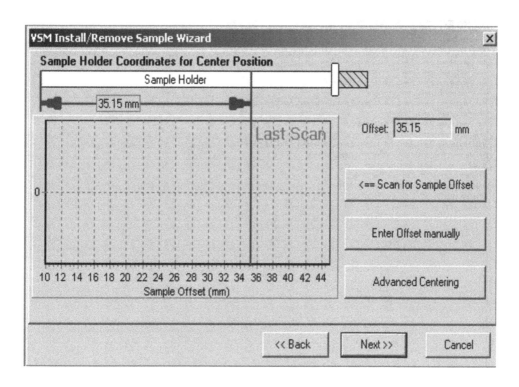

图 28-11 确定 Offset 位置界面

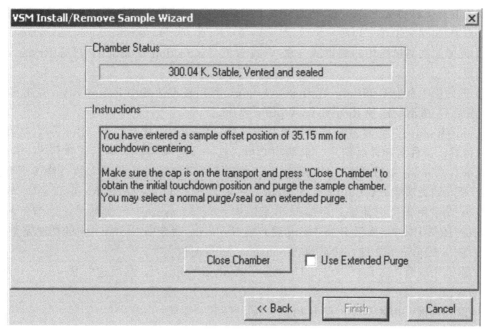

图 28-12 关样品腔界面

Seal，给样品腔充氦气。

③ 取下样品腔顶部密封用的盲板，利用取样工具将前次测量所用的 PUCK 或线圈等取

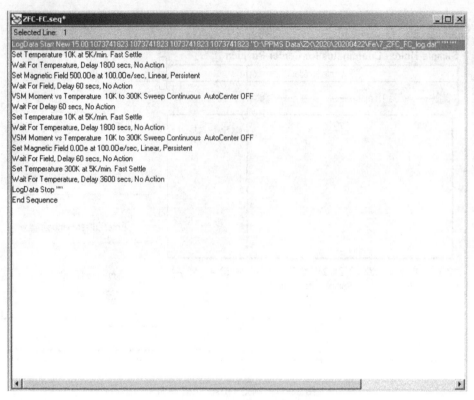

图 28-13　测量程序

出。利用取样工具将装上样品的 PUCK 放入样品腔中，再放入防热辐射的隔热串，扣紧卡箍后点击 Purge/Seal。

④ 拔掉前次测量所用的测量线（盒），再参考 Connection Diagram，接好 Resistivity 选件的线缆。

⑤ 工具栏中点击 Utilities—Activate Option，然后在左边选中 Resistivity，点击再 Activate（激活）。激活后出现 Resistivity Option 界面。

Install/Remove：取样或放样的标准指导步骤；Sample：样品信息；Browse：选择存储数据的位置、文件名和样品信息（前两项必填；这一步必须做，否则后面执行 Sequence 时会有提示）；View：查看数据；Bridge Setup：选择使用的通道和相关参数，修改后要点击 Set，否则改动无法生效；Calibration Mode：一般选 Standard，Drive Mode 选 AC（实际上 AC Mode 仅采用正反电流法，尽量减小系统误差）；Measure：单次测量，这与工具栏的 Measure—Resistivity（激活 Resistivity 后）或 Sequence 命令中 Resistivity 的功能完全相同。

⑥ 编写 Sequence 文件，然后执行 Sequence 进行测量。

⑦ 测量完成后在工具栏中点击 Utilities—Activate Option，然后选中 Resistivity 再点击 Deactivate。

⑧ 盖上盲板，扣紧卡箍，点击 Purge/Seal。

3. 关机

没有特殊情况，设备一般不关机。

（1）通知停电

① 至少在通知停电 30min 前终止 Sequence 测量，然后磁场设定到 0（Persistent 模式），退激活测量选件，在样品腔仍为真空状态的前提下将系统设定到 Standby（MultiVu 软件，Instrument—Shutdown）。

② 关闭 MultiVu、计算机，然后关闭 M6000、M7100 等。

③ 将压缩机室内机前面板的 RUN 按钮打至"O"字挡（OFF，关闭远程控制），等 4～5min 待 Pressure Balance 完成，然后将室内机背面的白色开关打到"OFF"字挡（彻底关闭压缩机自动控制），然后将电闸箱中为室外机供电的三相电空气开关拉下（断开室外机供电）。

④ 将 EC 控制盒的开关关闭（OFF）。

⑤ 将电子控制机柜（装有 M6000 和 M7100 等）背面的 Accessory Power 和 Main Power 依次打到"O"字挡（OFF，彻底断开电子控制机柜和室内机的电源）。

（2）突然停电

如果电子柜有 UPS 供电，并且在 UPS 电量耗完前及时发现，应按照通知停电的所有步骤逐步执行，将相关电源开关关闭。

如果没有配 UPS 或者发现时 UPS 电量已耗尽，电子控制柜也已断电，则将通知停电中涉及的电源开关关闭。

六、 测试与结果分析

1. 案例一：金属材料电阻随温度的变化关系判定

图 28-14 是利用标准的四线法测得的 Au 膜的电阻随温度的变化行为。据图可知样品电阻随温度的升高而增大，我们可以这样理解：由于温度升高，体系热运动增强，电子散射的概率增大，所以电阻增大。

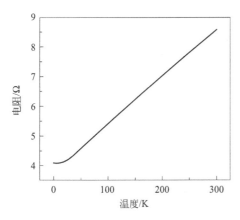

图 28-14 Au 膜的电阻随温度的变化

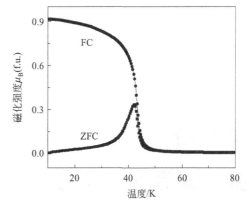

图 28-15 场冷（FC）与零场冷（ZFC）下的磁化强度随温度的变化关系

2. 案例二：磁相变判断

关于磁相变及相应的磁有序情况的判断，首先要有相关的磁性基础知识。图 28-15 是关于四氧化三锰纳米粉体的场冷（FC）与零场冷（ZFC）下的磁化强度随温度的变化曲线，据图可知 43 K 附近存在磁相变，根据 FC 曲线可知，发生磁相变后，体系的磁化强度随温度的降低迅速增大，该相变点可能对应铁磁相变，并进一步根据磁滞回线（图 28-16）进行分析。但是磁矩具体是铁磁排列、亚铁磁排列或者倾角反铁磁排列等哪种排列方式，需要根据中子衍射进一步确定。对于四氧化三锰，43 K 附近 Mn^{3+} 和 Mn^{2+} 呈亚铁磁排列，体系发生亚铁磁相变。

3. 案例三： 利用比热容判断磁性相变

比热容测量可以用于研究判断相变，获得声子的德拜温度、电子的能态密度等物理信息。图 28-17 是某磁性化合物的比热容随温度的变化行为，图中 112 K 附近检测到比热容峰，判断该相变是铁磁相变或者是反铁磁相变。需要做加磁场的比热容曲线，一般对于铁磁材料，加场后其相变峰向高温移动，这是由于磁场使铁磁态能量更低，有利于铁磁有序的形成，对于反铁磁态，加场后其相变峰向低温移动，这是由于磁场不利于反铁磁有序的形成。

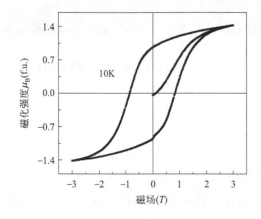

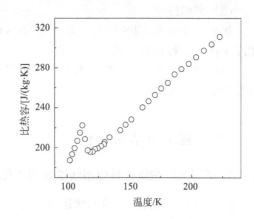

图 28-16　10 K 下四氧化三锰粉体的磁滞回线　　图 28-17　某磁性化合物的比热容随温度的变化行为

参考文献

[1] 曹烈兆，阎守胜，陈兆甲 . 低温物理学 ［M］. 2 版 . 合肥：中国科学技术大学出版社，2009.
[2] Aharoni A. ［以色列］. 铁磁性理论导论 ［M］. 杨正，译 . 兰州：兰州大学出版社，2002.

实验 29

振动样品磁强计的磁测量与分析

一、实验目的

a. 测试材料的磁滞回线；
b. 测试材料的居里温度；
c. 测试材料的磁化曲线。

二、设备与仪器

1. 基本配置

本实验的主要设备为振动样品磁强计（VSM-7404-S，美国 Lake Shore），可测量磁性材料的磁化曲线、磁滞回线、升/降温曲线等反映基本磁学特性的曲线，得到相应的各种磁学参数（如饱和磁化强度、剩余磁化强度、矫顽力、最大磁能积、居里温度、磁导率等）。可测量粉末、颗粒、薄膜、块状等固体和液体磁性材料。设备概览如图 29-1 所示。

2. 主要技术指标

a. 室温测量最大磁场：2.6 T；

b. 高温测量最大磁场：2.0 T；

c. 变温范围：100～950 K；

d. 测试灵敏度：5×10^{-7} emu。

三、背景知识与基本原理

待测的小样品（可近似为磁偶极子）在原点沿 Z 轴做微小振动，放在附近的小线圈（轴向与 Z 轴平行）将产生感应电压（e_g），如式（29-1）所示：

$$e_g = G \omega \delta N \cos\psi = km \qquad (29\text{-}1)$$

式中，$G = \dfrac{3}{4\pi} \mu_0 NA \dfrac{Z_0 \ (r^2 - 5x_0^2)}{r^7}$ 为线圈的

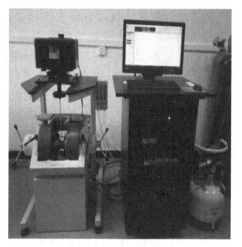

图 29-1 设备概览图

几何因子；ω 为振动频率；δ 为振幅；m 为样品的磁矩，N 和 A 为线圈的匝数和面积。理论上，可以通过计算确定 e_g 和 m 之间的比例系数 k，从而由测量的感应电压得到样品的磁矩，但这种计算很复杂。实际上是通过实验的方法确定比例系数 k，即通过测量已知磁矩为 m 的样品的感应电压 e_g，得到 $k = e_g/m$，这一过程称为定标。定标过程中标样的具体参量（磁矩、体积、形状和位置等）越接近待测样品，定标越准确。VSM 测量采用开路方法，磁化的样品表面存在磁荷，表面磁荷在样品内产生退磁场 NM（N 为退磁因子，与样品的具体形状有关）。所以在样品内，总的磁场并不是磁体产生的磁场 H，而是 $H - NM$。测量的曲线要进行退磁因子修正，用 $H - NM$ 来代替 H。样品放置的位置对测量的灵敏度有影响。样品沿着两个线圈的连线方向（X 方向）离开中心位置，感应信号变大；沿其他两个方向（Y 和 Z 方向）离开中心位置，感应信号变小。中心位置是 X 方向的极小值及 Y 和 Z 方向的极大值，是感应信号对空间最不敏感的位置，称为鞍点。鞍点附近的小区域称为鞍区。测量时，样品应放置在鞍区内，这样可以使由样品具有有限体积而引起的误差最小。

基本的 VSM 由磁体及其电源、振动头及其驱动电源、探测线圈、锁相放大器和测量磁场用的霍尔磁强计等几部分组成，如图 29-2 所示。振动头用来使样品产生微小振动。本仪器采用电磁驱动方式（扬声器结构），这种振动方式结构轻便，容易改变频率和幅值，外控

方便。为了避免振动通过电磁铁传递到探测线圈引起干扰，振动头采用双振子结构，一个线圈与样品杆连接，另一个线圈与和振动杆质量相同的铜块连接，两个线圈在磁场中相向振动，相位差为180°。为了使振动稳定，还采取了稳幅措施。在振动杆上固定1块永磁体，永磁体与样品一同振动。当振动幅度发生变化时，放置在永磁体附近的一对探测线圈会探测到这一变化并反馈给驱动电源，驱动电源根据反馈信号对振动幅度作出调整，使振幅稳定。因为振动头是强信号源，且频率与探测信号频率一致，故探头与探测线圈要保持较远距离，用振动杆传递振动，并在振动头

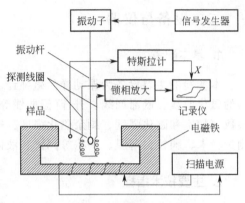

图 29-2　VSM 测量原理结构图

上加屏蔽罩，防止产生感应信号。振动频率应尽量避开 50 Hz 及其整数倍，以避免产生干扰。振动头可以在水平面内以任意角度旋转，实现对样品不同方向的测量。

磁体为电磁铁，极面直径为 5cm，极间距为 3cm，最大磁场可达 2.6 T，磁场控制的最小步长为 0.05 G，其磁矩测量范围为 $5 \times 10^{-6} \sim 1000$ emu。电磁铁电源为直流稳流电源，最大输出电流为 10 A。磁场的测量采用霍尔磁强计，共分 4 挡，最大量程为 2.6 T，最小分辨率为 10^{-4} T，采用核磁共振方法进行校准。做变温实验时，高、低温一体选件的可控温度为 100~950 K；由于使用高精度的控温仪和真空夹层的保护，控温稳定性优于 ± 0.5 K。

磁矩的测量由探测线圈和锁相放大器组成，一对探测线圈对称地放置在电磁铁的极面上，串联反接，这样可以使由样品振动产生的信号加强，而由磁场的波动引起的信号以及其他非样品产生的信号相抵消。采用这样的探测线圈可以在中心位置产生鞍区，方便测量。锁相放大器有很高的放大倍数，保证了 VSM 有较高的灵敏度。采用标准镍球对磁矩进行标定。

四、实验试样和试样要求

VSM 可以测量的试样有块体、薄膜/薄带、粉末等磁性材料。

块体：试样取长直的形状，以使其退磁场不至影响试样磁化到饱和，并且形状效应对矫顽力的测量不产生显著误差（如采用圆柱形试样，推荐长径比大于 5：1）。为了确保样品沿长尺寸方向磁化，采用测杯装块体样品。样品尺寸不大于测杯的尺寸。

薄膜/薄带：样品尺寸不超过室温薄膜样品测杯的尺寸（推荐试样长宽比大于 5：1）。测量时磁场沿着薄膜的平行方向。

粉末：采用电子分析天平称出一定质量的干燥粉末样品，为了防止污染样品杯，样品用非磁性塑料皮包裹后再放入样品杯中压实。粒径不超过 0.5 mm，包好后的粉末样品最大尺寸不超过室温粉末样品杯的尺寸。块体和粉末样品杯如图 29-3 所示。

五、实验步骤

1. 开机-测试前准备

① 打开冷却水，包括电源冷却水、电磁铁冷却水，如果测高温还要打开高温炉冷却水。

② 打开电源，按下设备上白色电源开关。

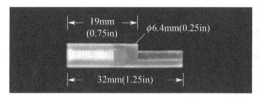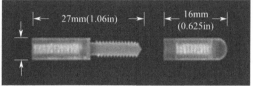

（测量块体用样品杯）　　　　　　　　　（测量粉末用样品杯）

图 29-3　实验用样品杯

③ 开启电脑，运行 VSM 软件，输入运行密码，进入实验选择界面，如图 29-4 所示。

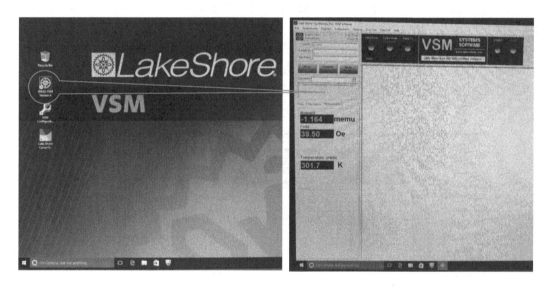

图 29-4　运行系统及实验选择界面

④ 开墙体总电源开关（红色），点击 Control Mode 中 Field 变为 Current 模式，点击 Ramp To，在弹出提示窗口中输入 0（退磁场）。

⑤ 开设备绿色开关。

⑥ 偏移校准：把空样品杆装上去，点击 Display 中的 VSM controller，弹出 Moment Range 窗口（切记不能勾选 Auto Range），点击 Calibrations 中的 Moment offset，在弹出对话框中点击 Yes，点击 OK，然后振动头会自动开启，完成偏移校准，之后需等 1h 预热极头。

⑦ 多点或单点校准：关振动极头 Head Drive，点击 ON 变为 OFF，装上带有 Ni 球的样品杆，开振动头点击 OFF 变为 ON，点击 Calibrations 中的 moment gain，弹出窗口点击 Yes，弹出窗口提示 Single point（单点）和 Multiple Point（多点）。注意：高温测试样只需做单点校准，点击 OK，在弹出窗口的上格输入 6.92、下格输入 5000，点击 OK，出现提示窗口，此时应先调节鞍点 X 最小、Y 和 Z 最大，再连续点击 OK，点击 Yes，点击 Ramp To，在弹出窗口中输入 5000，点击 OK，等待运行结束，再点击 Ramp To，在弹出窗口中输入−5000，点击 Contron Mode 中 Field 变为 Current，点击 Ramp To，在弹出窗口中输入 0（退电流），点击 OK，关振动头 Head Drive，点击 ON 变为 OFF。

2. M-H 测试

① 在测试界面里设置 M-H 测试所用的程序（图 29-5）。先点击工具栏里 Experiments，选择 Edit Experiments and Profiles，再选择 New，在弹出的对话框中建立所使用测试程序的文件名，再点击 FIELD，设置磁场等参数，再连续点击 OK，完成设置。

② 将待测样品装在样品杆上，再将样品杆安装在设备上。

③ 给样品命名，然后选择步骤①中设置好的程序，打开振动头 Head Drive，点击 OFF 变为 ON，点击 Start 开始测试（测试界面如图 29-6 所示）。

④ 测试完后关闭振动头 Head Drive，点击 ON 变为 OFF，取下样品杆换上新样品，继续重复步骤①～③的测试过程。

⑤ 测试全部完成后，用空优盘拷贝 M-H 曲线图和原始数据，图 29-7 为测试 $Nd_2Fe_{14}B$ 的实验数据。

⑥ 关机。检查 Temperature 为 300 K，关振动头 Head Drive，点击 ON 变为 OFF，点击 Control Mode 中 Field 变为 Current，点击 Ramp To，在弹出对话框中输入 0，点击 OK，关设备红色开关，关墙体电源总开关，关 VSM 软件，关电脑，关设备白色开关，关冷却水。

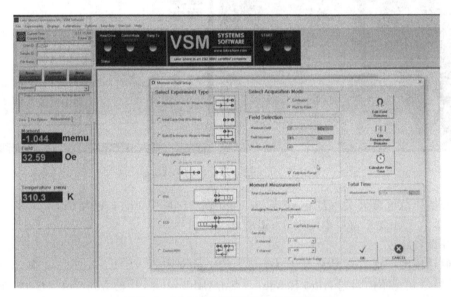

图 29-5　M-H 测试所用的程序设置界面

3. 低温 M-T 测试

① 装液氮（把交换器插入有液氮的瓶中），检查 O 形圈是否垫平，输液管嘴对准拧紧，检查是否漏气，把防护黑色塑料拉下盖住接口。

② 装样品，用低温胶将样品粘在样品杆上，需要等 30min 以上，到干方可。低温测试还需要用生胶带包裹样品，以防振动过程中脱落。

③ 设置 VSM Configuration，勾选 Temperature Option 最后一个 Mode74035 Single state，点击 OK。开真空泵，抽 30min，接钢瓶 N_2 气，钢瓶减压阀副表量程调到 0.275

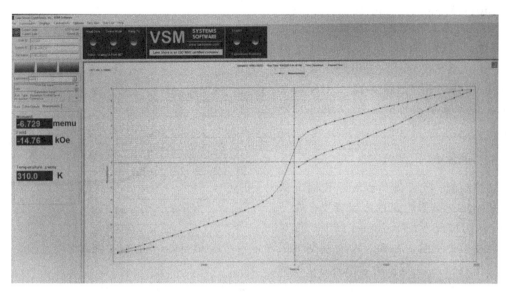

图 29-6　M-H 测试界面

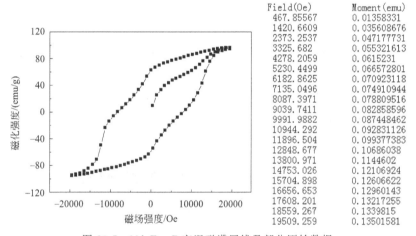

Field(Oe)	Moment(emu)
467.85567	0.01358331
1420.6609	0.035608676
2373.2537	0.047177731
3325.682	0.055321613
4278.2059	0.0615231
5230.4499	0.066572801
6182.8625	0.070923118
7135.0496	0.074910944
8087.3971	0.078809516
9039.7411	0.082858596
9991.9882	0.087448462
10944.292	0.092831126
11896.504	0.099377383
12848.677	0.10686038
13800.971	0.1144602
14753.026	0.12106924
15704.898	0.12606622
16656.653	0.12960143
17608.201	0.13217255
18559.267	0.1339815
19509.259	0.13501581

图 29-7　$Nd_2Fe_{14}B$ 室温磁滞回线及部分原始数据

MPa，找准振动极头鞍点，打开振动头 Head Drive，点击 OFF 变为 ON，点击 Control Mode 中的 Current 变为 Field，再点击 Ramp To，在弹出窗口输入某个磁场数值（例如 100 Oe），点击 OK，待加磁场运行结束。

　　④ 点击 OK 之后，会弹出 VSM Controller From Panel Mometmeter，选择合适的量程，给腔体充入 N_2，开最左边的 OFF 调为 ON，调气流量为 3.2 L/min（等 5min 排净空气），开始降温（把交换器插入液氮瓶中）。

　　⑤ 设置测试程序：点击 New Experiment，输入 Experiment File Name，点击 Temperature，在弹出窗口中设置温度，其中 Sensitivitity 调量程，接近 Moment 值，调 "X" channel，"Y" 值不要调试，因为 "Y" 没有，连续点击 3 次 OK 之后，输入 Sample ID，给样品命名，点击 Start 开始运行低温 M-T 测试程序，图 29-8 为低温 M-T 测试曲线。

　　⑥ 待程序运行结束，重新操作步骤②～⑤测试新样品。

　　⑦ 关机。检查 Temperature 为 300 K，关振动头 Head Drive，点击 ON 变为 OFF，点

击 Control Mode 中 Field 变为 Current，点击 Ramp To，在弹出对话框中输入 0，点击 OK，关设备红色开关，关墙体电源总开关，关 VSM 软件，关电脑，关设备白色开关，关 N₂（低温实验），ON 调为 OFF，关机械泵，关空气压缩机，关冷却水。

4. 高温 M-T 测试

切换高温：当温度达到 300 K 时，从液氮瓶抽出交换器放到左边装置里，在一直通 N₂ 的情况下，等 20min 以上，待交换器温度接近室温，在 323 K 时开空气压缩机，接着将右边第三个空气阀 OFF 调

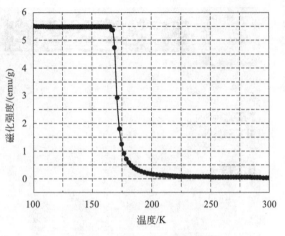

图 29-8 低温 M-T 测试曲线

为 ON，气体流量调为 15L/min，在 350K 时，切换 Ar 气，运行结束后点击 Ramp To，出现提示窗口，点击 Temperature-Temperature Heater Off（降温），等温度降到 300K 室温情况下，才可以取样或换样。

① 当温度达到 300 K 时，抽出交换器插入液氮瓶右边位置，在 323 K 时，开空气压缩机。

② 装样品（高温胶粘贴样品需要等 30min 以上到干方可）。开真空泵，接钢瓶 Ar 气体等 30min，压缩钢瓶减压阀表量程调到 0.275 MPa，Ar 阀 OFF 变为 ON，然后调为 3.6 L/min，找准振动极头鞍点，打开振动头 Head Drive，点击 OFF 变为 ON，点击 Control Mode 中 Current 变为 Field，再点击 Ramp To，在弹出窗口输入某个磁场数值（例如 100 Oe），点击 OK，待加磁场运行结束。

③ 设置测试程序：点击 New Experiment，输入 Experiment File Name，点击 Temperature，在弹出窗口中设置温度，其中 Sensitivity 调量程，接近 Moment 值，调"X" channel，"Y"值不要调试，因为"Y"没有，连续点击 3 次 OK 之后，输入 Sample ID，给样品命名，点击 Start 开始运行高温 M-T 测试程序，图 29-9 为高温 M-T 测试曲线。

④ 待程序运行结束，重新操作步骤②~③测试新样品。

⑤ 关机。检查 Temperature 为 300 K，关振动头 Head Drive，点击 ON 变为 OFF，点击 Control Mode 中 Field 变为 Current，

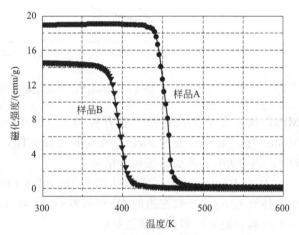

图 29-9 高温 M-T 测试曲线

点击 Ramp To，在弹出对话框中输入 0，点击 OK，关设备红色开关，关墙体电源总开关，关 VSM 软件，关电脑，关设备白色开关，关 Ar（高温实验），ON 调为 OFF，关机械泵，关空气压缩机，关冷却水。

六、典型案例分析

1. 案例一

图 29-10 为典型硬磁性材料（NdFeB）的室温磁滞回线，在图中 O-A 为初始磁化曲线，随着磁场的增加，磁化强度逐渐增加，磁场达到最大值时磁化强度仍然没有达到饱和。A-E 曲线表示，当磁场降低时，磁化曲线并没有沿初始磁化曲线降低，当磁场降为 0 时磁化强度降为 B_r，它表示剩余磁化强度；E-B 曲线为加一反向磁场时的磁化曲线，当反向磁场增加到 B 点时，磁化强度降低到 0，反向磁场为 $-H_c$，H_c 表示矫顽力。B—C 曲线为反向磁场继续增加时，磁化强度反向继续增大，直到达到最大值 C 点（反向磁化强度仍然没有达到饱和）。C—D—A 曲线与 A—B—C 曲线过程相同只是方向相反。A—B—C—D—A 曲线就形成了一个封闭的回线，这个闭合的回线称为磁滞回线。从该磁滞回线可以获得 H_c、B_r、M_s 等值分别约为 15000 Oe、85 emu/g、120 emu/g。

2. 案例二

图 29-11 为典型的软磁性材料（如 Fe、Co、Ni）的室温磁滞回线，可以看出其初始磁化曲线和磁滞回线完全重合在一起，不像硬磁性材料的磁滞回线那样分开。这条闭合的磁滞回线随着外磁场的增加和降低完全重叠，表明软磁性材料没有磁滞，这是软磁性材料的典型特征。从该磁滞回线可以获得 H_c 的值几乎为零，M_s 的值约为 175 emu/g。

3. 案例三

图 29-12 为磁性材料在 100～320 K 的 M-T 曲线，从图中可以看出，随着温度由 100 K 增加到 200 K 的过程中，磁化强度基本上不变并保持较高的值，这一阶段对应的是材料的铁磁状态；之后，温度继续升高，在居里温度附近磁化强度急剧降低，然后随着温度的进一步增加，磁化强度基本保持不变，并维持在一个较低的值附近，这一阶段对应的是材料的顺磁状态。材料由铁磁到顺磁的转变温度即为居里温度。从该图可以获得该材料的居里温度约为 205 K。

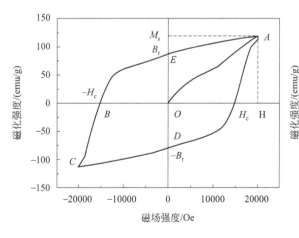

图 29-10　硬磁性材料的磁滞回线

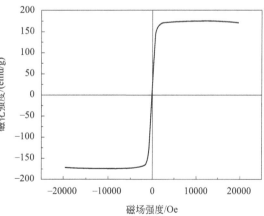

图 29-11　软磁性材料的磁滞回线

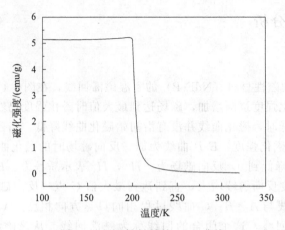

图 29-12 磁性材料的 M-T 曲线

参考文献

［波兰］Slawomir Tumanski. 磁性测量手册［M］. 赵书涛，葛玉敏，译. 北京：机械工业出版社，2014.